安装工程关键岗位管理人员上岗指南丛书

安装质检员上岗指南

——不可不知的 500 个关键细节

本书编写组 编

中国建材工业出版社

图书在版编目(CIP)数据

安装质检员上岗指南/《安装质检员上岗指南》编
写组编. —北京:中国建材工业出版社,2013.1
(安装工程关键岗位管理人员上岗指南丛书)
ISBN 978-7-5160-0342-8

Ⅰ.①安… Ⅱ.①安… Ⅲ.①建筑安装-质量管理-
指南 Ⅳ.①TU712-62

中国版本图书馆 CIP 数据核字(2012)第 277723 号

安装质检员上岗指南——不可不知的 500 个关键细节
本书编写组　编

出版发行:中国建材工业出版社
地　　址:北京市西城区车公庄大街 6 号
邮　　编:100044
经　　销:全国各地新华书店
印　　刷:北京紫瑞利印刷有限公司
开　　本:710mm×1000mm　1/16
印　　张:18
字　　数:427 千字
版　　次:2013 年 1 月第 1 版
印　　次:2013 年 1 月第 1 次
定　　价:42.00 元

本社网址:www.jccbs.com.cn
本书如出现印装质量问题,由我社发行部负责调换。电话:(010)88386906
对本书内容有任何疑问及建议,请与本书责编联系。邮箱:dayi51@sina.com

内 容 提 要

本书根据安装工程施工质量验收规范进行编写，详细介绍了安装工程质检员上岗操作应知应会的基础理论和专业知识。书中对安装工程质量检验的工作要点进行归纳总结，以关键细节的形式进行阐述，以方便查阅使用。本书主要内容包括给水排水及采暖工程施工质量检验、通风与空调工程施工质量检验、建筑电气工程施工质量检验、电梯工程施工质量检验等。

本书编写语言通俗易懂，编写层次清晰合理，编写方式新颖易学，可供广大安装工程质量检验人员工作时使用，也可供高等院校相关专业师生学习时参考。

安装质检员上岗指南

——不可不知的 500 个关键细节

编 写 组

主　编：韩艳方

副主编：卻建荣　秦大为

编　委：范　迪　訾珊珊　朱　红　王　亮

　　　　王　芳　张广钱　郑　姗　徐晓珍

　　　　葛彩霞　马　金　刘海珍　秦礼光

　　　　贾　宁　孙世兵　汪永涛

前 言

PREFACE

近些年来，我国基本建设取得了辉煌的成就，安装工程作为基本建设的重要组成部分，其设计与施工水平也得到了空前的发展与提高。安装工程的质量直接影响工程项目的使用功能与长期正常运行，而现阶段，随着国外先进安装施工技术的大量引进，安装工程设计施工领域正逐步向技术标准定型化、加工过程工厂化、施工工艺机械化的目标迈进，这就要求广大安装施工企业抓住机遇，勇于革新，深挖潜力，开创出不断自我完善的新思路，在安装工程施工中采取先进的施工技术措施和强有力的管理手段，从而确保安装工程项目能有序、高效、保质地完成。

当前，我国正处于城镇化快速发展时期，工程建设规模越来越大，大量的新技术、新材料、新工艺在安装工程中得以广泛应用，信息技术也日益渗透到安装工程建设的各个环节，结构复杂、难度高、力量大的工程也得到了越来越多的应用，由此也要求从业人员的素质、技能能跟上时代的进步、技术的发展，符合社会的需求。广大安装工程施工人员作为安装工程项目的直接参与者和创造者，提高他们自身的知识水平，更好地理解和应用安装工程施工质量验收规范，对提高安装工程项目施工质量水平具有重要的现实意义。

为加强对安装工程施工安装一线管理人员和技术骨干的培训，提高他们的质量意识、实际操作水平、自身素质，我们组织了安装工程领域的相关专家、学者，结合安装工程施工现场管理人员的工作实际以及现行国家标准，编写了《安装工程关键岗位管理人员上岗指南丛书》。本套丛书共有以下分册：

1. 安装质检员上岗指南——不可不知的 500 个关键细节
2. 安装监理员上岗指南——不可不知的 500 个关键细节
3. 水暖施工员上岗指南——不可不知的 500 个关键细节
4. 水暖预算员上岗指南——不可不知的 500 个关键细节
5. 通风空调施工员上岗指南——不可不知的 500 个关键细节
6. 通风空调预算员上岗指南——不可不知的 500 个关键细节
7. 建筑电气施工员上岗指南——不可不知的 500 个关键细节
8. 建筑电气预算员上岗指南——不可不知的 500 个关键细节

与市面上同类书籍相比，本套丛书具有下列特点：

（1）本套丛书紧密联系安装工程施工现场关键岗位管理人员工作实际，对各岗位人员应具备的基本素质、工作职责及工作技能做了详细阐述，具有一定的可操作性。

前 言

（2）本套丛书以指点安装工程施工现场管理人员上岗工作为编写目的，编写语言通俗易懂，编写层次清晰合理，编写方式新颖易学，以关键细节的形式重点指导管理人员处理工作中的问题，提醒管理人员注意工作中容易忽视的安全问题。

（3）本套丛书针对性强，针对各关键岗位的工作特点，紧扣"上岗指南"的编写理念，有主有次，有详有略，有基础知识、有细节拓展，图文并茂地编述了各关键岗位不可不知的关键细节，方便读者查阅、学习各种岗位知识。

（4）本套丛书注意结合国家最新标准规范与工程施工的新技术、新方法、新工艺，有效地保证了丛书的先进性和规范性，便于读者了解行业最新动态，适应行业的发展。

丛书编写过程中，得到了有关部门和专家的大力支持与帮助，在此深表谢意。限于编者的水平，丛书中错误与疏漏之处在所难免，敬请广大读者批评指正。

编　者

目录
CONTENTS

第一章 给水排水及采暖工程施工质量检验

第一节 给水排水及采暖工程概述

一、给水排水及采暖工程的基本概念

1. 给水系统

给水系统是通过管道及辅助设备,按照建筑物和用户的生产、生活和消防的需要,有组织地将水输送到用水地点的网络。

2. 排水系统

排水系统是通过管道及辅助设备,把屋面雨水及生活和生产过程所产生的污水、废水及时排放出去的网络。

3. 热水供应系统

热水供应系统是为满足人们在生活和生产过程中对水温的某些特定要求而由管道和辅助设备组成的输送热水的网络。

4. 卫生器具

卫生器具是用来满足人们日常生活中各种卫生要求,收集和排放生活和生产中的污水、废水的设备。

5. 给水配件

给水配件是在给水和热水供应系统中,用以调节、分配水量和水压,关断和改变水流方向的各种管件、阀门和水嘴的统称。

6. 建筑中水系统

建筑中水系统是以建筑物的冷却水、沐浴排水、盥洗排水、洗衣排水等为水源,经过物理、化学方法的工艺处理,用于冲洗厕所便器、绿化、洗车、道路浇洒、空调冷却及水景等的供水系统。

7. 辅助设备

辅助设备是建筑给水、排水及采暖系统中,为满足用户的各种使用功能和提高运行质量而设置的各种设备。

8. 试验压力

试验压力是管道、容器或设备进行耐压强度和气密性试验规定所要达到的压力。

9. 额定工作压力

额定工作压力是锅炉及压力容器出厂时所标定的最高允许工作压力。

10. 管道配件

管道配件是管道与管道或管道与设备连接所使用的各种零配件的统称。

11. 固定支架

固定支架是限制管道在支撑点处发生径向和轴向位移的管道支架。

12. 活动支架

活动支架是允许管道在支撑点处发生轴向位移的管道支架。

13. 整装锅炉

整装锅炉是按照运输条件所允许的范围,在制造厂内完成总装整台发运的锅炉,也称快装锅炉。

14. 非承压锅炉

非承压锅炉是以水为介质,锅炉本体有规定水位且运行中直接与大气相通,使用中始终与大气压强相等的固定式锅炉。

15. 安全附件

安全附件是为保证锅炉及压力容器安全运行而必须设置的附属仪表、阀门及控制装置。

16. 静置设备

静置设备是在系统运行时,自身不做任何运动的设备,如水箱及各种罐类。

17. 分户热计量

分户热计量是以住宅的户为单位,分别计量向户内供给的热量的计量方式。

18. 热计量装置

热计量装置是用以测量热媒的供热量的成套仪表及构件。

19. 卡套式连接

卡套式连接是由带锁紧螺帽和丝扣管件组成的专用接头而进行管道连接的一种连接形式。

20. 防火套管

防火套管是由耐火材料和阻燃剂制成的,套在硬塑料排水管外壁可阻止火势沿管道贯穿部位蔓延的短管。

21. 阻火圈

阻火圈是由阻燃膨胀剂制成的,套在硬塑料排水管外壁可在发生火灾时将管道封堵,防止火势蔓延的套圈。

二、给水排水及采暖工程的基本规定

1. 质量管理

(1)建筑给水、排水及采暖工程的施工现场应具有必要的施工技术标准、健全的质量管理体系和完善的工程质量检测制度,实现施工全过程质量控制。

(2)建筑给水、排水及采暖工程的施工应按照批准的工程设计文件和施工技术标准进行施工。修改设计应有设计单位出具的设计变更通知单。

(3)建筑给水、排水及采暖工程的施工应编制施工组织设计或施工方案,经批准后方可实施。

（4）建筑给水、排水及采暖工程的分部、分项工程划分见相关规定。

（5）建筑给水、排水及采暖工程的分项工程，应按系统、区域、施工段或楼层等划分。分项工程应划分为若干个检验批进行验收。

（6）建筑给水、排水及采暖工程的施工单位应当具有相应的资质。工程质量验收人员应具备相应的专业技术资格。

2. 材料管理

（1）建筑给水、排水及采暖工程所使用的主要材料、成品、半成品、配件、器具和设备必须具有中文质量合格证明文件，其规格、型号及性能检测报告应符合国家技术标准或设计要求，进场时应检查验收，并经监理工程师核查确认。

（2）所有材料进场时应对品种、规格、外观等进行验收。包装应完好，表面无划痕及无由外力冲击造成的破损。

（3）主要器具和设备必须有完整的安装使用说明书。在运输、保管和施工过程中，应采取有效措施防止损坏或腐蚀。

（4）阀门安装前，应做强度和严密性试验。应在每批中抽查 10% 数量进行试验，且最少不得少于一个。对于安装在主干管上起切断作用的闭路阀门，应逐个做强度和严密性试验。

（5）阀门的强度和严密性试验，应符合以下规定：强度试验压力为公称压力的 1.5 倍；严密性试验压力为公称压力的 1.1 倍；试验压力在试验持续时间内应保持不变，且壳体填料及阀瓣密封面无渗漏。阀门试压的试验持续时间应不低于表 1-1 的规定数值。

表 1-1　　　　　　　　　　　　阀门试验持续时间

公称直径 DN/mm	最短试验持续时间/s		
	严密性试验		强度试验
	金属密封	非金属密封	
≤50	15	15	15
65～200	30	15	60
250～450	60	30	180

（6）管道上使用冲压弯头时，所使用的冲压弯头外径应与管道外径相同。

3. 施工过程质量控制

（1）建筑给水、排水及采暖工程与相关各专业之间，应进行交接质量检验，并形成记录。

（2）隐蔽工程应在隐蔽前经验收各方检验合格后才能进行，并形成隐蔽工程记录。

（3）地下室或地下构筑物外墙有管道穿过时，应采取防水措施。对有严格防水要求的建筑物，必须采用柔性防水套管。

（4）管道穿过结构伸缩缝、抗震缝及沉降缝敷设时，应根据情况采取下列保护措施：

1）在墙体两侧采取柔性连接。

2）在管道或保温层外皮上、下部留有不小于 150mm 的净空。

3）在穿墙处做成方形补偿器，水平安装。

（5）在同一房间内，同类型的采暖设备、卫生器具及管道配件，除有特殊要求外，应安装在同一高度上。

(6)明装管道成排安装时,直线部分应互相平行。曲线部分:当管道水平或垂直并行时,应与直线部分保持等距;管道水平上下并行时,弯管部分的曲率半径应一致。

(7)管道支、吊、托架的安装,应符合下列规定:

1)位置正确,埋设应平整牢固。

2)固定支架与管道接触应紧密,固定应牢靠。

3)滑动支架应灵活,滑托与滑槽两侧间应留有 3~5mm 的间隙,纵向移动量应符合设计要求。

4)无热伸长管道的吊架、吊杆应垂直安装。

5)有热伸长管道的吊架、吊杆应向热膨胀的反方向偏移。

6)固定在建筑结构上的管道支、吊架不得影响结构的安全。

(8)钢管水平安装的支、吊架间距不应大于表 1-2 的规定数值。

表 1-2　　　　　　　　　　　　钢管管道支架的最大间距

公称直径/mm		15	20	25	32	40	50	70	80	100	125	150	200	250	300
支架的最大间距/m	保温管	2	2.5	2.5	2.5	3	3	4	4	4.5	6	7	7	8	8.5
	不保温管	2.5	3	3.5	4	4.5	5	6	6	6.5	7	8	9.5	11	12

(9)采暖、给水及热水供应系统的塑料管及复合管垂直或水平安装的支架间距应符合表 1-3 的规定。采用金属制作的管道支架,应在管道与支架间加衬非金属垫或套管。

表 1-3　　　　　　　　　　　　塑料管及复合管管道支架的最大间距

管径/mm			12	14	16	18	20	25	32	40	50	63	75	90	110
最大间距/m	立管		0.5	0.6	0.7	0.8	0.9	1.0	1.1	1.3	1.6	1.8	2.0	2.2	2.4
	水平管	冷水管	0.4	0.4	0.5	0.5	0.6	0.7	0.8	0.9	1.0	1.1	1.2	1.35	1.55
		热水管	0.2	0.2	0.25	0.3	0.3	0.35	0.4	0.5	0.6	0.7	0.8		

(10)铜管垂直或水平安装的支架间距应符合表 1-4 的规定。

表 1-4　　　　　　　　　　　　铜管管道支架的最大间距

公称直径/mm		15	20	25	32	40	50	65	80	100	125	150	200
支架的最大间距/m	垂直管	1.8	2.4	2.4	3.0	3.0	3.0	3.5	3.5	3.5	3.5	4.0	4.0
	水平管	1.2	1.8	1.8	2.4	2.4	2.4	3.0	3.0	3.0	3.0	3.5	3.5

(11)采暖、给水及热水供应系统的金属管道立管管卡安装应符合下列规定:

1)楼层高度小于或等于 5m,每层必须安装 1 个。

2)楼层高度大于 5m,每层不得少于 2 个。

3)管卡安装高度,距地面应为 1.5~1.8m,2 个以上管卡应匀称安装,同一房间管卡应安装在同一高度上。

(12)管道及管道支墩(座)严禁铺设在冻土和未经处理的松土上。

(13)管道穿过墙壁和楼板,应设置金属或塑料套管。安装在楼板内的套管,其顶部应高出装饰地面20mm;安装在卫生间及厨房内的套管,其顶部应高出装饰地面50mm,底部应与楼板底面相平;安装在墙壁内的套管其两端应与饰面相平。穿过楼板的套管与管道之间的缝隙应用阻燃密实材料和防水油膏填实,保证端面光滑。穿墙套管与管道之间的缝隙应用阻燃密实材料填实,且端面应光滑。管道的接口不得设在套管内。

(14)弯制钢管,弯曲半径应符合下列规定:

1)热弯:应不小于管道外径的3.5倍。

2)冷弯:应不小于管道外径的4倍。

3)焊接弯头:应不小于管道外径的1.5倍。

4)冲压弯头:应不小于管道外径。

(15)管道接口应符合下列规定:

1)管道采用粘结接口,管端插入承口的深度不得小于表1-5的规定数值。

表 1-5　　　　　　　　　　　　　　管端插入承口的深度

公称直径/mm	20	25	32	40	50	75	100	125	150
插入深度/mm	16	19	22	26	31	44	61	69	80

2)熔接连接管道的结合面应有一均匀的熔接圈,不得出现局部熔瘤或熔接圈凸凹不匀现象。

3)采用橡胶圈接口的管道,允许沿曲线敷设,每个接口的最大偏转角不得超过2°。

4)法兰连接时衬垫不得凸入管内,其外边缘接近螺栓孔为宜,不得安放双垫或偏垫。

5)连接法兰的螺栓,直径和长度应符合标准,拧紧后,突出螺母的长度不应大于螺杆直径的1/2。

6)螺纹连接管道安装后的管螺纹根部应有2～3扣的外露螺纹,将多余的麻丝清理干净并做防腐处理。

7)承插口采用水泥捻口时,油麻必须清洁、填塞密实,水泥应捻入并密实饱满,其接口面凹入承口边缘的深度不得大于2mm。

8)卡箍(套)式连接两管口端应平整、无缝隙,沟槽应均匀,卡紧螺栓后管道应平直,卡箍(套)安装方向应一致。

(16)各种承压管道系统和设备应做水压试验。非承压管道系统和设备应做灌水试验。

第二节　室内给水系统安装

一、室内给水管道及配件安装

1. 给水系统的分类

(1)生活给水系统是为人们生活提供饮用、烹调、洗涤、盥洗、沐浴等服务的给水系统。

根据供水用途的差异可进一步分为直饮水给水系统、饮用水给水系统、杂用水给水系统。生活给水系统除需要满足用水设施对水量和水压的要求外,还应符合国家规定的相应的水质标准。

(2)生产给水系统是为产品制造、设备冷却、原料和成品洗涤等生产加工过程供水的给水系统。由于采用的工艺流程不同,生产同类产品的企业对水量、水压、水质的要求也可能存在较大的差异。

(3)水消防系统是向建筑内部以水作为灭火剂的消防设施供水的给水系统,包括消火栓给水系统、自动喷水灭火系统。

2. 给水系统的组成

(1)引入管是指将室外给水管引入建筑物的管段,它与进户管(入户管)有所区别,后者是指住宅内生活给水管道进入住户至水表的管段。对于居住小区而言,引入管则是由市政管道引入至小区给水管网的管段。

(2)水表节点是指安装在引入管上的水表及其前后设置的阀门和泄水装置的总称,水表用于计量建筑物的用水量。

(3)管道系统的作用是将引入管引入建筑物内的水输送到各用水点,根据安装位置和所起作用不同,可分为干管、立管和支管。

(4)给水附件包括在给水系统中控制流量大小、限制流动方向、调节压力变化、保障系统正常运行的各类配水龙头、闸阀、止回阀、减压阀、安全阀、排气阀、水锤消除器等。

(5)升压设备是用于给水系统提供适当水压的设备。常用的升压设备有水泵、气压给水设备、变频调速给水设备。

(6)贮水池、水箱是给水系统中的贮水和水量调节构筑物,它们在系统中起流量调节、贮存消防用水和事故备用水的作用,水箱还具有稳定水压的功能。

(7)消防和其他设备,建筑物内部应按照《建筑设计防火规范》及《高层民用建筑设计防火规范》的规定设置消火栓、自动喷水灭火设备;水质有特殊要求时需设深度处理设备。

3. 给水管道布置质量控制

给水管道布置是否合理,直接关系到给水系统的工程投资、运行费用、供水可靠性、安装维护、操作使用,甚至会影响到生产和建筑物的使用。因此,在管道布置时,不仅需要与供暖、通风、燃气、电力、通信等其他管线的布置相互协调,还要重点考虑经济合理、供水可靠、运行安全、便于安装维修及操作使用、不影响生产和建筑物的使用等因素。

关键细节 1　给水管道的布置形式

(1)下分式给水系统,如图 1-1 所示。这类布置是水平干管敷设在首层管沟内或直埋地下,有地下室的建筑物可敷设在地下室顶棚板下。这类布置的水是自下向上供给的,常用作一般居住建筑和公共建筑中的直接给水系统,采用明装时,便于安装和检修。

(2)上分式给水系统,如图 1-2 所示。这类布置的水平干管敷设在顶层顶棚板下或吊顶层内,从上向下供水,多用于多层建筑或设有水箱的给水系统。

(3)环状给水系统,如图 1-3 所示。水平干管或配水立管互相连通呈环状。如大型公共建筑、高层建筑和工艺要求不间断供水的车间、厂房宜采用这种方式。消防管网均采用环状供水系统。

(4)中分式给水系统,水平干管敷设在中间设备层内或中间吊顶层内,向上下两个方向供水,常用于高层建筑中设有中间设备层的建筑中。

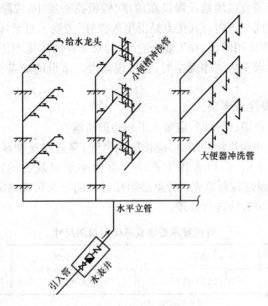

图 1-1　下分式给水系统

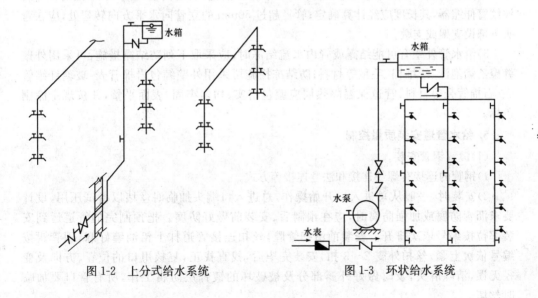

图 1-2　上分式给水系统　　　　图 1-3　环状给水系统

4. 给水管道敷设质量控制

(1)给水管道的敷设,根据建筑物对卫生、美观方面的要求,一般分为明设和暗设两类。

1)明设是指管道沿墙、梁、柱、顶棚板下暴露敷设。其优点是造价低,施工安装和维护修理较为方便;缺点是由于管道表面积大、产生凝结水等原因影响环境卫生,而且管道外露影响房屋内部的美观。一般装修标准不高的民用建筑和大部分生产车间均采用明设方式。

2)暗设是指将管道直接埋地或埋设在墙槽、楼板找平层中,或隐蔽敷设在地下室、技术夹层、管道井、管沟或吊顶内。其优点是卫生条件好、美观。对于标准较高的高层建筑、宾馆、实验室等建筑均采用暗设;在工业企业中,针对某些特殊生产工艺的要求,如精密仪器或电子元件车间要求室内洁净无尘时,也采用暗设。暗设的缺点是造价高、施工复杂、维修困难。

(2)给水管道敷设注意事项。

1)管道穿过建筑物墙、楼板时,应采取下列防护措施:

穿过地下室外墙和构筑物墙壁时,应设防水套管;穿过建筑物承重墙或基础时,应预留洞口,其尺寸见表 1-6。洞口管顶上部净空不得小于建筑物的沉降量,一般不小于0.1m,并用不透水的弹性材料填充。管道必须穿过伸缩缝及沉降缝时,宜采用波纹管、橡胶软管和利用补偿器等方法进行处理。

表 1-6　　　　　　　　　管道穿承重墙或基础预留洞尺寸

管径/mm	≤50	50～100	120～150
孔洞尺寸/mm	200×200	300×300	400×400

2)高层建筑物中的给水立管,应采取以下防护措施:立管高度超过 30m,宜设置金属波纹管伸缩器,其长度应经计算确定;管径超过 50mm 的立管向水平方向转弯处,应在弯头下部设支架或支墩。

3)给水管外壁有可能结露或管内水流结冻时,应采取下列防结露措施:可采用外壁缠聚乙烯泡沫、纤维棉、毛毡等材料;防结冻措施可采用外壁缠包岩棉管壳、玻璃纤维管壳、石棉管壳等材料;管道保温隔热层应缠包密实、均匀牢固、表面平整,并按规定涂刷色标。

5. 给水管道安装质量控制

(1)镀锌钢管安装。

1)钢管的连接有螺纹连接和法兰连接等方式。

2)安装时,一般从总进入口开始操作,总进入口端头加临时丝堵以备试压用,设计要求沥青防腐或加强防腐时,应在预制后、安装前做好防腐。把预制完的管道运到安装部位按编号依次排开。安装前清扫管腔,丝扣连接管道抹上铅油缠好麻,用管钳按编号依次上紧,丝扣外露 2～3 扣,安装完毕后,找直找正,复核甩口的位置、方向及变径无误,清除麻头,及时做好外露部分及被破坏的镀锌层防腐工作,所有管口要加临时丝堵。

3)热水管道的穿墙处均按设计要求加套管及固定支架,安装伸缩器按规定做好预拉伸,待管道固定卡件安装完毕后,除去预拉伸的支撑物,调整好坡度,翻身处高点要有放气装置,低点要有泄水装置。

4)给水大管径管道在使用镀锌碳素钢管时,应采用焊接法兰连接,管材和法兰根据设计压力选用焊接钢管或无缝钢管,管道安装完,先做水压试验,无渗漏后应编号,再拆开法兰进行镀锌加工。加工镀锌的管道不得刷漆及污染,管道镀锌后按编号进行二次安装,然后进行第二次水压试验。

(2)铜管安装。

1)按设计图纸要求并结合施工现场实际情况,确定管线做法,绘制加工草图,实测管线长度、转向、管径、坐标位置、标高标注在加工草图上。

2)当铜管用于热水系统中时,应设置必要的有效补偿位置。管道安装中直管段长度大于10m时,应设补偿装置。伸缩量应根据介质的温度、系统的布置方式等不同的条件进行计算。补偿装置按设计要求可选择套筒式、波纹管式或用铜管加工成"Ⅱ"或"Ω"形等,以解决管道膨胀量的补偿问题。

3)根据管道走向、长度、管件及补偿装置的位置,设置相应的固定支架及一般普通支、吊架。卡架型号应与管材配套,确保卡架安装平整、牢固;固定支架、坐标位置必须准确、合理,确保补偿装置的效果。

4)铜管温度传导性能好,用于冷、热水系统时,必须按设计要求做好保温、绝热保温,防止管道热损失或结露。

5)管道预制加工:按加工图尺寸、采用的连接方式,计算管段长度进行铜管切割下料时,应防止因操作不当造成管子变形。管子的切口端面应与管子轴线垂直,切口处的毛刺等应清理干净。

6)管道的安装:预制好管段,采用连接管件,通过选定的安装方式,将管段按设计要求连接成完整管路,并固定在支、吊、卡架上,成为完整的管道体系。铜管道安装后,应符合设计及施工规范标准要求,并保证管道横平竖直。

(3)立管安装。

1)立管明装:每层从上至下统一吊线安装卡件,将预制好的立管按编号分层排开,顺序安装,对好调直时的印记,丝扣外露2~3扣,清除麻头,校核预留甩口的高度、方向是否正确。在外露丝扣和镀锌层破损处刷好防锈漆,支管甩口加好临时丝堵。立管阀门安装朝向应便于操作和修理。安装完毕后,用线坠吊直找正,配合土建堵好楼板洞。

2)立管暗装:竖井内立管安装的卡件宜在管井口设置型钢,上下统一吊线安装卡件。安装在墙内的立管应在结构施工中预留管槽,立管安装后,吊直找正,用卡件固定。支管的甩口应露明并加好临时丝堵。

3)热水立管加套管:按设计要求加好套管。立管与导管连接要采用两个弯头。立管直线长度大于15m时,要采用三个弯头。立管如有伸缩器,其安装同干管,具体做法同立管明装要求。

(4)支管安装。

1)支管明装:将预制好的支管从立管甩口依次逐段进行安装,有阀门的,应将阀门盖卸下再安装,根据管道长度适当加好临时固定卡,核定不同卫生器具的冷热水预留口高度、位置是否正确,找平找正后栽支管卡件,去掉临时固定卡,加好临时丝堵。支管如装有水表,则先装上连接管,试压后在交工前拆下连接管,安装水表。

2)支管暗装:确定支管高度后画线定位,剔出管槽,将预制好的支管敷在槽内,找平找正定位后用勾钉固定。卫生器具的冷热水预留口要做在明处,加好丝堵。

3)热水支管加套管:热水支管穿墙处按规范要求做好套管。热水支管应做在冷水支管的上方,支管预留口位置应为左热右冷,其余安装方法同冷水支管。

(5)管道试压。管道试压应为管道系统工作压力的 1.5 倍,但不得小于 0.6MPa。

(6)管道保温。

1)给水管道明装、暗装的保温有三种形式:管道防冻保温、管道防热损失保温、管道防结露保温。保温材质及厚度应按设计要求执行,质量应达到国家规定标准。

2)管道保温应在水压试验合格后进行,如需先保温或预先做保温层,应将管道连接处和焊缝留出,待水压试验合格后,再将连接处保温。

3)管道法兰、阀门等应按设计要求保温。

(7)管道冲洗、通水试验。

1)管道系统在验收前必须进行冲洗,冲洗水应采用生活饮用水,流速不得小于1.5m/s,并应连续进行,保证充足的水量,以出水水质和进水水质透明度一致为合格。

2)系统冲洗完毕后,应进行通水试验,按给水系统的 1/3 配水点同时开放,以各排水点通畅、接口处无渗漏为合格。

(8)管道消毒。

1)管道冲洗、通水后,将管道内的水放空,各配水点与配水件连接后,进行管道消毒,向管道系统内灌注消毒溶液,浸泡 24h 以上。消毒结束后,放空管道内的消毒液,再用生活饮用水冲洗管道,至各末端配水件出水水质经水质部门检验合格为止。

2)管道消毒完后打开进水阀向管道供水,打开配水点龙头适当放水,在管网最远点取水样,经卫生监督部门检验合格后才可交付使用。

6. 给水管道配件安装质量控制

(1)给水管道配件的功能有连接管道、改变管径及改变管路方向,增加管路支线,封闭管路等。

(2)给水管道配件是安装在管道和设备上的具有启闭或调节功能、保障系统正常运行的配件,分为配水配件、控制配件与其他配件等。

1)配水配件是为各类卫生洁具或受水器分配或调节水流的各式水龙头(或阀件),是使用最为频繁的管道附件。

2)控制配件是用于调节水量、水压、控制水流、水位的各式阀门。

3)其他配件是指在给水系统适当位置,经常需要安装一些环保系统正常运行、延长设备使用寿命、改善系统工作性能的配件,如排气阀、橡胶接头、伸缩器、过滤器、倒流防止器等。

(3)水表用于计量建筑物的用水量,通常设置在建筑物的引入管、住宅和公寓建筑的分户配水支管以及公用建筑物内需要计量水量的水管上,具有累计功能的流量计,可以代替水表。

关键细节 2 室内给水管道及配件安装主控项目的质检要求

室内给水管道及配件安装主控项目的质检要求见表 1-7。

表 1-7　　　　　　　室内给水管道及配件安装主控项目的质检要求

序号	分项	质检要点
1	水压试验	室内给水管道的水压试验必须符合设计要求。当设计未注明时,各种材质的给水管道系统试验压力均为工作压力的 1.5 倍,但不得小于 0.6MPa。 检查数量:全数检查。 检验方法:金属及复合管给水管道系统在试验压力下观测 10min,压力降不应大于 0.02MPa,然后降到工作压力进行检查,应不渗不漏;塑料管给水系统应在试验压力下稳压 1h,压力降不得超过 0.05MPa,然后在工作压力的 1.15 倍状态下稳压 2h,压力降不得超过 0.03MPa,同时检查各连接处不得渗漏
2	通水试验	给水系统交付使用前必须进行通水试验并做好记录。 检查数量:全数检查。 检验方法:观察和开启阀门、水嘴等放水
3	冲洗消毒	生活给水系统管道在交付使用前必须冲洗和消毒,并经有关部门取样检验,符合国家《生活饮用水标准检验方法》(GB/T 5750.1~5750.13—2006)方可使用。 检查数量:全数检查。 检验方法:检查有关部门提供的检测报告
4	埋地防腐	室内直埋给水管道(塑料管道和复合管道除外)应做防腐处理。埋地管道防腐层材质和结构应符合设计要求。 检查数量:全数检查。 检验方法:观察或局部解剖检查

🏠关键细节 3　室内给水管道及配件安装一般项目的质检要求

室内给水管道及配件安装一般项目的质检要求见表 1-8。

表 1-8　　　　　　　室内给水管道及配件安装一般项目的质检要求

序号	分项	质检要点
1	管道最小净距	给水引入管与排水排出管的水平净距不得小于 1m。室内给水与排水管道平行敷设时,两管间的最小水平净距不得小于 0.5m;交叉敷设时,垂直净距不得小于 0.15m。给水管应敷设在排水管上面,若给水管必须敷设在排水管的下面,给水管应加套管,其长度不得小于排水管管径的 3 倍。 检查数量:全数检查。 检验方法:尺量检查
2	焊缝表面质量	管道及管件焊接的焊缝表面质量应符合下列要求: (1)焊缝外形尺寸应符合图纸和工艺文件的规定,焊缝高度不得低于母材表面,焊缝与母材应圆滑过渡。 (2)焊缝及热影响区表面应无裂纹、未熔合、未焊透、夹渣、弧坑和气孔等缺陷。 检查数量:全数检查。 检验方法:观察检查

（续）

序号	分项	质检要点
3	管道坡道	给水水平管道应有2‰～5‰的坡度坡向泄水装置。 检查数量：全数检查。 检验方法：水平尺和尺量检验
4	管道和阀门安装	给水管道和阀门安装的允许偏差和检验方法应符合表1-9的规定。 检查数量：全数检查。 检验方法：见表1-9
5	管道支、吊架	管道的支、吊架安装应平整牢固，其间距应符合表1-2～表1-4的规定。 检查数量：全数检查。 检验方法：观察、尺量及手扳检查
6	水表安装	水表应安装在便于检修、不受暴晒、污染和冻结的地方。安装螺翼式水表，表前与阀门应有不小于8倍水表接口直径的直线管段。表外壳距墙表面净距为10～30mm；水表进水口中心标高按设计要求，允许偏差为±10mm。 检查数量：全数检查。 检验方法：观察和尺量检查

表 1-9　　　　　　　　　　管道和阀门安装的允许偏差和检验方法

项次	项目			允许偏差/mm	检验方法
1	水平管道纵横方向弯曲	钢管	每米（全长25m以上）	1 ≤25	用水平尺、直尺、拉线和尺量检查
		塑料管复合管	每米（全长25m以上）	1.5 ≤25	
		铸铁管	每米（全长25m以上）	2 ≤25	
2	立管垂直度	钢管	每米（5m以上）	3 ≤8	吊线和尺量检查
		塑料管复合管	每米（5m以上）	2 ≤8	
		铸铁管	每米（5m以上）	3 ≤10	
3	成排管段和成排阀门	在同一平面上间距		3	尺量检查

注：本表摘自《建筑给水排水及采暖工程施工质量验收规范》（GB 50242—2002）。

二、室内消火栓给水系统安装

1. 室内消火栓给水系统组成

室内消火栓给水系统由室内消火栓、消防水枪、消防水带、消防卷盘、消火栓箱、消防水泵、消防水箱、消防水池、水泵接合器、管道系统、控制阀等组成。

🏠关键细节4　室内消火栓给水系统组成要点

(1)消火栓是安装在给水管网上,向火场供水的带有阀门的标准接口,是室内外消防供水的主要水源之一。地上式消火栓部分露出地面,目标明显、易于寻找、出水操作方便,适应于气温较高地区,但容易冻结、损坏,有些场合妨碍交通,容易被车辆意外撞坏,影响市容。地下式消火栓隐蔽性强,不影响城市美观,受破坏情况少,寒冷地带可防冻,适用于较寒冷地区。但目标不明显,寻找、操作和维修都不方便,容易被建筑和停放的车辆等埋、占、压,要求设置明显标志,一般需要与消火栓连接器配套使用。

(2)消防水枪是消火栓给水系统的终端出水设备,其功能是把水带内的均匀水流转化成所需流态,喷射到火场的物体上,达到灭火、冷却或防护的目的。消防水枪按出水水流状态可分为直流水枪、喷雾水枪、开花水枪三类。直流水枪用来喷射柱状密集充实水流,具有射程远、水量大等优点,适用于远距离扑救一般固体物质(A类)火灾。开花水枪可以根据灭火的需要喷射开花水流,使压力水流形成一个伞形水屏障,用来冷却容器外壁、阻隔辐射热,阻止火势蔓延、扩散,减少灾情损失,掩护灭火人员靠近着火地点。喷雾水枪利用离心力的作用,使压力水流变成水雾,利用水雾粒子与烟尘中的炭粒子结合可沉降的原理,达到消烟的效果,能减少火场水渍损失、高温辐射和烟熏危害。

(3)消防水带是指两端均带有消防接口,可与消火栓、消防泵(车)配套,用于输送水或其他液体灭火剂的设备。消防水带按材料分为有衬里消防水带和无衬里消防水带两类。无衬里水带一般采用平纹组织,由经线和纬线交叉编织而成,现已逐渐被淘汰;有衬里的消防水带由编织层和胶层组成,外层为高强度合成纤维编织成管状外套,内层为天然橡胶衬里、EPDM合成橡胶衬里、聚氨酯衬里、TPE合成树脂衬里等。

(4)消防卷盘俗称水喉,一般安装在室内消火栓箱内,以水作为灭火剂,在启用室内消火栓之前,供建筑物内一般人员自救扑灭A类初起火灾。与室内消火栓比较,具有设计体积小、操作轻便、机动、灵活,能在三维空间内作360°转动,减少水渍损失等优点。

(5)消火栓箱安装在建筑物内的消防给水管路上,集室内消火栓、消防水枪、消防水带、消防卷盘及电气设备于一体,具有给水、灭火、控制、报警等功能。消火栓箱根据安装方式可分为明装、暗装和半明装三类,制造材料有铝合金、冷轧板和不锈钢三种。

(6)消防水泵包括消防主泵和稳压泵。消防主泵在火灾发生后由消火栓箱内的按钮或消防控制中心远程启动,也可在泵房现场启动,为消火栓给水系统提供灭火所需的水量和水压。

(7)消防水箱设在建筑物的最高部位,消防水箱的设置高度应保证最不利点消火栓静水压力。

(8)消防水池用以贮存火灾延续时间内室内外消防用水的总量,在火灾情况下能保证连续补水时,消防水池的容量可减去火灾延续时间内所补充的水量。消防水池容量超过1000m³时,应分设成两个。

(9)消防水泵接合器用以连接建筑物内部的消防系统与消防车或机动泵。消防车或机动泵通过水泵接合器的接口,向建筑物内送消防用水或其他液体灭火剂,用以扑灭建筑物内部的火灾,解决了高层建筑或其他各种建筑在发生火灾时,建筑物内部的室内消防水泵因检修、停电、发生故障或室内给水管道水压低,供水不足或无法供水等问题。

2. 水表安装质量控制

水表应安装在查看方便、不受暴晒、不受污染和不易损坏的地方;引入管上的水表装在室外水表井、地下室或专用的房间内。水表装到管道上以前,应先除去管道中的污物(用水冲洗),以免造成水表堵塞。水表应水平安装,并使水表外壳上的箭头方向与水流方向保持一致,切勿装反;水表前后应装设阀门;对于不允许停水或没有消防管道的建筑,还应设旁道管,此时水表后侧要装设止回阀;旁通管上的阀门应设有铅封。为了保证水表计量准确,水表前面应装有大于水表口径 10 倍的直管段,水表前面的阀门在水表使用时打开。家庭独用小水表,明装于每户进水总管上,水表前应有阀门,水表外壳距墙面不得大于 30mm,水表中心距另一墙面(端面)的距离为 450~500mm,安装高度为 600~1200mm,水表前后直管段长度大于 300mm 时,其超出管段应用弯头引靠到墙面,沿墙面敷设;管中心距离墙面 20~25mm。

一般工业企业及民用建筑的室内、室外水表,在水压不大于 1MPa、温度不超过 40℃,且不含杂质的饮用水或清洁水的条件下,可按国标图 S145 进行安装。

3. 阀门安装质量控制

安装前应仔细检查,核对阀门的型号、规格是否符合设计要求。根据阀门的型号和出厂说明书,检查它们是否可以在所要求的条件下应用,并且按设计和规范规定进行试压。检查填料及压盖螺栓,必须有足够的节余量,并要检查阀杆是否转动灵活,有无卡涩现象和歪斜情况;法兰和螺栓连接的阀门应加以关闭。不合格的阀门不准安装。

阀门在安装时应根据管道介质流向确定其安装方向。安装一般的截止阀时,应使介质自阀盘下面流向上面,俗称"低进高出"。安装闸阀、旋塞时,允许介质从任意一端流入流出。安装止回阀时,必须特别注意介质的流向(阀体上有箭头表示),才能保证阀门能自由开启。对于升降式止回阀,应保证阀盘中心线与水平面互相垂直。对旋启式止回阀,应保证其摇板的旋转枢轴装成水平。安装杠杆式安全阀和减压阀时,必须使阀盘中心线与水平面相互垂直,发现倾斜时应予以校正。安装法兰式阀门时,应保证两法兰端面相互平行和同心。尤其是安装铸铁等材质较脆的阀门时,应避免因强力连接或受力不均引起损坏;拧螺栓应对称或十字交叉进行。螺纹式阀门应保证螺纹完整无缺,并按不同介质要求涂以密封填料物,拧紧时,必须用扳手咬牢拧入管子一端的六棱体上,以保证阀体不致拧变形或损坏。

4. 喷头安装质量控制

(1)喷头应在出水管安装好,并且待建筑内装修完成以后进行安装。

(2)管道安装时应有一定的坡度,充水系统应小于 2‰,充气系统和分支管应不小于 4‰。管道变径时,应尽量避免用内外接头(补心),而采用异径管(大小头)。安装自动喷水管装置,为防止管道工作时产生晃动而妨碍喷头喷水效果,应以支、吊架进行固定。

(3)为充分发挥自动喷水管网的灭火效果,应限制喷水头数量对管道的最大负荷。支管上最多允许 6 个喷水头。

(4)水幕喷头可以向上或向下安装。窗口水幕喷头一般布置在窗口下 50mm 处,中间层和底层窗口水幕喷头距窗口玻璃面的距离:窗宽 0.9m 为 580mm;窗宽 1.2m 为 670mm;窗宽 1.5m 为 750mm;窗宽 1.8m 为 830mm。布置水幕头时,要防止因障碍物而造成的空白点,使水幕喷到应该保护的部位。

(5)自动喷洒和水幕消防系统的管道连接,湿式系统应采用螺纹连接,干式或干、湿式混合系统应采用焊接。螺纹连接管道的变径应采用异径管、变径弯头、变径三通和补心等管件,不得连用两个异径管来变径。

(6)各种喷淋头安装,应在管道系统完成试压、冲洗后进行。

5. 饮水器安装质量控制

(1)安装时,管嘴下端要比器具溢流缘高出 20mm,并将其固定在使用时管嘴上没有水滴落的角度。

(2)管嘴和护架的安装位置,应不使水喷出后又碰溅到管嘴上。

(3)饮水器底盘和喷嘴的安装高度应根据使用的方便性来决定。

(4)在容器上安装管嘴在一个以上的饮水器,其管嘴间应保持适当间距,并便于使用者靠近,管嘴数可看作饮水器数。同样安装在洗涤池或洗脸盆上的饮水管嘴也相当于饮水器。

6. 箱式消火栓安装质量控制

(1)消火栓通常安装在消防箱内,有时也装在消防箱外边。消火栓安装高度为栓口中心距地面 1.2m,允许偏差 20mm;栓口出水方向朝外,与设置消防箱的墙面相互垂直或成 45°角。消火栓在箱内时,消火栓中心距消防箱侧面为 140mm,距箱后内表面为 100mm,允许偏差 5mm。

(2)在一般建筑物内,消火栓及消防给水管道均采用明装。室内消防给水立管从下到上一种规格不变,安装时只需注意消火栓箱及其附件的安装位置以及与管道之间的相互关系。消防立管的底部距地面 500mm 处应设置球形阀,阀门应经常处于全开启状态,阀门上应有明显的启动标志。

(3)消火栓应安装在建筑物内明显处以及取用方便的地方。在多层建筑物内,消火栓布置在耐火的楼梯间内;在公共建筑物内,消火栓布置在每层的楼梯处、走廊或大厅的出入口处;在生产厂房内,消火栓布置在人员经常出入的地方。

(4)消火栓一般安装在砖墙上,分明装、暗装及半明装三种(见《全国建筑设计通用标准图集》87S163)形式。

(5)水龙带与消火栓及水枪接头连接时,采用 16 号铜线缠 2～3 道,每道不少于 2～3 圈,绑扎好后,将水龙带及水枪挂在箱内支架上。

(6)安装室内消火栓时,必须取出箱内的水龙带、水枪等全部配件。箱体安装好后再复原。进水管的公称直径不小于 50mm,消火栓应安装平整牢固,各零件应齐全可靠。

关键细节 5　室内消防系统安装主控项目的质检要求

室内消防系统安装主控项目的质检要求见表 1-10。

表 1-10　　　　　　　　室内消防系统安装主控项目的质检要求

序号	分项	质检要点
1	试射试验	室内消火栓系统安装完成后应取屋顶层(或水箱间内)试验消火栓和首层取两处消火栓做试射试验,达到设计要求为合格。 检查数量:选取有代表性的三处:屋顶(北方一般在屋顶水箱间等室内)试验消火栓和首层取两处消火栓。 检验方法:实地试射检查

关键细节 6　室内消防系统安装一般项目的质检要求

室内消防系统安装一般项目的质检要求见表 1-11。

表 1-11　　　　　　　　室内消防系统安装一般项目的质检要求

序号	分项	质检要点
1	水龙带与水枪、快速接头	安装消火栓水龙带,水龙带与水枪和快速接头绑扎好后,应根据箱内构造将水龙带挂放在箱内的挂钉、托盘或支架上。 检查数量:全数检查。 检验方法:观察检查
2	箱式消火栓	箱式消火栓的安装应符合下列规定: (1)栓口应朝外,且不应安装在门轴侧。 (2)栓口中心距地面为 1.1m,允许偏差±20mm。 (3)阀门中心距箱侧面为 140mm,距箱后内表面为 100mm,允许偏差±5mm。 (4)消火栓箱体安装的垂直度允许偏差为 3mm。 检查数量:全数检查。 检验方法:观察和尺量检查

三、室内给水设备安装

1. 水泵底座安装质量控制

水泵基础的尺寸、位置和标高符合设计要求后,首先将底座置于基础上,套上地脚螺栓,调整底座并使底座的纵横中心位置与设计位置相一致;然后调整底座水平;接着再紧固地脚螺栓,在混凝土强度达到 75% 后,将地脚螺栓的油脂、污垢清除干净,拧紧地脚螺栓的螺母;最后稳固底座,地脚螺栓的螺母拧紧后,用设计要求的二次灌浆材料将底座与基础之间的缝隙嵌填充实,再用混凝土将底座填满填实,以保证底座稳定。

2. 水泵配管安装质量控制

(1)水平管段安装时,应设有坡向水泵 2‰ 的坡度。

(2)吸水管靠近水泵进水口处,应有一段长 2~3 倍管径的直线段,避免直接安装弯头,但吸水管段要短,配管及弯头要少。当采用变径管时,变径管的长度不应小于大小管径差的 5~7 倍。水泵出水口处的变径应采用同心变径,吸入口处应采用上平偏心变径。

(3)水泵出口应安装阀门、止回阀和压力表。其安装位置应朝向合理,便于观察,压力表下应设表弯。

(4)吸水端的底阀应按设计要求设置滤水器或以铜丝网包缠,防止杂物吸入泵内。

(5)设备减振应满足设计要求,立式泵不宜采用弹簧减振器。

(6)水泵吸入和输出管道的支架应单独埋设牢固,不得将重量承担在泵上。

(7)管道与泵连接后,不应在其上进行电气焊,如需要再焊接,应采取保护措施。

(8)管道与泵连接后,应复查泵的原始精度,如因连管引起偏差,应调整管道。

3. 水泵机体安装质量控制

(1)离心泵机组分带底座和不带底座两种形式。一般小型离心泵出厂时均与电动机装配在同一铸铁底座上，口径较大的泵出厂时不带底座，水泵和动力机直接安装在基础上。

（2）电动机安装：安装电动机时，以水泵为基准，将电动机轴中心调整到与水泵的轴中心线在同一条直线上。通常是靠测量水泵与电动机连接处两个联轴器的相对位置来完成，即把两个联轴器调整到同心且相互平行。调整时，两联轴器间的轴向间隙应符合质量要求。两联轴器的轴向间隙，可用塞尺在联轴器间的上、下、左、右四点测得，塞尺片最薄为 0.03～0.05mm。各处间隙相等，表示两联轴器平行。测定径向间隙时，可把直角尺一边靠在联轴器上，并沿轮缘圆周移动。如直角尺各点都和两个轮缘的表面靠紧，则表示联轴器同心。电动机找正后，拧紧地脚螺栓和联轴器的连接螺栓，水泵机组即安装完毕。

关键细节7　水泵机体安装的形式

（1）带底座水泵的安装。

1）带底座水泵的安装方法：安装带底座的小型水泵时，先在基础面和底座面上画出水泵中心线，然后将底座吊装在基础上，套上地脚螺栓和螺母，调整底座位置，使底座上的中心线和基础上的中心线一致，然后用水平仪在底座加工面上检查是否水平。不水平时，可在底座下承垫垫铁找平。垫铁的种类，如图1-4所示。

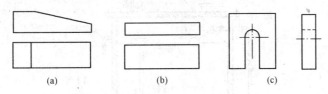

图 1-4　垫铁
(a)斜垫铁；(b)平垫铁；(c)开口垫铁

2）垫铁的平面尺寸一般为 60mm×80mm～100mm×150mm，厚度为 1～20mm。垫铁一般放置在底座的四个角下面，每处叠加的数量不多于 3 块。垫铁找平后，拧紧设备地脚螺栓上的螺母，并对底座水平度再进行一次复核。底座装好后，把水泵吊放在底座上，并对水泵的轴线、进出水口中心线和水泵的水平度进行检查和调整。

3）如果底座上已装有水泵和电动机，可以不卸下水泵和电动机而直接进行安装，其安装方法与无共用底座水泵的安装方法相同。

（2）无共用底座水泵的安装。

1）无共用底座水泵的安装。安装顺序：先安装水泵，待其位置与进出水管的位置找正后，再安装电动机。吊装水泵可采用三脚架。起吊时，一定要注意钢丝绳不能系在泵体上，也不能系在轴承架上，更不能系在轴上，只能系在吊装环上。

2）水泵就位后应进行找正。水泵找正包括中心线找正、水平找正和标高找正。水泵找正找平后，方可向地脚螺栓孔和基础与水泵底座之间的空隙内进行二次灌浆，灌浆材料应符合设计要求。

3）待灌浆材料凝固后再拧紧地脚螺栓，并对水泵的位置和水平状态进行复查，以免水泵在二次灌浆或拧紧地脚螺栓过程中发生移动。

4. 水箱安装质量控制

(1)将水箱安放在放好基准线的基础上,找平找正,水箱顶与建筑结构之间的最小净距参见表 1-12,并应符合设计要求。

表 1-12　　　　水箱之间及水箱顶与建筑结构之间的最小净距　　　　　　　m

水箱形式	水箱至墙面距离		水箱之间净距	水箱顶至建筑结构最低点间距离
	有阀侧	无阀侧		
圆　形	0.8	0.5	0.7	0.6
矩　形	1.0	0.7	0.7	0.6

(2)水箱进水口应高于水箱溢流口且不得小于进水口管径的 2.5 倍。

(3)水箱溢流管、泄水管不得与排水系统直接连接。溢流管出水口应设网罩,且溢流管上不得安装阀门。水箱进水管出流口淹没时,应设真空破坏装置。

(4)水箱配管及附件示意图如图 1-5 所示。

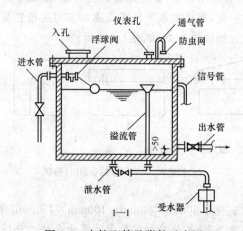

图 1-5　水箱配管及附件示意图

(5)水箱的防腐及保温应按设计图纸要求施工。一般对钢制水箱,其内外表面均应涂防锈漆,但内表面的涂料,不得影响水质,以樟丹为宜。水箱和管道有冻结和结露可能时,必须设有保温层。

5. 稳压罐安装质量控制

(1)稳压罐的罐顶至建筑结构最低点的距离不得小于 10m,罐与罐之间及罐壁与墙面的净距不宜小于 0.7m。

(2)稳压罐应安放在平整的地面上,安装应牢固。

(3)稳压罐按图纸上的要求及说明书的要求安装设备附件。

关键细节 8　室内给水设备安装主控项目的质检要求

室内给水设备安装主控项目的质检要求见表 1-13。

表 1-13　　　　　　　　　室内给水设备安装主控项目的质检要求

序号	分项	质检要点
1	水泵基础	水泵就位前的基础混凝土强度、坐标、标高、尺寸和螺栓孔位置必须符合设计规定。 检查数量:全数检查。 检验方法:对照图纸用仪器和尺量检查
2	水泵试运转	水泵试运转的轴承温升必须符合设备说明书的规定。 检查数量:全数检查。 检验方法:温度计实测检查
3	满水试验 或水压试验	敞口水箱的满水试验和密闭水箱(罐)的水压试验必须符合设计与相关规范的规定。 检查数量:全数检查。 检验方法:满水试验静置 24h 观察,不渗不漏;水压试验在试验压力下 10min 内压力不降,不渗不漏

关键细节 9　室内给水设备安装一般项目的质检要求

室内给水设备安装一般项目的质检要求见表 1-14。

表 1-14　　　　　　　　　室内给水设备安装一般项目的质检要求

序号	分项	质检要点
1	水箱底座	水箱支架或底座安装,其尺寸及位置应符合设计规定,埋设平整牢固。 检查数量:全数检查。 检验方法:对照图纸,尺量检查
2	水箱溢流	水箱溢流管和泄放管应设置在排水地点附近但不得与排水管直接连接。 检查数量:全数检查。 检验方法:观察检查
3	水泵减振	立式水泵的减振装置不应采用弹簧减振器。 检查数量:全数检查。 检验方法:观察检查
4	给水设备安装	室内给水设备安装的允许偏差应符合表 1-15 的规定。 检查数量:全数检查。 检验方法:见表 1-15
5	管道设备保温	管道及设备保温层的厚度和平整度的允许偏差应符合表 1-16 的规定。 检查数量:水箱保温,每台不少于 5 点。 检验方法:见表 1-16

表 1-15　　　　　　　　室内给水设备安装的允许偏差和检验方法

项次	项　目			允许偏差 /mm	检 验 方 法
1	静置设备	坐标		15	经纬仪或拉线、尺量
		标高		±5	用水准仪、拉线和尺量检查
		垂直度（每米）		5	吊线和尺量检查
2	离心式水泵	立式泵体垂直度（每米）		0.1	水平尺和塞尺检查
		卧式泵体水平度（每米）		0.1	水平尺和塞尺检查
		联轴器同心度	轴向倾斜（每米）	0.8	在联轴器互相垂直的四个位置上用水准仪、百分表或测微螺钉和塞尺检查
			径向位移	0.1	

注：本表摘自《建筑给水排水及采暖工程施工质量验收规范》(GB 50242—2002)。

表 1-16　　　　　　管道及设备保温层的允许偏差和检验方法

项次	项　目		允许偏差/mm	检 验 方 法
1	厚　度		$+0.1\delta$ -0.05δ	用钢针刺入
2	表面平整度	卷　材	5	用 2m 靠尺和楔形塞尺检查
		涂　抹	10	

注：1. δ 为保温层厚度。

　　2. 本表摘自《建筑给水排水及采暖工程施工质量验收规范》(GB 50242—2002)。

第三节　室内排水系统安装

一、排水管道及配件安装

1. 排水系统的分类

(1)生活排水系统能够排除居住建筑、公共建筑及工厂生活间的污废水。有时由于污废水处理、卫生条件或杂用水水源的需要，把生活排水系统又进一步分为排除冲洗便器的生活污水排水系统和排除盥洗、洗涤废水的生活废水排水系统。生活废水经过处理后，可作为杂用水，用来冲洗厕所、浇洒绿地和道路、冲洗汽车等。

(2)工业废水排水系统能够排除工业生产过程中产生的污废水。为便于污废水的处理和综合利用，按污染程度可分为生产污水排水系统和生产废水排水系统。生产污水污染较重，需要经过处理，达到排放标准后排放；生产废水污染较轻，如机械设备冷却水，生产废水可作为杂用水水源，也可经过简单处理后回用或排入水体。

(3)屋面雨水排除系统能够收集和排除降落到多跨工业厂房、大屋面建筑和高层建筑屋面上的雨、雪水。

2. 排水体制

室内排水体制分为分流制和合流制,分别称为建筑分流排水和建筑合流排水。

(1)分流制是指生活污水与生活废水、生产污水与生产废水在建筑物内分别排至建筑物外。

(2)合流制是指生活污水与生活废水、生产污水与生产废水在建筑物内合流后排至建筑物外。

关键细节 10　排水体制的选择要点

(1)排水系统采用分流制还是合流制,应根据污水性质、污染程度、室外排水体制、污废水综合利用的可能性及处理要求等确定。

(2)室内排水最终要排入室外排水系统,故室内排水体制的确定主要取决于室外的排水体制。室外排水体制是指污水和雨水的分流与合流;室内排水体制是指污水和废水的分流与合流。

(3)当室外无污水处理厂和污水管道,即室外仅有雨水管道时,室内宜采用分流制;当室外有污水管道和污水处理厂,即室外分别有污水和雨水管道时,室内宜采用合流制。

3. 排水系统的组成

建筑内部排水系统的组成应能满足以下三个基本要求:第一,系统能迅速畅通地将污废水排到室外;第二,排水管道系统气压稳定,有毒有害气体不能进入室内,保持室内环境卫生;第三,管线布置合理,简短顺直,工程造价低。为满足上述要求,建筑内部排水系统所需的基本组成部分为卫生器具和生产设备的受水器、排水管道、清通设备和通气管道。在有些排水系统中,根据需要还设有污废水的提升设备和进行局部处理的构筑物。

4. 塑料排水管安装质量控制

(1)干管安装。

1)非金属排水管一般采用承插粘结连接方式。承插粘结方法是将配好的管材与配件按规定试插,使承口插入的深度符合要求,不得过紧或过松,同时还要测定管端插入承口的深度,并在其表面划出标记。

2)埋入地下时,按设计坐标、标高、坡向和坡度开挖槽沟并夯实。采用托、吊管安装时,应按设计坐标、标高、坡向做好托、吊架。

3)具备施工条件时,将预制加工好的管段,按编号运至安装部位进行安装。

4)管道的坡度应符合设计要求,设计无要求时,用于室内排水的水平管道与水平管道、水平管道与立管的连接,应采用45°三通(或45°四通)和90°斜三通(或90°斜四通)。立管与排出管端部的连接,应采用两个45°弯头或曲率半径不小于4倍管径的90°弯头。通向室外的排水管,穿过墙壁或基础应采用45°三通或45°弯头连接,并应在垂直管段的顶部设置清扫口。

5)埋地管穿越地下室外墙时,应采用防水套管。

(2)支管安装。

1)按设计坐标标高要求校核预留孔洞,孔洞的修整尺寸应比管径大40~50mm。

2)清理场地,按需要支搭操作平台。将预制好的支管按编号运至现场。清除各粘结部位及管道内的污物和水分。

3）将支管水平初步吊起，涂抹胶粘剂，用力推入预留管口。

4）连接卫生器具的短管一般伸出净地面 10mm，地漏甩口低于净地面 5mm。

5）根据管段长度调整好坡度，合适后，固定卡架，封闭各预留管口和堵洞。

（3）立管安装。

1）首先按设计坐标标高要求校核预留孔洞，洞口尺寸可比管材外径大 50～100mm，不可损伤受力钢筋。安装前清理场地，根据需要支搭操作平台。

2）首先清理已预留的伸缩节，将锁母拧下，取出橡胶圈，清理杂物。立管插入应先计算插入长度，做好标记，然后涂上肥皂液，套上锁母及橡胶圈，将管端插入标记处锁紧锁母。

3）安装时，先将立管上端伸入上一层洞口内，垂直用力插入至标记为止。合适后，用 U 形抱卡坚固，找正找直，三通口中心符合要求，有防水要求的，须安装止水环，保证止水环在板洞中的位置。止水环可用成品或自制，用来临时封堵各个管口。

4）排水塑料管与铸铁管连接时，宜采用专用配件。当采用水泥捻口连接时，应先将塑料管插入承口部分的外侧，用砂纸打毛或涂刷胶粘剂滚粘干燥的粗黄砂；插入后，应用油麻丝填嵌均匀，用水泥捻口。

5）地下埋设管道及出屋顶透气立管如不采用 UPVC 排水管件而采用下水铸铁管件，可采用水泥捻口。为防止渗漏，塑料管插接处要用粗砂纸将塑料管横向打磨粗糙。

（4）干管清扫口和检查口设置。

1）在连接 2 个及 2 个以上大便器或 3 个及 3 个以上卫生器具的污水横管上应设置清扫装置。当污水管在楼板下悬吊敷设时，如清扫口设在上一层楼地面上时，经常有人活动的场所应使用钢制清扫口，污水管起点的清扫口与管道相垂直的墙面距离不得小于 20mm；若污水管起点设置堵头代替清扫口，与墙面距离不得小于 400mm。

2）在转角小于 135°的污水横管上，应设置地漏或清扫口。

3）污水横管的直线管段，应按设计要求的距离设置检查口或清扫口。

4）横管的直线管段上设置检查口（清扫口）之间的最大距离不宜大于表 1-17 的规定距离。

表 1-17　　　　横管的直线管段上设置检查口（清扫口）之间的最大距离

管径 /mm	生产 废水	生活污水和与生活污水 成分接近的生产污水	含有大量悬浮物和 沉淀物的生产污水	清扫设备 的种类
		距离/m		
50～75	15	12	10	检查口
	10	8	6	清扫口
100～150	20	15	12	检查口
	15	10	8	清扫口
200	25	20	15	检查口

5）设置在吊顶内的横管，在其检查口或清扫口位置应设检修门。

6）安装在地面上的清扫口顶面必须与净地面相平。

（5）伸缩节位置。

1)管端插入伸缩节处预留的间隙:夏季为5～10mm;冬季为15～20mm。

2)如立管连接件本身具有伸缩功能,可不再设伸缩节。

3)排水支管在楼板下方接入时,伸缩节应设置于水流汇合管件之下;排水支管在楼板上方接入时,伸缩节应设置于水流汇合管件之上;立管上无排水支管时,伸缩节可设置于任何部位;污水横支管超过2m时,应设置伸缩节,但伸缩节最大间距不得超过4m,横管上设置伸缩节应设于水流汇合管件的上游端。

4)当层高不大于4m时,污水管和通气立管应每层设一伸缩节,当层高大于4m时,应根据管道设计伸缩量和伸缩节最大允许伸缩量确定。伸缩节设置应靠近水流汇合管件(如三通、四通)附近。同时,伸缩节承口端(有橡胶圈的一端)应逆水流方向,朝向管路的上流侧(伸缩节承口端内压橡胶圈的压圈外侧应涂胶粘剂与伸缩节粘结)。

5)立管在穿越楼层处固定时,在伸缩节处不得固定;立管在伸缩节固定时,在穿越楼层处不得固定。

(6)支架安装。

1)立管穿越楼板处可按固定支座设计;管道井内的立管固定支座,应支承在每层楼板处或井内设置的刚性平台和综合支架上。

2)层高不大于4m时,立管每层可设一个滑动支座;层高大于4m时,滑动支座间距不宜大于2m。

3)横管上设置伸缩节时,每个伸缩节应按要求设置固定支座。

4)横管穿越承重墙处可按固定支架设计。

5)固定支座的支架应用型钢制作并锚固在墙或柱上;悬吊在楼板、梁或屋架下的横管的固定支座的吊架应用型钢制作并锚固在承重结构上。

6)悬吊在地下室的架空排出管,在立管底部肘管处应设置托、吊架,以防止管内落水时所造成的冲击影响。

5. 铸铁排水安装质量控制

(1)干管安装。

1)在挖好的管沟底用土回填到管底标高处敷设管道时,应将预制好的管段的承口朝向来水方向,由出水口处向室内按顺序排列。挖好捻灰口用的工作坑,将预制好的管段徐徐放入管沟内,封闭堵严总出水口,做好临时支撑,按施工图纸的坐标、标高找好位置和坡度,以及各预留管口的方向和中心线,将管段承插口相连。

2)在管沟内捻灰口前,先将管道调直,找正,用麻纤或薄捻凿将承插口缝隙找均匀,把麻打实,校直、校正,管道两侧用土培好,以防捻灰口时管道移位。

3)将水灰比为1:9的水泥捻口灰拌好后,装在灰盘内放在承插口下部,人跨在管道上,一手填灰,一手用捻凿捣实,填满后,用手锤打,再填再打,将灰口打满打平为止。

4)捻好的灰口,用湿麻绳缠好养护或填湿润细土掩盖养护。

5)管道铺设好捻灰口后,再将立管首层卫生洁具的排水预留管口,按室内地平线,坐标位置及轴线找好尺寸,接至规定高度,将预留管口临时封堵。

6)按照施工图对铺设好的管道坐标,标高及预留管口尺寸进行自检。确认准确无误后,即可从预留管口处灌水做闭水实验,水满后,观察水位不下降,各接口及管道无渗漏,再经有关人员进行检查,并填写隐蔽工程验收记录。

7)管道系统经隐蔽验收合格后,临时封堵各预留管口,配合土建填堵孔洞,按规定回填土。

(2)立管安装。

1)根据施工图校对预留管洞尺寸有无差错。立管检查口设置按设计要求。如排水支管设在吊顶内,应在每层立管上均装检查口,以便做闭水实验。

2)立管支架在核查预留洞孔无误后,用吊线锤及水平尺找出各支架位置尺寸,统一编号进行加工,同时在安装支架位置进行编号以便在支架安装时能按编号进行就位,支架安装完毕后,进行下道工序。

3)安装立管需两人上下配合,一人在上一层楼板上,由管洞内投下一个绳头,下面一人将预制好的立管上半部拴牢,上拉下托将立管下部插口插入下层管承口内。

4)立管插入承口后,下层的人把甩口及立管检查口方向找正,上层的人用木模将管在楼板洞处临时卡牢、打麻、吊直、捻灰。复查立管垂直度,将立管临时固定卡牢。

5)立管安装完毕后,配合土建用不低于楼板强度等级的混凝土将洞灌满堵实,并拆除临时固定。高层建筑或管井内,应按照设计要求设置固定支架,同时检查支架及管卡是否全部安装完毕并固定。

6)高层建筑管道立管应严格按设计装设补偿装置。

7)高层建筑采用辅助透气管,可采用辅助透气异型管件。

(3)支管安装。

1)支管安装应先搭好架子,将吊架按设计坡度安装好,复核吊杆尺寸及管线坡度,将预制好的管道托到管架上,再将支管插入立管预留口的承口内,固定好支管,然后打麻捻灰。

2)支管设在吊顶内,末端有清扫口的,应将清扫口接到上层地面上,便于清掏。

3)支管安装完后,可将卫生洁具或设备的预留管安装到位,找准尺寸并配合土建将楼板孔洞堵严,将预留管口临时封堵。

(4)托、吊管道安装。

1)安装在管道设备层内的铸铁排水干管根据设计要求做托、吊架或砌砖墩架设。

2)安装托、吊干管要先搭设架子,按托架设计坡度裁好吊卡,量准吊杆尺寸,将预制好的管道托、吊牢固,并将立管预留口位置及首层卫生洁具的排水预留管口,按室内地平线、坐标位置及轴线找好尺寸,接至规定高度,将预留管口临时封堵。

3)托、吊排水干管在吊顶内,须做闭水实验,按隐蔽工程办理验收手续。

关键细节 11　排水管道及配件安装主控项目的质检要求

排水管道及配件安装主控项目的质检要求见表 1-18。

表 1-18　　　　　　　　排水管道及配件安装主控项目的质检要求

序号	分项	质检要点
1	灌水实验	隐蔽或埋地的排水管道在隐蔽前必须做灌水试验,其灌水高度应不低于底层卫生器具的上边缘或底层地面高度。 　检查数量:全数检查。 　检验方法:满水 15min 水面下降后,再灌满观察 5min,液面不降,管道及接口无渗漏为合格

（续）

序号	分项	
2	铸铁管道坡度	生活污水铸铁管道的坡度必须符合设计或表 1-19 的规定。 检查数量：全数检查。 检验方法：水平尺、拉线尺量检查
3	塑料管道坡度	生活污水塑料管道的坡度必须符合设计或表 1-20 的规定。 检查数量：全数检查。 检验方法：水平尺、拉线尺量检查
4	伸缩、防火	排水塑料管必须按设计要求及位置装设伸缩节。如设计无要求，伸缩节间距不得大于 4m。高层建筑中明设排水塑料管道应按设计要求设置阻火圈或防火套管。 检查数量：全数检查。 检验方法：观察检查
5	通球试验	排水主立管及水平干管管道均应做通球试验，通球球径不小于排水管道管径的 2/3，通球率必须达到 100%。 检查数量：全数检查。 检验方法：通球检查

表 1-19　　　　　　　　　生活污水铸铁管道的坡度

项　次	管径/mm	标准坡度(‰)	最小坡度(‰)
1	50	35	25
2	75	25	15
3	100	20	12
4	125	15	10
5	150	10	7
6	200	8	5

注：本表摘自《建筑给水排水及采暖工程施工质量验收规范》(GB 50242—2002)。

表 1-20　　　　　　　　　生活污水塑料管道的坡度

项　次	管径/mm	标准坡度(‰)	最小坡度(‰)
1	50	25	12
2	75	15	8
3	110	12	6
4	125	10	5
5	160	7	4

注：本表摘自《建筑给水排水及采暖工程施工质量验收规范》(GB 50242—2002)。

关键细节 12　排水管道及配件安装一般项目的质检要求

排水管道及配件安装一般项目的质检要求见表 1-21。

表 1-21　　　　　　　　　排水管道及配件安装一般项目的质检要求

序号	分项	质检要点
1	检查口、清扫口	在生活污水管道上设置的检查口或清扫口,当设计无要求时应符合下列规定: (1)在立管上应每隔一层设置一个检查口,但在最底层和有卫生器具的最高层必须设置。如为两层建筑,可仅在底层设置立管检查口;如有乙字弯管时,则在该层乙字弯管的上部设置检查口。检查口中心高度距操作地面一般为 1m,允许偏差±20mm;检查口的朝向应便于检修。暗装立管,在检查口处应安装检修门。 (2)在连接 2 个及 2 个以上大便器或 3 个及 3 个以上卫生器具的污水横管上应设置清扫口。当污水管在楼板下悬吊敷设时,可将清扫口设在上一层楼地面上,污水管起点的清扫口与管道相垂直的墙面距离不得小于 200mm;若污水管起点设置堵头代替清扫口时,与墙面距离不得小于 400mm。 (3)在转角小于 135°的污水横管上,应设置检查口或清扫口。 (4)污水横管的直线管段,应按设计要求的距离设置检查口或清扫口。 检查数量:全数检查 检验方法:观察和尺量检查
2	检查井	埋在地下或地板下的排水管道的检查口,应设在检查井内。井底表面标高与检查口的法兰相平,井底表面应有 5% 坡度,坡向检查口。 检查数量:全数检查。 检验方法:尺量检查
3	金属管固定件间距	金属排水管道上的吊钩或卡箍应固定在承重结构上。固定件间距:横管不大于 2m;立管不大于 3m。楼层高度不大于 4m,立管可安装 1 个固定件。立管底部的弯管处应设支墩或采取固定措施。 检查数量:全数检查。 检验方法:观察和尺量检查
4	塑料管支、吊架间距	排水塑料管道支、吊架间距应符合表 1-22 的规定。 检查数量:全数检查。 检验方法:尺量检查
5	通气管	排水通气管不得与风道或烟道连接,且应符合下列规定: (1)通气管应高出屋面 300mm,但必须大于最大积雪厚度。 (2)在通气管出口 4m 以内有门、窗时,通气管应高出门、窗顶 600mm 或引向无门、窗一侧。 (3)在经常有人停留的平屋顶上,通气管应高出屋面 2m,并应根据防雷要求设置防雷装置。 (4)屋顶有隔热层应从隔热层面算起。 检查数量:全数检查。 检验方法:观察和尺量检查

（续）

序号	分项	质检要点
6	含菌污水管道	安装未经消毒处理的医院含菌污水管道,不得与其他排水管道直接连接。 检查数量:全数检查。 检验方法:观察检查
7	饮食业排水管道	饮食业工艺设备引出的排水管及饮用水水箱的溢流管,不得与污水管道直接连接,并应留出不小于100mm的隔断空间。 检查数量:全数检查。 检验方法:观察和尺量检查
8	通向室外的排水管道	通向室外的排水管,穿过墙壁或基础必须下返时,应采用45°三通和45°弯头连接,并应在垂直管段顶部设置清扫口。 检查数量:全数检查。 检验方法:观察和尺量检查
9	通向室外检查井的排水管道	由室内通向室外排水检查井的排水管,井内引入管应高于排出管或两管顶相平,并有不小于90°的水流转角,如跌落差大于300mm,可不受角度限制。 检查数量:全数检查。 检验方法:观察和尺量检查
10	管道连接	用于室内排水的水平管道与水平管道、水平管道与立管的连接,应采用45°三通或45°四通和90°斜三通或90°斜四通。立管与排出管端部的连接,应采用两个45°弯头或曲率半径不小于4倍管径的90°弯头。 检查数量:全数检查。 检验方法:观察和尺量检查
11	管道安装	室内排水管道安装的允许偏差应符合表1-23的相关规定。 检查数量:全数检查。 检验方法:见表1-23

表 1-22　　　　　　　　排水塑料管道支、吊架最大间距

管径/mm	50	75	110	125	160
立管/m	1.2	1.5	2.0	2.0	2.0
横管/m	0.5	0.75	1.10	1.30	1.6

注:本表摘自《建筑给水排水及采暖工程施工质量验收规范》(GB 50242—2002)。

表 1-23 室内排水和雨水管道安装的允许偏差和检验方法

项次	项 目				允许偏差/mm	检验方法
1	坐 标				15	
2	标 高				±15	
3	横管纵横方向弯曲	铸铁管	每米		≤1	用水准仪(水平尺)、直尺、拉线和尺量检查
			全长(25m以上)		≤25	
		钢 管	每米	管径小于或等于100mm	1	
				管径大于100mm	1.5	
			全长(25m以上)	管径小于或等于100mm	≤25	
				管径大于100mm	≤38	
		塑料管	每米		1.5	
			全长(25m以上)		≤38	
		钢筋混凝土管、混凝土管	每米		3	
			全长(25m以上)		≤75	
4	立管垂直度	铸铁管	每米		3	吊线和尺量检查
			全长(5m以上)		≤15	
		钢 管	每米		3	
			全长(5m以上)		≤10	
		塑料管	每米		3	
			全长(5m以上)		≤15	

注:本表摘自《建筑给水排水及采暖工程施工质量验收规范》(GB 50242—2002)。

二、雨水管道及配件安装

1. 塑料雨水管道安装质量控制

(1)干管安装。

1)首先根据设计图纸要求的坐标、标高结合预留槽洞或预埋套管进行放线。埋入地下时,按设计坐标、标高、坡向、坡度开挖槽沟并处理、夯实。地下埋设管道,应先用细砂回填至管上皮 100mm,上覆过筛土,夯实时勿碰损管道。

2)采用托、吊管安装时,应按设计坐标、标高、坡向做好托、吊架。施工条件具备时;将预制加工好的管段,按编号运至安装部位进行安装。各管段粘连时,也必须按编号依次进行。全部粘连后,管道要直,坡度均匀,各预留口位置准确。托、吊管粘牢后再按水流方向找坡度。最后将预留口封严和堵洞。

3)干管安装完后,应做灌水试验。

(2)立支管安装。

1)按设计坐标、管径要求校核预留孔洞,洞口尺寸可比管道外径大50~100mm,但不可损伤受力钢筋。安装前,根据需要支搭操作平台。

2)立管安装时,宜先下后上,逐段逐层安装,流水接口宜设置在伸缩节位置,每次安装时先清理已预留的伸缩节,将锁母拧下,取出橡胶圈,清理杂物。立管插入应先计算插入长度,做好标记,然后涂上肥皂液,套上锁母及橡胶圈,将管端插入标记处锁紧锁母。

3)应先将立管上端伸入上一层洞口内,下端口垂直用力插入至标记为止。位置合适后,用U形抱卡紧固,找正找直,三通口中心应符合设计要求,有防水要求的,须安装止水环,保证止水环在板洞中的位置。止水环可用成品或自制,用来临时封堵各个管口。

4)排水立管距墙面净距离为100~120mm,立管距灶边净距不得小于400mm,与供暖管道的净距不得小于200mm,且不得因热辐射使管外壁温度高于40℃。

5)管道穿越楼板处为非固定支承点时,应加装金属或塑料套管,套管内径可比穿越管外径大两号管径,套管高出地面距离不得小于50mm。

6)排水塑料管与铸铁管连接时,宜采用专用配件。当采用水泥捻口连接时,应先将塑料插入承口部分的外侧,用砂纸打毛或涂刷胶粘剂滚粘干燥的粗黄砂;插入后应用油麻丝填嵌均匀,用水泥捻口。

7)地下埋设管道及出屋顶透气立管如采用下水铸铁管件,可采用水泥捻口。为防止渗漏,塑料管插接处要用粗砂纸将塑料管横向打磨粗糙。

8)连接管是连接雨水斗和悬吊管的竖向短管,下端用斜三通与悬吊管连接。

9)悬吊管连接雨水斗和雨水立管,是雨水内排水系统中架空布置的横向管道,其管径不宜小于连接管管径,但不应大于300mm,悬吊架沿屋架悬吊,坡度不小于5‰;在悬吊管的端头和长度大于15m的悬吊管上设检查口或带法兰盘的三通,位置宜靠近墙柱,以利检修;1根立管连接的悬吊管根数不多于2根,立管管径不得小于悬吊管管径。

(3)雨水斗安装。根据建筑屋面做法校核预留孔洞位置,确定雨水斗坐标、标高,稳装雨水斗,找平找正,固定牢固,做好雨水斗临时封堵。雨水斗和悬吊管采用连接管连接,下端用斜三通与悬吊管连接。

(4)伸缩节安装。

1)管端插入伸缩节处预留的间隙应为:夏季5~10mm;冬季15~20mm。

2)如立管连接本身具有伸缩功能,可不再设伸缩节。

3)排水支管在楼板下方接入时,伸缩节应设置于水流汇合管件之下;排水支管在楼板上方接入时,伸缩节应设置于水流汇合管件之上;立管上无排水支管时,伸缩节可设置于任何部位;污水横支管超过2m时,应设置伸缩节,但伸缩节最大间距不得超过4m,横管上设置伸缩节时应设于水流汇合管件的上游端。

4)当层高不大于4m时,污水管和通气立管应每层设一伸缩节,当层高大于4m时,应根据管道设计伸缩量和伸缩节最大允许伸缩量确定。伸缩节设置应靠近水流汇合管件附近。同时,伸缩节承口端应逆水流方向,朝向管路的上流侧。

5)立管在穿越楼板层处固定时,在伸缩节处不得固定;立管在伸缩节处固定时,在穿越楼层处不得固定。

(5)检查口和清扫口设置。立管在楼层转弯时,应在立管适当位置设置检查口;立管底部与横干管连接时,应在立管适当位置设置检查口,检查口的朝向应便于检修;当立管安装在管井内或横管敷设在吊顶内时,检查口处应设检修门。

(6)卡架安装。

1)支架:非固定支撑件的内壁应光滑,与管壁之间应留有微隙;管道支撑件的间距,立管不得大于 2m。固定支撑在与管道外壁连接处应用柔性材料隔离。

2)支撑件可采用注塑成型塑料墙卡、吊卡等,当采用金属材料时,应做防腐处理。

3)当雨水管道在地下室、半地下室或架空布置时,立管底部宜设支墩或采取固定措施。

关键细节 13　阻火圈的质量要求

在高层建筑中,立管明设且其管径大于或等于 10mm 时,在立管穿越楼板层处应设置阻火圈或长度不小于 500mm 的防火套管,管径不小于 110mm 的横支管与暗设立管相连时,墙体贯穿部位应设置阻火圈或长度不小于 300mm 的防火套管,且防火套管的明露部分长度不宜小于 200mm;横干管穿越防火分区隔墙时,管道穿越墙体的两侧应设置阻火圈或长度不小于 500mm 的防火套管;在需要安装阻火圈或防火套管的楼层,先将阻火圈或防火套管套在管段外,然后进行管道接口连接。防火套管和阻火圈的耐火极限按设计要求且不低于贯穿部位建筑构件的耐火极限。

2. 铸铁雨水管道安装质量控制

(1)干管安装。

1)铸铁管在干管安装前清扫管膛,将承插口内外侧端头的防腐材料或杂物清理干净,承口朝来水方向顺序排列,连接的对口间隙应不小于 3mm。找平找直后,将管道固定。管道拐弯和始端处应支撑顶牢,防止捻口时轴向移动,所有管口封堵完好。

2)铸铁管在捻口之前,先将管段调直,各立管甩口找正,捻麻时,先清除承口内的污物,将油麻绳拧成麻花状,用麻纤捻入承口内,一般捻两圈半,约为承口深度的 1/3,使承口周围间隙保持均匀,将油麻捻实后进行捻灰,用强度等级 32.5 级及以上的水泥加水拌匀,用捻凿将灰填入承口,一边填灰一边捣实,自下而上边填边打,直到将灰口打满打实为止。捻好灰口的管段对灰口进行养护,一般用湿麻绳缠绕灰口,浇水养护,保持湿润。用湿土覆盖或用麻绳等物缠住接口,定时浇水养护,一般养护不少于 48h。

(2)立支管安装。

1)根据设计图纸安装立管时应上下相互配合,上拉下托将立管下部插口插入下层管承口内,临时卡牢。高层建筑考虑管道胀缩补偿,可采用法兰柔性管件,但在承插口处要留出胀缩补偿余量。

2)检查口和清扫口设置:立管在楼层转弯时,应在立管适当位置设置检查口;立管底部与横干管连接时,应在立管适当位置设置检查口,检查口的朝向应便于检修;当立管安装在管井或横管敷设在吊顶内时,应设检修门或人孔。

3)塑料管与铸铁管连接时,宜采用专用配件;当采用水泥捻口连接时,应先将塑料管插入承口部分的外侧,用砂纸打毛或涂刷胶粘剂后滚粘干燥的粗黄沙;插入后,应用油麻丝添嵌均等,用水泥捻口。

(3)雨水斗、悬吊管设置。

1)雨水斗设置:根据建筑屋面做法校核预留孔洞位置,确定雨水斗坐标、标高,稳装雨水斗找平找正,固定牢固,做好雨水斗临时封堵。雨水斗和悬吊管采用连接管连接,下端用斜三通与悬吊管连接。

2)悬吊管设置:悬吊管连接雨水斗和雨水立管,是雨水内排水系统中架空布置的横向管道,其管径不宜小于连接管管径,但不应大于 300mm,悬吊管沿屋架悬吊,坡度不小于5‰;在悬吊管的端头和长度大于 15m 的悬吊管上设检查口或带法兰盘的三通,位置宜靠近墙柱,以利检修;1 根立管连接的悬吊管根数不多于 2 根,立管管径不得小于悬吊管管径。

(4)卡架安装。

1)雨水管道上的吊钩或卡箍应固定在承重结构上,固定间距横管不大于 2m;楼层高度不大于 4m 时,立管可安装 1 个固定管卡,立管底部的弯管处应设支墩或采取固定措施。

2)当雨水管道在地下室、半地下室或架空布置时,立管底部宜设支墩或采取固定措施。

关键细节 14 雨水管道及配件安装主控项目的质检要求

雨水管道及配件安装主控项目的质检要求见表1-24。

表 1-24 雨水管道及配件安装主控项目的质检要求

序号	分项	质检要点
1	灌水试验	安装在室内的雨水管道安装后应做灌水试验,灌水高度必须到每根立管上部的雨水斗。 检查数量:全部系统或区段。 检验方法:灌水试验持续 1h,不渗不漏
2	伸缩节	雨水管道如采用塑料管,其伸缩节安装应符合设计要求。 检查数量:全部系统或区段。 检验方法:对照图纸检查
3	悬吊式、埋地雨水管道坡度	悬吊式雨水管道的敷设坡度不得小于5‰;埋地雨水管道的最小坡度,应符合表 1-25 的规定间距。 检查数量:全部系统或区段。 检验方法:水平尺、拉线尺量检查

表 1-25 地下埋设雨水排水管道的最小坡度

项 次	管径/mm	最小坡度(‰)
1	50	20
2	75	15
3	100	8

（续）

项　次	管径/mm	最小坡度(‰)
4	125	6
5	150	5
6	200~400	4

注：本表摘自《建筑给水排水及采暖工程施工质量验收规范》(GB 50242—2002)。

关键细节 15　雨水管道及配件安装一般项目的质检要求

雨水管道及配件安装一般项目的质检要求见表 1-26。

表 1-26　　　　　　　　　雨水管道及配件安装一般项目的质检要求

序号	分项	质检要点
1	与污水管道连接	雨水管道不得与生活污水管道相连接。 检查数量：全数检查。 检验方法：观察检查
2	雨水斗安装	雨水斗管的连接应固定在屋面承重结构上。雨水斗边缘与屋面相连处应严密不漏。连接管管径当设计无要求时,不得小于 100mm。 检查数量：全数检查。 检验方法：观察和尺量检查
3	悬吊式雨水管道	悬吊式雨水管道的检查口或带法兰堵口的三通的间距不得大于表 1-27 的规定。 检查数量：全数检查。 检验方法：拉线、尺量检查
4	安装允许偏差	雨水管道安装的允许偏差应符合表 1-23 的规定。 检查数量：全数检查。 检验方法：见表 1-23
5	雨水钢管管道焊接	雨水钢管管道焊接的焊口允许偏差应符合表 1-28 的规定。 检查数量：全数检查。 检验方法：见表 1-28

表 1-27　　　　　　　　　　　悬吊管检查口间距

悬吊管直径/mm	检查口间距/m
≤150	≤15
≥200	≤20

表 1-28　　　　　　　　　　钢管管道焊口允许偏差和检验方法

项次	项　目		允许偏差	检验方法
1	焊口平直度	管壁厚10mm以内	管壁厚1/4	焊接检验尺和游标卡尺检查
2	焊缝加强面	高　度	＋1mm	
		宽　度		
3	咬边	深　度	小于0.5mm	直尺检查
	长度	连续长度	25mm	
		总长度（两侧）	小于焊缝长度的10%	

注:本表摘自《建筑给水排水及采暖工程施工质量验收规范》(GB 50242—2002)。

第四节　室内热水供应系统安装

一、室内热水系统管道及配件安装

1. 室内热水系统的分类

(1)局部热水供应系统。采用小型加热器在用水场所就地加热,供局部范围内的一个或几个配水点使用的热水系统称局部热水供应系统。例如,采用小型燃气热水器、电热水器、太阳能热水器等,供给单个厨房、浴室、生活间等用水。对于大型建筑,同样也可以采用很多局部热水供应系统分别对各个用水场所供应热水。

局部热水供应系统的优点是:热水输送管道短,热损失小;设备、系统简单,造价低;安装及维护管理方便、灵活;改建、增设较容易。其缺点是:小型加热器热效率低,制水成本较高;使用不如集中供热方便、舒适;每个用水场所均需设置加热装置,热媒系统设施投资较高;占用建筑总面积较大。

局部热水供应系统适用于热水用量较小且较分散的建筑,如一般单元式居住建筑,小型饮食店、理发店、医院、诊所等公共建筑。

(2)集中热水供应系统。在锅炉房、热交换站或加热间将水集中加热后,通过热水管网输送到整幢或几幢建筑的热水系统称集中热水供应系统。

集中热水供应系统的优点是:加热和其他设备集中设置,便于集中维护管理;加热设备热效率较高,热水成本较低;卫生器具的同时使用率较低,设备总容量较小,各热水使用场所无须设置加热装置,占用总建筑面积较少;使用较为方便舒适。其缺点是:设备、系统较复杂,建筑投资较大;需要有专门维护管理人员;管网较长,热损失较大;一旦建成后,改建、扩建较困难。

集中热水供应系统适用于热水用量较大,用水点比较集中的建筑,如较高级居住建筑、旅馆、公共浴室、医院、疗养院、体育馆、游泳池、大型饭店等公共建筑,布置较集中的工业企业建筑等。

（3）区域热水供应系统。在热电厂、区域性锅炉房或热交换站将水集中加热后，通过市政热力管网输送至整个建筑群、居民区、城市街坊或整个工业企业的热水系统称区域热水供应系统。在城市热力管网水质符合用水要求，热力管网工况允许时，也可从热力管网直接取水。

小区供热方式的优点是：加热设备集中，无须在每一建筑物内单设加热间，便于集中维护管理和综合利用热能；减少环境污染、有利于提高设备效率和自动控制的水平；使用舒适方便、保证率高。其缺点是：设备系统复杂，一次投资费用较高；供、回水管路长，热损失大，且难以保证机械循环效果，容易造成管网末端回水不畅，耗水耗能。

区域热水供应系统适用于建筑布置较集中，热水用量较大的城市和工业企业，以及有统一物业管理的居住小区。目前在国外特别是发达国家应用较多，而我国的城市热力管网现只作为热源来使用。

🏠 关键细节 16　室内热水系统的组成

（1）热媒系统。热媒系统由热源、水加热器和热媒管网组成。由锅炉生产的蒸汽（或高温热水）经热媒管网输送到水加热器加热冷水，经过热交换，蒸汽变成冷凝水，靠余压经疏水器流到冷凝水池，冷凝水和新补充的软化水经冷凝循环泵送回锅炉生产蒸汽，如此循环完成热量的传递。对于区域性热水系统不需设置锅炉，水加热器的热媒管道和冷凝水管道直接与热力管网连接。

（2）热水供水系统。热水供水系统由热水配水管网和回水管网组成。被加热到一定温度的热水，从水加热器流出经配水管网输送至各个热水配水点，而水加热器的冷水由高位水箱或给水管网补给。为保证各用水点随时都有规定水温的热水，须在立管和水平干管甚至支管上设置回水管，使一定量的热水经过循环水泵流回水加热器以补充管网所散失的热量。

（3）附件。附件包括蒸汽、热水的控制附件及管道的连接附件，如温度自动调节器、疏水器、减压阀、安全阀、自动排气阀、膨胀罐、膨胀水箱、管道补偿器、阀门、止回阀等。

2. 管道

室内热水供应管道采用塑料管、复合管、热镀锌管和铜管等，这些管材的安装方法和要求与室内给水管道安装中的相关管材的安装基本相同。但因热水供应管道输送的是热水，所以在安装时应注意以下几点：

（1）用于热水供应的塑料管或复合塑料管，应选用热水型而不得选用冷水型，如选用聚丙烯（PP—R）塑料管，热水管道应采用公称压力不低于 2.0MPa 等级的管材和管件，而冷水管可采用公称压力不低于 1.0MPa 等级的管材和管件；而钢塑复合管，其冷、热水型管材内衬材料是不相同的。

（2）由于热水供应系统在升温和运行过程中会析出气体，因此安装管道应注意坡度，热水横管应有不小于 3‰ 的坡度，以利于放气和排水。在上行下给式系统供水的最高点应设排气装置；下行上给式系统可利用最高层的热水龙头放气；管道系统的泄水可利用最底层的热水龙头或在立管下端设置泄水丝堵。

3. 管道配件

(1)热水管道应尽量利用自然弯补偿热伸缩,直线管段过长应设置补偿器。补偿器的形式、规格和位置应符合设计要求,并按有关规定进行预拉伸。一般采用波纹管补偿器。波纹管补偿器安装要点如下:

1)波纹管补偿器进场时应进行检查验收,核对其类型、规格、型号、额定工作压力是否符合设计要求,应具有产品出厂合格证;同时检查外观质量,查看包装有无损坏,外露的波纹管表面有无碰伤。应注意在安装前不得拆卸补偿器上的拉杆,不得随意拧动拉杆螺母。

2)装有波纹管补偿器的管道支架不能按常规布置,应按设计要求或生产厂家的安装说明书的规定布置;一般在轴向型波纹管补偿器的一侧应有可靠固定支架;另一侧应有两个导向支架,第一个导向支架离补偿器边应等于 4 倍管径,第二个导向支架离第一个导向支架的距离应等于 14 倍管径,再远处才可按常规布置滑动架,如图 1-6 所示,管底应加滑托。固定支架的做法应符合设计或指定的国家标准图的要求。

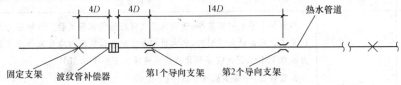

图 1-6 装有波纹管补偿器的管道支架布置图

3)轴向波纹管补偿器的安装,应按补偿器的实际长度并考虑配套法兰的位置或焊接位置,在安装补偿器的管道位置上画下料线,依线切割管子,做好临时支撑后进行补偿器的焊接连接或法兰连接。在焊接连接或法兰连接时必须注意找平找正,使补偿器中心与管道中心同轴,不得偏斜安装。

4)待热水管道系统水压试验合格后,接通热水运行前,要把波纹管补偿器的拉杆螺母卸去,以便补偿器能发挥补偿作用。

(2)热水管道水平干管与水平支管连接,水平干管与立管连接,立管与每层支管连接,应考虑管道相互伸缩时不受影响的连接方式,如图 1-7 所示。

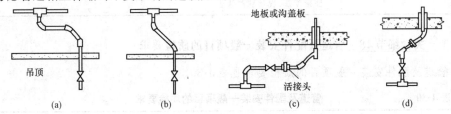

图 1-7 热水干管与立管连接方式

(3)为满足运行调节和检修要求,在下列管段上应设置阀门:

1)配水或回水环状管网的分干管。

2)各配水立管的上、下端。

3)从立管接出的支管上。

4)配水点不少于 5 个的支管上。

5)水的加热器、热水贮水器、循环水泵、自动温度调节器、自动排气阀和其他需要考虑检修的设备进出水口管道上。

(4)热水管网在下列管段上应设止回阀：

1)闭式热水系统的冷水进水管。

2)强制循环的回水总管。

3)冷热混合器的冷、热水进水管。

关键细节 17　管道及配件安装主控项目的质检要求

管道及配件安装主控项目的质检要求见表 1-29。

表 1-29　　　　　　　　　管道及配件安装主控项目的质检要求

序号	分项	质检要点
1	水压试验	热水供应系统安装完毕，管道保温之前应进行水压试验。试验压力应符合设计要求。当设计未注明时，热水供应系统水压试验压力应为系统顶点的工作压力加 0.1MPa，同时在系统顶点的试验压力不小于 0.3MPa。 检查数量：全部系统或分区(段)。 检验方法：钢管或复合管道系统试验压力下 10min 内压力降不大于 0.02MPa，然后降至工作压力检查，压力应不降，且不渗不漏；塑料管道系统在试验压力下稳压 1h，压力降不得超过 0.05MPa，然后在工作压力 1.15 倍状态下稳压 2h，压力降不得超过 0.03MPa，连接处不得渗漏
2	补偿器安装	热水供应管道应尽量利用自然弯补偿热伸缩，直线段过长则应设置补偿器。补偿器形式、规格、位置应符合设计要求，并按有关规定进行预拉伸。 检查数量：全数检查。 检验方法：对照设计图纸检查
3	冲洗	热水供应系统竣工后必须进行冲洗。 检查数量：全系统检查。 检验方法：现场观察检查

关键细节 18　管道及配件安装一般项目的质检要求

管道及配件安装一般项目的质检要求见表 1-30。

表 1-30　　　　　　　　　管道及配件安装一般项目的质检要求

序号	分项	质检要点
1	安装坡度	管道安装坡度应符合设计规定。 检查数量：全系统或分区段检查。 检验方法：水平尺、拉线尺量检查
2	温度控制器安装	温度控制器及阀门应安装在便于观察和维护的位置。 检查数量：全数检查。 检验方法：观察检查

（续）

序号	分项	质检要点
3	热水管道和阀门安装	热水供应管道和阀门安装的允许偏差应符合表1-9的规定。 检查数量:(1)水平管道纵、横向弯曲按系统直线管段长度每50m抽查2段,不足50m不少于1段,有分隔墙建筑,以隔墙为段数,抽查5%,但不少于5段。 (2)立管垂直度。一根立管抽查1段,两层及其以上按楼层分段,各抽查5%,但均不少于10段。 (3)隔热层。水平管和立管,凡能按隔墙、楼层分段的,均以每一楼层分隔墙内的管段为一个抽查点,抽查数为5%,但不少于5处;不能按隔墙、楼层分段的,每20m抽查一处,但不少于5处。 检验方法:测量点长度与方法在50m长水平管段上测量时,每测点长不小于5m;管段小于50m,测点长不小于2m;管段长于2m,可不检查;分隔墙间的管段长度小于5m,按全长测量。 测量方法是在管子顶部,把两个等高支承点分别放在抽查管段的两端位置,测量两端之间的最大高度和最小高度,其差被测量管段长度相除,即得每1m的实际安装偏差。垂直立管测量时,管长小于500mm,不检查;管长超过500mm时,按500mm长度算;管长超过700mm时,可按1000mm计算;立管中有分支阀门等,仍按直管长度计算。立管垂直度测量方法是靠墙、柱等围炉结构表面的立管,应测两点,即正面测一点,侧面测一点;沿墙角敷设的立管,应测两墙角间的正面点
4	热水管道保温	热水供应系统管道应保温(浴室内明装管道除外),保温材料、厚度、保护壳等应符合设计规定。保温层厚度和平整度的允许偏差应符合表1-16的规定。 检查数量:全数检查。 检验方法:见表1-16

二、辅助设备安装

1. 太阳能热水器安装质量控制

(1)安装准备工作。

1)准备施工工具:扳手、电钻、螺丝刀等。

2)打开包装,按装箱单检查配件是否齐全,检查真空管数目及完好情况;电加热(可选件)外观是否完好;水箱箱体是否完好;各支撑辅件是否齐全;智能控制仪包装是否完好;恒温混水电磁阀包装是否完好。

(2)支架安装。支架一般安装在屋顶,坐北朝南,正向南偏西5°~10°,保证无阳光遮挡。尽量减少入户管线,增加日照时间。用指南针找到正南位置,做好标记。安装时要按照说明书组装。用扳手上紧螺丝,扭力适当,无松动即可。然后安装前后片的侧斜撑,起到结构上的加固作用。左右对称,逐根安装好。最后由桶托把前后片组装在一起。装配完毕后,要保证后支架竖框与地面呈直角。拿扳手把所有的螺丝全部紧死,扭力适当,防止滑扣。所有支架连接均使用不锈钢螺栓。待水箱和真空管安装完毕后,再检验所有螺丝并拧紧。

(3)支架固定。一般采用水泥墩、打膨胀螺栓或用钢丝绳固定几种方式,根据屋顶情况选择最佳固定方式。如果只能打膨胀螺栓,由于膨胀螺栓有可能破坏防水层,要求做好防水处理。

(4)水箱安装。先把水箱放置在组装完毕的支架桶托上,将水箱与桶托用螺栓连接,拧紧架子与桶托连接螺母,使水箱两端与支架左右两端距离相等,真空管中心线与前支架平面平行,然后把硅胶密封圈放入内桶翻边孔内放平。水箱的高度要比入户的高度高 1~2m。

(5)真空管安装。先安装真空管管座,集热管的下部要安装在管座内,将管座安装在支架的指定位置。插管前先检查套在保温层水箱内胆上的密封硅胶圈是否安装到位,检查真空管工艺尾角是否破损,检查管口是否有加工毛刺等。待管路连接完毕,检验无漏水现象后,把真空管外密封胶圈推至水箱连接处底部,密封严密。

(6)接冷热水管。

1)进出水口缠生胶带,然后上好管件,连接太阳能专用管道。要求进出水口高度比入户高度高 1~2m。

2)电伴热带紧贴在管道外壁,用黏性扎带扎紧。

3)传感器装在水箱上侧的水位仪孔,然后松开锁紧装置,插入金属传感器,插到水箱底部,锁紧固定,防止移动和脱落。传感器线随入户水管进入室内。

4)管道外侧用 $\delta=30cm$ 厚聚乙烯橡塑管壳做保温,外缠铝铂胶带保护层。电加热器的端口也需要做保温处理。

5)太阳能水箱上水由自来水口接入。

(7)接线、安装智能控制仪。智能控制仪具有自动上水、定时上水、定温上水、缺水保护、定时加热等功能。

(8)调试运行。安装完毕后,接通控制器电源试运行。

关键细节 19　太阳能热水器安装注意事项

(1)热水器主体朝阳,前上方无遮挡物,保证全日阳光照射,注意固定牢固,每年检查一次。

(2)真空管头上水边插管以水润滑,双手轻轻将真空管插入水箱中,插入时纵向用力,切勿斜插。

(3)普通型水箱上部排气口不得堵塞,以免因进气或排气不畅而涨坏,抽瘪水箱。

(4)为了保证冬季的安全运行,室外管路必须保温良好,以防冬季将管路冻坏;每日适量通水(此时可安装管道电伴热带),防止管路结冰。

(5)水箱与玻璃真空集热管接触处渗水,应重插或更换防水圈。

(6)严防缺水,断水空晒。断水空晒后不要在集热管闷晒温度很高时突然注入冷水,以免因温差过大导致管子炸裂,要在早晚无阳光时再注入冷水。

(7)尘埃影响阳光透射率,要经常清扫真空管表面。

(8)自来水压力过大的用户,上水时进水阀门请开小限压;自来水压力不足的用户可加装管道泵。

(9)光电互补型产品,电加热器应有良好的接地,并且严禁带电洗浴。

2. 换热器安装质量控制

(1)安装准备。

1)换热器进场后应进行本体水压试验,试验压力应为 1.5 倍的工作压力。蒸汽部分应不低于蒸汽压力加上 0.3MPa;热水部分应不低于 0.4MPa。在试验压力下 10min 内压力不下降、不渗漏为合格。

2)施工安装单位应按设备基础设计图预制混凝土基础,一般采用 C15 素混凝土,并需要预埋地脚螺栓,在安装前再在支座表面抹 M10 水泥砂浆找平,待基础强度达到要求后再进行设备安装。

(2)安装。整体换热器安装就位的一般做法:

1)用滚杠法将换热器运到安装部位。

2)将随设备进场的钢支座按定位要求固定在混凝土底座或地面上。

3)根据现场条件采用拔杆(人字架)、悬吊式滑轮组等设备工具,将换热器吊到预先准备好的支座上,同时进行设备定位复核,直至合格。

4)换热器附件安装。

①安装前,必须核对安全阀上的铭牌参数和标记是否符合设计文件的规定。安全阀安装前须到规定检测部门进行测试定压。

②安全阀必须垂直安装,其排出口应设排泄管,将排泄的热水引至安全地点。

③安全阀的压力必须与热交换器的最高工作压力相适应,其开启压力一般为热水系统工作压力的 1.1 倍。

④安全阀的安装应符合劳动人事部《压力容器安全技术监察规程》的规定,并经劳动部门试验调试后才能使用。

⑤安全阀开启压力、排放压力和回座压力调整好后,应进行铅封,以防止随意改动调整好的状态,并做好调试记录。

3. 电热水器安装质量控制

(1)电热水器必须按设计或产品要求有安全可靠的接地措施。

(2)电加热器应有符合设计或产品要求的过热安全保护措施,以防止热水温度过高和出现出水烘干现象。

(3)如无压力安全措施装置,电加热器的热水出口不得装设阀门,以防压力过高引发事故。

(4)电加热器应有必要的电源开关指示灯、水温指示等装置。

(5)电热水器型号、规格极多,必须按产品安装说明书的有关规定和要求进行安装。

关键细节 20　辅助设备安装主控项目的质检要求

辅助设备安装主控项目的质检要求见表 1-31。

表 1-31　　　　　　　　辅助设备安装主控项目的质检要求

序号	分项	质检要点
1	聚热管水压试验	在安装太阳能集热器玻璃前,应对集热排管和上、下集管做水压试验,试验压力为工作压力的 1.5 倍。 检查数量:全系统检查。 检验方法:试验压力下 10min 内压力不降,不渗不漏

（续）

序号	分项	质检要点
2	热交换器水压试验	热交换器应以工作压力的 1.5 倍做水压试验。蒸汽部分应不低于蒸汽供汽压力加 0.3MPa；热水部分应不低于 0.4MPa。 检查数量：全系统检查。 检验方法：试验压力下 10min 内压力不降，不渗不漏
3	水泵基础	水泵就位前的基础混凝土强度、坐标、标高、尺寸和螺栓孔位置必须符合设计要求。 检查数量：全数检查。 检验方法：对照图纸用仪器和尺量检查
4	轴承温升	水泵试运转的轴承温升必须符合设备说明书的规定。 检查数量：全数检查。 检验方法：温度计实测检查
5	水箱满水试验	敞口水箱的满水试验和密闭水箱（罐）的水压试验必须符合设计和规范的规定。 检查数量：全数检查。 检验方法：满水试验静置 24h，观察不渗不漏；水压试验在试验压力下 10min 压力不降，不渗不漏

关键细节 21　辅助设备安装一般项目的质检要求

辅助设备安装一般项目的质检要求见表 1-32。

表 1-32　　　　　　　　辅助设备安装一般项目的质检要求

序号	分项	质检要点
1	安装太阳能热水器	安装固定式太阳能热水器，朝向应正南。如受条件限制，其偏移角不得大于 15°。集热器的倾角，对于春、夏、秋三个季节使用的，应采用当地纬度为倾角；若以夏季为主，可比当地纬度减少 10°。 检查数量：逐台检查。 检验方法：观察和分度仪检查
2	循环管道坡度	由集热器上、下集管接往热水箱的循环管道，应有不小于 5‰ 的坡度。 检查数量：全数检查。 检验方法：尺量检查
3	间距	自然循环的热水箱底部与集热器上集管之间的距离为 0.3～1.0m。 检查数量：逐台检查。 检验方法：尺量检查

（续）

序号	分项	质检要点
4	制作吸热钢板凹槽	制作吸热钢板凹槽时,其圆度应准确,间距应一致。安装集热排管时,应用卡箍和钢丝紧固在钢板凹槽内。 检查数量:抽查5处。 检验方法:手扳和尺量检查
5	安装泄水装置	太阳能热水器的最低处应安装泄水装置。 检查数量:抽查5处。 检验方法:观察检查
6	循环管道保温	热水箱及上、下集管等循环管道均应保温。 检查数量:抽查5处。 检验方法:观察检查
7	防冻	凡以水作介质的太阳能热水器,在0℃以下地区使用,应采取防冻措施。 检查数量:逐台检查 检验方法:观察检查
8	辅助设备安装允许偏差	热水供应辅助设备安装的允许偏差应符合表1-15的规定。 检查数量:逐台检查 检验方法:见表1-15
9	热水器安装允许偏差	太阳能热水器安装的允许偏差应符合表1-33的规定。 检查数量:逐台检查 检验方法:见表1-33

表1-33　　　　　　太阳能热水器安装的允许偏差和检验方法

项 目			允许偏差	检验方法
板式直管太阳能热水器	标 高	中心线距地面	±20mm	尺 量
	固定安装朝向	最大偏移角	不大于15°	分度仪检查

注:本表摘自《建筑给水排水及采暖工程施工质量验收规范》(GB 50242—2002)。

第五节　卫生器具及配件安装

一、卫生器具安装

1. 大便器安装质量控制

(1)蹲式大便器安装。

1)将胶皮碗套在蹲便器进水口上,套正、套实后紧固。

2)找出排水管口的中心线,并画在墙上。用水平尺找好竖线。

3)将下水管承口内抹上油灰,蹲便器位置下铺垫白灰膏,然后将蹲便器排水口插入排水管承口内稳好。

4)用水平尺放在蹲便器上沿,纵横双向找平、找正,使蹲便器进水口对准墙上中心线。

5)蹲便器两侧用砖砌好抹光,将蹲便器排水口与排水管承口接触处的油灰压实、抹光,然后将蹲便器排水口临时封堵。

6)蹲便器稳装之后,确定水箱出水口中心位置,向上测量出规定高度,箱底距台阶面1.8m。

7)根据高水箱固定孔与给水孔的距离确定固定螺栓高度,在墙上做好标识,安装支架及高水箱。

8)稳装多联蹲便器时,应先找出标准地面标高,向上测量好蹲便器需要的高度,用小线找平,找好墙面距离,然后按上述方法逐个进行稳装。

9)多联高低水箱应按上述做法先挂两端的水箱,然后挂线找平找直,再稳装中间水箱。

(2)坐式大便器安装。

1)清理坐便器预留排水口,取下临时管堵,检查管内有无杂物。

2)将坐便器出水口对准预留口放平找正,在坐便器两侧固定螺栓孔眼处做好标识。

3)在标识处剔 $\phi20\times60$mm 的孔洞,栽入螺栓,将坐便器试稳,使固定螺栓与坐便器吻合,移开坐便器。将坐便器排水口及排水管口周围抹上油灰后将坐便器对准螺栓放平、找正进行安装。

4)对准坐便器尾部中心,在墙上画好垂直线,在距地平 800mm 高度画水平线。根据水箱背面固定孔眼的距离,在水平线上做好标识,栽入螺栓,将背水箱挂在螺栓上放平、找正,进行安装。

2. 小便器安装质量控制

(1)挂式小便器。

1)根据排水口位置画一条垂线,由地面向上量出规定的高画一水平线,根据小便器尺寸在横线上做好标识,再画出上、下孔眼的位置。

2)在孔眼位置栽入支架,托起小便器挂在螺栓上。把胶垫、垫圈套入螺栓,将螺母拧至松紧适度。将小便器与墙面的缝隙嵌入白水泥膏补齐、抹光。

(2)立式小便器。

1)按照挂式小便器安装的方法根据排水口位置和小便器尺寸做好标识,栽入支架。

2)将下水管周围清理干净,取下临时管堵,抹好油灰,在立式小便器下铺垫水泥、白灰膏的混合物(比例为1∶5)。

3)将立式小便器找平、找正后稳装。立式小便器与墙面、地面缝隙嵌入白水泥浆抹平、抹光。

3. 洗脸盆安装质量控制

(1)洗脸盆一般安装在盥洗室、浴室、卫生间供洗脸洗手用。按其形状分为长方形、三角形、椭圆形等;按安装方式分为墙架式和柱脚式。

(2)在洗脸盆后壁盆口下面开有溢水孔,盆身后面开有安装龙头用的孔,供接冷、热水管用,底部有带栏栅的排水口,可用橡胶塞头关闭。

4. 妇女卫生盆安装质量控制

(1)清理排水预留管口,取下临时管堵,装好排水三通下口铜管。

(2)将净身盆排水管插入预留排水管口内,将净身盆稳平找正,做好固定螺栓孔眼和底座的标识,移开净身盆。

(3)在固定螺栓孔标识处栽入支架,将净身盆孔眼对准螺栓放好,与原标识吻合后,再将净身盆下垫好白灰膏,排水铜管套上护口盘。净身盆找平、找正后稳牢。净身盆底座与地面有缝隙之处,嵌入白水泥膏补齐、抹平。

5. 洗涤盆安装质量控制

(1)将盆架和洗涤盆进行试装,检查是否相符。

(2)将冷、热水预留管之间画一平分垂线(只有冷水时,洗涤盆中心应对准给水管口)。由地面向上量出规定的高度,画出水平线,按照洗涤盆架的宽度做好标识,剔成 $\phi 50 \times 120mm$ 的孔眼,将盆架找平、找正后用水泥栽牢。

(3)将洗涤盆放于支架上使之与支架吻合,洗涤盆靠墙一侧缝隙处嵌入白水泥浆或防水透明软胶勾缝抹光。

6. 浴盆安装质量控制

(1)浴盆稳装前,应将浴盆内表面擦拭干净,同时检查瓷面是否完好。

(2)带腿的浴盆先将腿部的螺栓卸下,将拔销母插入浴盆底卧槽内,把腿扣在浴盆上,带好螺母拧紧找平。

(3)浴盆如砌砖腿,应配合土建把砖腿按标高砌好。将浴盆稳于砖台上,找平,找正。浴盆与砖腿缝隙处用 1∶3 水泥砂浆填充抹平。

7. 化验盆安装质量控制

化验盆安装在实验室及医院化验室里,通常使用的是陶瓷制品。化验盆内已有水封,排水管上不需另装存水弯。根据使用要求,化验盆上可装置单联、双联、三联的鹅颈龙头。

8. 污水盆安装质量控制

污水盆也叫拖布盆,多装设在公共厕所或盥洗室中,供洗拖布和倒污水用,故盆口距地面较低,但盆身较深,一般为 400～500mm,可防止冲洗时水花溅出。

9. 地漏安装质量控制

地漏安装在室内地面上,用来排除地面积水,用铸铁或塑料制成。在排水口上盖有算子,以阻止杂物落入管网。地漏安装在地面的最低处,其算子顶比设置地面低 5mm,以便于排水,室内地面应有不小于 1% 的坡度,坡向地漏,其构造如图 1-8

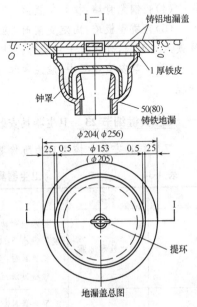

图 1-8　地漏的构造

所示;安装如图 1-9 所示。

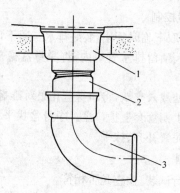

图 1-9　地漏的安装
1—地漏;2—钢管;3—铸铁管

关键细节 22　卫生器具的支架安装要点

(1)卫生器具的固定方法,随其所固定的墙体材质的不同而异,一般采用预埋螺栓或膨胀螺栓安装固定。

(2)钢筋混凝土墙:找好安装位置后,用墨线弹出准确坐标,打孔后,直接使用膨胀螺栓固定支架。

(3)砖墙:用 $\phi20$ 的冲击钻在已经弹出的坐标点上打出相应深度的孔,将洞内杂物清理干净,放入燕尾螺栓,用水泥砂浆填牢固。

(4)轻钢龙骨墙:找好位置后,应增加加固措施。

(5)轻质隔板墙:固定支架时,应打透墙体,在墙的另一侧增加薄钢板固定,薄钢板必须嵌入墙面内,外表与土建装饰面抹平。

(6)支架安装过程中,应注意和土建防水工序配合,如对其防水造成破坏,应事先协商处理。

关键细节 23　卫生器具安装主控项目的质检要求

卫生器具安装主控项目的质检要求见表 1-34。

表 1-34　　　　　　　　　　　卫生器具安装主控项目的质检要求

序号	分项	质检要点
1	排水栓和地漏	排水栓和地漏的安装应平正、牢固,低于排水表面,周边无渗漏。地漏水封高度不得小于 50mm。 检查数量:全数检查 检验方法:试水观察检查
2	满水、通水试验	卫生器具交工前应做满水和通水试验。 检查数量:全数检查 检验方法:满水后各连接件不渗不漏;通水试验给、排水畅通

关键细节 24　卫生器具安装一般项目的质检要求

卫生器具安装一般项目的质检要求见表 1-35。

表 1-35　　　　　　　　卫生器具安装一般项目的质检要求

序号	分项	质检要点
1	卫生器具安装允许偏差	卫生器具安装的允许偏差应符合表 1-36 的规定。 检查数量:全数检查。 检验方法:见表 1-36
2	有饰面的浴盆	有饰面的浴盆,应留有通向浴盆排水口的检修门。 检查数量:全数检查。 检验方法:观察检查
3	小便槽冲洗管	小便槽冲洗管,应采用镀锌钢管或硬质塑料管。冲洗孔应斜向下方安装,冲洗水流同墙面成 45°角。镀锌钢管钻孔后应进行二次镀锌。 检查数量:全数检查。 检验方法:观察检查
4	卫生器具的支、托架	卫生器具的支、托架必须防腐良好,安装平整、牢固,与器具接触紧密、平稳。 检查数量:全数检查。 检验方法:观察和手扳检查

表 1-36　　　　　　　　卫生器具安装的允许偏差和检验方法

项次	项　目		允许偏差/mm	检验方法
1	坐标	单独器具	10	拉线、吊线和尺量检查
		成排器具	5	
2	标高	单独器具	±15	
		成排器具	±10	
3	器具水平度		2	用水平尺和尺量检查
4	器具垂直度		3	吊线和尺量检查

注:本表摘自《建筑给水排水及采暖工程施工质量验收规范》(GB 50242—2002)。

二、卫生器具给水配件安装

1. 水箱配件安装质量控制

(1)高水箱配件安装。

1)根据水箱进水口位置,确定进水弯头和阀门的安装位置,拆下水箱进水口的锁母,加上垫片,拆下水箱出水管根母,加垫片,安装弹簧阀及浮球阀,组装虹吸管、天平架及拉链,拧紧根母。

2)固定好组装完毕的水箱,把冲洗管上端插入水箱底部锁母后拧紧,下端与蹲便器的胶皮碗用 16 号铜丝绑扎 3~4 道。冲洗管找正、找平后,用单立管号子固定牢固。

（2）低水箱配件安装。

1）根据低水箱固定高度及进水点位置，确定进水短管的长度，拆下水箱进水漂子门根母及水箱冲洗管连接锁母，加垫片，安装溢水管，把浮球拧在漂杆上，并与浮球阀连接好，调整挑杆的距离，挑杆另一端与扳把连接。

2）冲洗管的安装与高水箱冲洗管的安装相同。

（3）连体式背水箱配件安装。

1）把进水浮球阀门与水箱连接孔眼加垫片，拧紧适度，根据水箱高度与预留给水管的位置，确定进水短管的长度，与进水八字门连接。

2）在水箱排水孔处加胶圈，把排水阀与水箱出水口用根母拧紧，盖上水箱盖，调整把手，与排水阀上端连接。

3）皮碗式冲洗水箱，在排水阀与水箱出水口连接紧固后，根据把手到水箱底部的距离，确定连接挑杆与皮碗的尼龙线的距离并连接好，使挑杆活动自如。

（4）分体式水箱配件安装。分体式水箱在箱内配件安装的原理上和连体式水箱相同，分体式水箱和箱体、坐便器通过冲洗管连接，拆下水箱出水口的根母，加胶圈，把冲洗管的一端插入根母中，拧紧适度，另一端插入坐便器的进水口橡胶碗内，拧牢压盖，安装紧固后的冲洗管的直立端应垂直，横装端应水平或稍倾向坐便器。

2. 延时自闭冲洗阀安装质量控制

冲洗阀的中心高度为 1100mm，根据冲洗阀至胶皮碗的距离，断好 90°弯的冲洗管，使两端距离合适，将冲洗阀锁母由胶圈卸下，分别套在冲洗管直管段上，将弯管的下端插入胶皮碗内 40～50mm，用喉箍卡牢。再将上端插入冲洗阀内，推上胶圈，调直找正，将锁母拧至松紧适度。

3. 给水软管安装质量控制

量好尺寸，配好短管，装上八字水门。将短管另一端丝扣处缠生料带后拧在预留给水管口至松紧适度（暗装管道带护口盘，要先将户口盘套在短节上，短管上完后，将护口盘内填满油灰，向墙面找平，按实并清理外溢油灰）。将八字水门与水龙头的锁母卸下，背靠背套在短管上，分别加好紧固垫（料），上端插入水龙头根部，下端插入八字水门中口，找直、找正后分别拧好上、下锁母至松紧适度。

关键细节 25　水龙头的安装要点

（1）脸盆水龙头安装。将水龙头根母、锁母卸下，插入脸盆给水孔眼，下面再套上橡胶垫圈，带上根母后将锁母拧紧至松紧适度。

（2）浴盆混合水龙头的安装。冷、热水管口找平、找正后，将混合水龙头转向对丝缠生料带，带好护口盘，用自制扳手插入转向对丝内，分别拧入冷、热水预留管口并校好尺寸，找平找正，使护口盘与墙面吻合。然后将混合水龙头对正转向对丝并加垫，拧紧锁母找平、找正后用扳手拧至松紧适度。

关键细节 26　卫生器具给水配件安装主控项目的质检要求

卫生器具给水配件安装主控项目的质检要求见表 1-37。

表 1-37　　　　　　　卫生器具给水配件安装主控项目的质检要求

分项	质检要点
卫生器具 给水配件	卫生器具给水配件应完好无损伤,接口严密,启闭部分灵活。 检查数量:全数检查。 检验方法:观察及手扳检查

关键细节 27　卫生器具给水配件安装一般项目的质检要求

卫生器具给水配件安装一般项目的质检要求见表 1-38。

表 1-38　　　　　　　卫生器具给水配件安装一般项目的质检要求

序号	分项	质检要点
1	标高允许偏差	卫生器具给水配件安装标高的允许偏差应符合表 1-39 的规定。 检查数量:全数检查。 检验方法:尺量检查
2	挂钩高度	浴盆软管淋浴器挂钩的高度,如设计无要求,应距地面 1.8m。 检查数量:全数检查。 检验方法:尺量检查

表 1-39　　　　　　卫生器具给水配件安装标高的允许偏差和检验方法

项次	项　　目	允许偏差/mm	检验方法
1	大便器高、低水箱角阀及截止阀	±10	尺量检查
2	水嘴	±10	
3	淋浴器喷头下沿	±15	
4	浴盆软管淋浴器挂钩	±20	

注:本表摘自《建筑给水排水及采暖工程施工质量验收规范》(GB 50242—2002)。

三、卫生器具排水管道安装

1. 排水栓的安装质量控制

(1)卸下排水栓根母,放在洗涤盆排水孔眼内,将一端套好丝扣的短管涂油、缠麻拧上存水弯头外露 2~3 扣。

(2)量出排水孔眼到排水预留管口的距离,断好短管并做扳边处理,在排水栓圆盘下加 1mm 胶垫、垫圈,带上根母。

(3)在排水栓丝扣处缠生料带后,将排水栓溢水眼和洗涤盆溢水孔对准,拧紧根母至松紧适度并调直找正。

关键细节 28　存水弯的连接要点

(1)S 形存水弯的连接。

1)应采用带检查口型的 S 形存水弯,在脸盆排水栓丝扣下端缠生料带后拧上存水弯至松紧适度。

2)把存水弯下节的下端缠生料带后插在排水管口内,将胶垫放在存水弯的连接处。调直找正后拧至松紧适度。

3)用油麻、油灰将下水管口塞严、抹平。

(2)P 形存水弯的连接。

1)在脸盆排水口丝扣下端缠生料带后拧上存水弯至松紧适度。

2)把存水弯横节按需要长度配好,将锁母和护口盘背靠背套在横节上,在端头套上橡胶圈,调整安装高度至合适,然后把胶垫放在锁口内。将锁母拧至松紧适度。

3)把护口盘内填满油灰后找平、按平,将外溢油灰清理干净。

2. 浴盆排水配件安装质量控制

(1)将浴盆配件中的弯头与短管横管相连接,将短管另一端插入浴盆三通口内,拧紧锁母。三通的下口插入竖直短管。竖管的下端插入排水管的预留甩口内。

(2)浴盆排水栓圆盘加胶垫,抹铅油,插进浴盆的排水孔眼里,在孔外加胶垫和垫圈,在丝扣上缠生料带,用扳手卡住排水口上的十字筋与弯头拧紧连接好。

(3)溢水立管套上锁母,插入三通的上口,并缠紧油麻,对准浴盆溢水孔,拧紧锁母。将排出管接入水封存水弯或存水盒内。

关键细节 29　卫生器具排水管道安装主控项目的质检要求

卫生器具排水管道安装主控项目的质检要求见表 1-40。

表 1-40　　　　　　　　卫生器具排水管道安装主控项目的质检要求

序号	分项	质检要点
1	固定、防渗、防漏	与排水横管连接的各卫生器具的受水口和立管均应采取妥善可靠的固定措施;管道与楼板的接合部位应采取牢固可靠的防渗、防漏措施。 检查数量:全数检查 检验方法:观察和手扳检查
2	与管道接触平整	连接卫生器具的排水管道接口应紧密不漏,其固定支架、管卡等支撑位置应正确、牢固,与管道的接触应平整。 检查数量:全数检查。 检验方法:观察及通水检查

关键细节 30　卫生器具排水管道安装一般项目的质检要求

卫生器具排水管道安装一般项目的质检要求见表 1-41。

表 1-41　　　　　　　　卫生器具排水管道安装一般项目的质检要求

序号	分项	质检要点
1	管道安装的允许偏差	卫生器具排水管道安装的允许偏差应符合表 1-42 的规定。 检查数量:全数检查。 检验方法:见表 1-42

（续）

序号	分项	质检要点
2	排水管道管径	连接卫生器具的排水管管径和最小坡度,若设计无要求,应符合表1-43的规定。 检查数量:全数检查。 检验方法:用水平尺和尺量检查

表 1-42　　　　　　　卫生器具排水管道安装的允许偏差及检验方法

项次	检查项目		允许偏差/mm	检验方法
1	横管弯曲度	每1m长	2	用水平尺量检查
		横管长度≤10m,全长	<8	
		横管长度>10m,全长	10	
2	卫生器具的排水管口及横支管的纵横坐标	单独器具	10	用尺量检查
		成排器具	5	
3	卫生器具的接口标高	单独器具	±10	用水平尺和尺量检查
		成排器具	±5	

注:本表摘自《建筑给水排水及采暖工程施工质量验收规范》(GB 50242—2002)。

表 1-43　　　　　　　连接卫生器具的排水管管径和最小坡度

项次	卫生器具名称		排水管管径/mm	管道的最小坡度(‰)
1	污水盆(池)		50	25
2	单、双格洗涤盆(池)		50	25
3	洗手盆、洗脸盆		32~50	20
4	浴盆		50	20
5	淋浴器		50	20
6	大便器	高、低水箱	100	12
		自闭式冲洗阀	100	12
		拉管式冲洗阀	100	12
7	小便器	手动、自闭式冲洗阀	40~50	20
		自动冲洗水箱	40~50	20
8	化验盆(无塞)		40~50	25
9	净身器		40~50	20
10	饮水器		20~50	10~20
11	家用洗衣机		50(软管为30)	—

注:本表摘自《建筑给水排水及采暖工程施工质量验收规范》(GB 50242—2002)。

第六节　室内采暖系统安装

一、管道及配件安装

1. 支、吊、托架的安装质量控制

(1)要求位置正确,埋设应平整牢固。

(2)固定支架与管道接触应紧密,固定应牢靠。

(3)滑动支架应灵活,滑托与滑槽两侧间应留有 3~5mm 的间隙,纵向移动量应符合设计要求。

(4)无热伸长管道的吊架、吊杆应垂直安装;有热伸长管道的吊架、吊杆应向热膨胀的反方向偏移安装。

(5)固定在建筑结构上的管道支、吊架不得影响结构的安全。

关键细节 31　管道支架安装方法

(1)在钢筋混凝土构件上安装支架。浇筑钢筋混凝土构件时,在构件内埋设钢板,支架安装时将支架焊在埋设的钢板上。

(2)在砖墙上埋设支架。

1)在墙上预留或凿洞,将支架埋入墙内,支架在埋墙的一端劈成燕尾。在埋设前清除碎砖和灰尘,再用水清洗墙洞。支架的埋入深度应该符合设计图纸规定,一般不小于 100mm。埋入时,用 1:3 水泥砂浆填塞,填塞时,要求砂浆饱满密实。

2)支架的埋入部分事先浇筑在混凝土预制块中,砌墙时,按规定位置和标高一起砌在墙体上。这个方法需与土建施工密切配合,砌墙时,找准找正支架的位置和标高。

(3)用射钉方法安装支架。在没有预留孔洞和没有预埋钢板的砖墙、混凝土构件上安装支架时,可用射钉方法安装支架。这种方法使用射钉枪将射钉射入砖墙或混凝土构件中,然后用螺母将支架固定在射钉上。安装支架一般选用带外螺纹射钉,以便于安装螺母。

(4)用膨胀螺栓方法安装支架。支架安装时,先挂线确定支架横梁的安装位置及标高,用已加工好的角型横梁比量并在墙上画出膨胀螺栓的钻孔位置。经打钻孔,轻轻打入膨胀螺栓,套入横梁底部孔眼,将横梁用膨胀螺栓的螺母紧固。

2. 干管安装质量控制

(1)干管安装应从进户或分支路点开始,装管前要检查管腔并清理干净。在丝头处涂好铅油缠好麻,一人在末端扶平管道,一人在接口处把管相对固定地对准丝扣,慢慢转动入扣,用一把管钳咬住前节管件,用另一把管钳转动管至松紧适度,对准调直时的标记,要求丝扣外露 2~3 扣,并清掉麻头。依此方法装完为止。

(2)制作羊角弯时,应煨两个 75°左右的弯头,在连接处锯出坡口,主管锯成鸭嘴形,拼好后即应点焊、找平、找正、找直后,再进行施焊。羊角弯接合部位的口径必须与主管口径相等,其弯曲半径应为管径的 2.5 倍左右。

(3)分路阀门离分路点不宜过远。如分路处是系统的最低点,必须在分路阀门前加泄

水丝堵。集气罐的进出水口,应开在约为罐高的偏下1/3处。丝接应与管道连接调直后安装。其放风管应稳固,如不稳可装两个卡子,集气罐位于系统末端时,应装托、吊卡。

(4)采用焊接钢管,先把管子选好调直,清理好管膛,将管运到安装地点,安装程序从第一节开始;把管就位找正,对准管口使预留口方向准确,找直后用气焊点焊固定,然后施焊,焊完后应保证管道正直。

(5)遇有伸缩器,应在预制时按规范要求做好预拉伸,并做好纪录。按位置固定,与管道连接好。波纹伸缩器应按要求位置安装好导向支架和固定支架,并分别安装阀门、集气罐等附属设备。

(6)管道安装完,检查坐标、标高、预留口位置和管道变径等是否正确,然后找直,用水平尺校对复核坡度,调整合格后,再调整吊卡螺栓U形卡,使其松紧适度,平正一致,最后焊牢固定卡处的止动板。

(7)摆正或安装好管道穿过结构处的套管,填堵管洞口,预留口处应加好临时管堵。

3. 立管安装质量控制

(1)核对各层预留孔洞位置是否垂直后,吊线、剔眼、栽卡子。将预制好的管道按编号顺序运到安装地点。

(2)安装前先卸下阀门盖,有钢套管的先穿到管上,按编号从第一节开始安装。涂铅油缠麻将立管对准接口转动入扣,一把管钳咬住管件,一把管钳拧管,拧到松紧适度,对准调直时的标记要求,丝扣外露2～3扣,预留口平正为止,并清净麻头。

(3)检查立管的每个预留口标高、方向、半圆弯等是否准确、平正。将事先栽好的管卡子松开,把管放入卡内拧紧螺栓,用吊杆、线坠从第一节管开始找好垂直度,扶正钢套管,最后填堵孔洞,预留口必须加好临时丝堵。

(4)立管遇支管垂直交叉时,立管应设半圆形让弯绕过支管。

(5)主立管用管卡或托架安装在墙壁上,其间距为3～4m,主立管的下端要支撑在坚固的支架上。管卡和支架不能妨碍主立管的胀缩。

(6)当立管与预制楼板的主要承重部位相遇时,应将钢管弯制绕过,或在安装楼板时,把立管弯成乙字弯,也可以把立管缩到墙内。

4. 支管安装质量控制

(1)检查散热器安装位置及立管预留口是否准确。量出支管尺寸和灯叉弯的大小。

(2)配支管,按量出支管的尺寸,减去灯叉弯的量,然后断管、套丝、煨灯叉弯和调直。灯叉弯两头抹铅油缠麻,装好活接头,连接散热器,把麻头清净。

(3)暗装或半暗装的散热器灯叉弯必须与炉片槽墙角相适应,达到美观即可。

(4)用钢尺、水平尺、线坠校对支管的坡度和平行距墙尺寸,并复查立管及散热器有无移动。按设计或规定的压力进行系统试压及冲洗,合格后办理验收手续,并将水泄净。

(5)立支管变径,不宜使用铸铁补芯,应使用变径管箍或焊接法。

5. 安全阀安装质量控制

(1)弹簧式安全阀要有提升手把和防止随便拧动调整螺钉的装置。

(2)检查其垂直度,当发现倾斜时,应进行校正。

(3)调校条件不同的安全阀,在热水管道投入试运行时,应及时进行调校。

(4)安全阀的最终调整宜在系统上进行,开启压力和回座压力应符合设计文件的规定。

(5)安全阀经调整后,在工作压力下不得有泄漏现象。

(6)安全阀最终调整合格后,做标志,重做铅封,并填写"安全阀调整试验记录"。

6. 减压阀安装质量控制

(1)减压阀安装时,减压阀前的管径应与阀体的直径一致,减压阀后的管径可比阀前的管径大 1～2 号。

(2)减压阀的阀体必须垂直安装在水平管路上,阀体上的箭头必须与介质流向一致。减压阀两侧应安装阀门,采用法兰连接截止阀。

(3)减压阀前应装有过滤器,对于带有均压管的薄膜式减压阀,其均压管应接往低压管道的一侧。旁通管是安装减压阀的一个组成部分,当减压阀发生故障检修时,可关闭减压阀两侧的截止阀,暂时通过旁通管进行供汽。

(4)为了便于对减压阀的调整,阀前的高压管道和阀后的低压管道上都应安装压力表。阀后低压管道上应安装安全阀,安全阀排气管应接至室外。

7. 疏水器安装质量控制

(1)疏水器应安装在便于检修的地方,并应尽量靠近用热设备凝结水排出口下。蒸汽管道疏水时,疏水器应安装在低于管道的位置。

(2)安装应按设计设置好旁通管、冲洗管、检查管、止回阀和除污器等的位置。用汽设备应分别安装疏水器,多个用汽设备不能合用一个疏水器。

(3)疏水器的进出口位置要保持水平,不可倾斜安装。疏水器阀体上的箭头应与凝结水的流向一致,疏水器的排水管径不能小于进口管径。

(4)旁通管是安装疏水器的一个组成部分。在检修疏水器时,可暂时通过旁通管运行。

8. 除污器安装质量控制

(1)除污器装置组装前,要找准进口方向。

(2)除污器装置上支架设置位置,要避开排污口,以免妨碍正常操作。

(3)除污器中过滤网的材质、规格,均应符合设计规定。

关键细节 32　管道及配件安装主控项目的质检要求

管道及配件安装主控项目的质检要求见表 1-44。

表 1-44　　　　　　　　　管道及配件安装主控项目的质检要求

序号	分项	质检要点
1	管道安装坡度	管道安装坡度,当设计未注明时,应符合下列规定: (1)气、水同向流动的热水采暖管道和汽、水同向流动的蒸汽管道及凝结水管道,坡度应为 3‰,不得小于 2‰。 (2)气、水逆向流动的热水采暖管道和汽、水逆向流动的蒸汽管道,坡度应不小于 5‰。 (3)散热器支管的坡度应为 1%,坡向应利于排气和泄水。 检查数量:全数检查。 检验方法:观察,水平尺、拉线、尺量检查

（续）

序号	分项	质检要点
2	补偿器	补偿器的型号、安装位置及预拉伸和固定支架的构造及安装位置应符合设计要求： 根据设计图纸的要求进行检查,核对。 (1)L形伸缩器的长臂的长度应在20～50m,否则会使短臂移动量过大而失去作用。 (2)Z形补偿器的长度,应控制在40～50m的范围内。 (3)S形伸缩器安装应进行隐蔽验收,须记录伸缩器在拉伸前及拉伸后的长度值。应由监理(建设)单位现场专业人员签认。 检查数量:全数检查。 检验方法:对照图纸,现场观察,并查验预拉伸记录
3	平衡阀	平衡阀及调节阀型号、规格、公称压力及安装位置应符合设计要求。安装完后应根据系统平衡要求进行测试并作出标志。 检查数量:全数检查。 检验方法:对照图纸查验产品合格证,并现场查看
4	蒸汽减压阀	蒸汽减压阀和管道及设备上安全阀的型号、规格、公称压力及安装位置应符合设计要求。安装完毕后应根据系统工作压力进行调试,并做出标志。 检查数量:全数检查。 检验方法:对照图纸查验产品合格证及调试结果证明书
5	方形补偿器制作	方形补偿器制作时,应用整根无缝钢管煨制,如需要接口,其接口应设在垂直臂的中间位置,且接口必须焊接。 检查数量:全数检查。 检验方法:观察检查
6	方形补偿器安装	方形补偿器应水平安装,并与管道的坡度一致;如其臂长方向垂直安装,必须设排气及泄水装置。 检查数量:全数检查。 检验方法:观察检查

关键细节33　管道及配件安装一般项目的质检要求

管道及配件安装一般项目的质检要求见表1-45。

表 1-45　　　　　　　　　管道及配件安装一般项目的质检要求

序号	分项	质检要点
1	热量表、疏水器	热量表、疏水器、除污器、过滤器及阀门的型号、规格、公称压力及安装位置应符合设计要求。 检查数量:全数检查。 检验方法:对照图纸查验产品合格证

（续一）

序号	分项	质检要点
2	钢管管道焊口允许偏差	钢管管道焊口尺寸的允许偏差应符合表 1-28 的规定。 检查数量：全数检查。 检验方法：见表 1-28
3	采暖系统入口	采暖系统入口装置及分户热计量系统入户装置，应符合设计要求。安装位置应便于检修、维护和观察。 检查数量：全数检查。 检验方法：现场观察
4	散热器支管	散热器支管长度超过 1.5m 时，应在支管上安装管卡。 检查数量：全数检查。 检验方法：尺量和观察检查
5	干管变径连接	上供下回式系统的热水干管变径应顶平偏心连接，蒸汽干管变径应底平偏心连接。 检查数量：全数检查。 检验方法：观察检查
6	管道焊接	在管道干管上焊接垂直或水平分支管道时，干管开孔所产生的钢渣及管壁等废弃物不得残留管内，且分支管道在焊接时不得插入干管内。 检查数量：全数检查。 检验方法：观察检查
7	膨胀水箱	膨胀水箱的膨胀管及循环管上不得安装阀门。 检查数量：全数检查。 检验方法：观察检查
8	高温管道法兰连接	当采暖热媒为 110～130℃ 的高温水时，管道可拆卸件应使用法兰，不得使用长丝和活接头。法兰垫料应使用耐热橡胶板。 检查数量：全数检查。 检验方法：观察和查验进料单
9	管道自然补偿	焊接钢管管径大于 32mm 的管道转弯，在作为自然补偿时应使用煨弯。塑料管及复合管除必须使用直角弯头的场合外应使用管道直接弯曲转弯。 检查数量：全数检查。 检验方法：观察检查
10	防腐	管道、金属支架和设备的防腐和涂漆应附着良好，无脱皮、起泡、流淌和漏涂等缺陷。 检查数量：全数检查。 检验方法：现场观察检查

（续二）

序号	分项	质检要点
11	采暖管道安装的允许偏差	采暖管道安装的允许偏差应符合表 1-46 的规定。 检查数量：(1)按系统内直线管段长度每 50m 抽查 2 段，不足 50m，不少于 2 段。 (2)有分隔墙建筑，以隔墙分为段数，抽查 5%，但不少于 10 段。 (3)一根主管为一段，二层以上按楼层分段，抽查 5%，但不应少于 10 段。 检验方法：见表 1-46
12	管道设备保温	管道和设备保温的允许偏差应符合表 1-16 的规定。 检查数量：(1)按系统内直线管段长度每 50m 抽查 2 段，不足 50m，不少于 2 段。 (2)有分隔墙建筑，以隔墙分为段数，抽查 5%，但不少于 10 段。 (3)一根主管为一段，二层以上按楼层分段，抽查 5%，但不应少于 10 段。 检验方法：见表 1-16

表 1-46　　　　　　　　　采暖管道安装的允许偏差和检验方法

项次	项　目			允许偏差	检验方法
1	横管道纵、横方向弯曲 /mm	每米	管径≤100mm	1	用水平尺、直尺、拉线和尺量检查
			管径>100mm	1.5	
		全长 (25m 以上)	管径≤100mm	≤13	
			管径>100mm	≤25	
2	立管垂直度 /mm	每米		2	吊线和尺量检查
		全长(5m 以上)		≤10	
3	弯管	椭圆率 $\dfrac{D_{max}-D_{min}}{D_{max}}$	管径≤100mm	10%	用外卡钳和尺量检查
			管径>100mm	8%	
		褶皱不平度	管径≤100mm	4	
			管径>100mm	5	

注：1. D_{max}、D_{min} 分别为管子最大外径及最小外径。

　　2. 本表摘自《建筑给水排水及采暖工程施工质量验收规范》(GB 50242—2002)。

二、辅助设备及散热器安装

1. 托钩和固定卡安装质量控制

(1)柱形带腿散热器固定卡安装。在地面到散热器总高的 3/4 位置画水平线，与散热器中心线交点画印记，作为 12 片以下的双数片散热器的固定位置，单数片向一侧错过半片。13 片以上的，应栽两个固定卡，高度仍在散热器 3/4 位置的水平线上，从散热器两端各进去 4～6 片的地方栽入。

(2)挂装柱形散热器:托钩高度应按设计要求且在散热器的距地高度 45mm 处画水平线。托钩水平位置用画线尺来确定,画线尺横担上刻有散热器的刻度。画线时,应根据片数及托钩数量分布的相应位置,画出托钩安装位置的中心线,挂装散热器的固定卡高度从托钩中心上返散热器总高的 3/4 位置画水平线,其位置与安装数量同带腿散热器的安装。

(3)用錾子或冲击钻等在墙上按画出的位置打孔洞。固定卡孔洞的深度不小于80mm,托钩孔洞的深度不小于 120mm,现浇混凝土墙的深度为 100mm。

(4)用水冲净洞内杂物,填入 M20 水泥砂浆到洞深的一半时,将固定卡、托钩插入洞内,塞紧,将画线尺或 70mm 管放在托钩上,用水平尺找平找正,填满砂浆抹平。

(5)用上述同样的方法将各组散热器全部卡子托钩栽好;成排托钩卡子需将两端钩、卡栽好,定点拉线,然后再将中间钩、卡按线依次栽好。

(6)各种散热器的支、托架安装数量应符合有关规定。

2. 散热器安装质量控制

(1)将柱形散热器和辐射对流散热器的护堵和炉补心抹油,加石棉橡胶垫后拧紧。

(2)带腿散热器稳装。炉补心正扣一侧朝着立管方向,将固定卡里边螺母上至距离符合要求的位置,再把固定卡的 2 块夹板横过来放平正,用自制管扳子拧紧螺母到一定程度后,将散热器找直、找正,垫牢后上紧螺母。

(3)将挂装柱形散热器和辐射对流散热器轻轻抬起放在托钩上立直,将固定卡摆正拧紧。

(4)圆翼形散热器安装。将组装好的散热器抬起,轻放在托钩上找直找正。多排串联时,先将法兰临时上好,然后量出尺寸,配管连接。

(5)将钢制闭式串片式和钢制板式散热器抬起挂在固定支架上,带上垫圈和螺母,紧到一定程度后找平找正,再拧紧到位。

关键细节 34   散热器的冷风门质量要求

(1)按设计要求,将需要打冷风门眼的炉堵放在台钻上打 $\phi 8.4$ 的孔,在台虎钳上用"1/8"丝锥攻丝。

(2)将炉堵抹好铅油,加好石棉橡胶垫,在散热器上用管钳子上紧。在冷风门丝扣上抹铅油,缠少许麻丝,拧在炉堵上,用扳子上到松紧适度,放风孔向外斜 45°。

(3)钢制串片式散热器、扁管板式散热器按设计要求统计需打冷风门的散热器数量,在加工订货时提出要求,由厂家负责做好。

(4)钢板板式散热器的放风门采用专用放风门水口堵头,订货时提出要求。

(5)圆翼形散热器放风门安装,按设计要求在法兰上打冷风门眼,做法同炉堵上装冷风门。

关键细节 35   辅助设备及散热器安装主控项目的质检要求

辅助设备及散热器安装主控项目的质检要求见表 1-47。

表 1-47　　　　　　　　辅助设备及散热器安装主控项目的质检要求

序号	分项	质检要点
1	水压试验	散热器组对后,以及整组出厂的散热器在安装之前应做水压试验。试验压力如设计无要求,应为工作压力的 1.5 倍,但不小于 0.6MPa。 检查数量:全数检查。 检验方法:试验时间为 2~3min,压力不降且不渗不漏
2	辅助设备	水泵、水箱、热交换器等辅助设备安装的质量检验与验收应按有关规定执行

关键细节 36　辅助设备及散热器安装一般项目的质检要求

辅助设备及散热器安装一般项目的质检要求见表 1-48。

表 1-48　　　　　　　　辅助设备及散热器安装一般项目的质检要求

序号	分项	质检要点
1	散热器组对平直度	散热器组对应平直紧密,组对后的平直度应符合表 1-49 的规定。 检查数量:全数检查。 检验方法:拉线和尺量
2	散热器垫片	组对散热器的垫片应符合下列规定: (1)组对散热器垫片应使用成品,组对后垫片外露应不大于 1mm。 (2)散热器垫片材质在设计无要求时,应采用耐热橡胶。 检查数量:全数检查。 检验方法:观察和尺量检查
3	散热器支、托架	散热器支、托架安装,位置应准确,埋设牢固。散热器支、托架数量,应符合设计或产品说明书要求。若设计未注明,则应符合表 1-50 的规定。 检查数量:全数检查。 检验方法:现场清点检查
4	散热器距墙距离	散热器背面与装饰后的墙内表面安装距离,应符合设计或产品说明书要求。如设计未注明,应为 30mm。 检查数量:全数检查。 检验方法:尺量检查
5	散热器安装允许偏差	散热器安装允许偏差应符合表 1-51 的规定。 检查数量:全数检查。 检验方法:见表 1-51
6	防腐	铸铁或钢制散热器表面的防腐及面漆应附着良好,色泽均匀,无脱落、起泡、流淌和漏涂等缺陷。 检查数量:全数检查。 检验方法:现场观察

表 1-49　　　　　　　　　　组对后的散热器平直度允许偏差

项　次	散热器类型	片　数	允许偏差/mm
1	长 翼 型	2～4	4
		5～7	6
2	铸铁片式 钢制片式	3～15	4
		16～25	6

注:本表摘自《建筑给水排水及采暖工程施工质量验收规定》(GB 50242—2002)。

表 1-50　　　　　　　　　　散热器支、托架数量

项　次	散热器形式	安装方式	每组片数	上部托钩或卡架数	下部托钩或卡架数	合计
1	长翼形	挂墙	2～4	1	2	3
			5	2	2	4
			6	2	3	5
			7	2	4	6
2	柱形 柱翼形	挂墙	3～8	1	2	3
			9～12	2	2	4
			13～16	2	4	6
			17～20	2	5	7
			21～25	2	6	8
3	柱形 柱翼形	带足落地	3～8	1	—	1
			8～12	1	—	1
			13～16	2	—	2
			17～20	2	—	2
			21～25	2	—	2

注:本表摘自《建筑给水排水及采暖工程施工质量验收规范》(GB 50242—2002)。

表 1-51　　　　　　　　　散热器安装允许偏差和检验方法

项　次	项　目	允许偏差/mm	检验方法
1	散热器背面与墙内表面距离	3	尺　量
2	与窗中心线或设计定位尺寸	20	
3	散热器垂直度	3	吊线和尺量

注:本表摘自《建筑给水排水及采暖工程施工质量验收规范》(GB 50242—2002)。

三、金属辐射板安装

1. 支、吊架安装质量控制

应按设计要求制作与安装辐射板的支、吊架。一般支、吊架的形式根据其辐射板的安装形式分为三种,即垂直安装、倾斜安装、水平安装。带型辐射板的支、吊架应保持每 3m一个。

关键细节 37 辐射板支、吊架的安装形式

(1)水平安装:板面朝下,热量向下侧辐射。辐射板应有不小于 5‰的坡度坡向回水管,坡度的作用是:对于热媒为热水的系统,可以很快地排除空气;对于蒸汽,可以顺利地排除凝结水。

(2)倾斜安装:倾斜安装在墙上或柱间,倾斜一定角度向斜下方辐射。

(3)垂直安装:板面水平辐射。垂直安装在墙上、柱子上或两柱之间。安装在墙上、柱上的,应采用单面辐射板,向室内一面辐射;安装在两柱之间的空隙处时,可采用双面辐射板,向两面辐射。

2. 辐射板安装质量控制

(1)辐射板用于全面采暖,若设计无要求,最低安装高度应符合表 1-52 的要求。

表 1-52 辐射板的最低安装高度 m

热媒平均温度/℃	水平安装		倾斜安装与垂直面所成角度			垂直安装（板中心）
	多 管	单 管	60°	45°	30°	
115	3.2	2.8	2.8	2.6	2.5	2.3
125	3.4	3.0	3.0	2.8	2.6	2.5
140	3.7	3.1	3.1	3.0	2.8	2.6
150	4.1	3.2	3.2	3.1	2.9	2.7
160	4.5	3.3	3.3	3.2	3.0	2.8
170	4.8	3.4	3.4	3.3	3.0	2.8

注:1. 本表适合于工作地点固定、站立操作的人员的采暖;对于坐着或流动人员的采暖,应将表中数字降低 0.3m。

2. 在车间外墙的边缘地带,安装高度可适当降低。

(2)辐射板的安装可采用现场安装和预制装配两种方法。块状辐射板宜采用预制装配法,每块辐射板的支管上可先配上法兰,以便于和干管连接。带状辐射板由于太长可采用分段安装。块状辐射板的支管与干管连接时应有两个 90°弯管。

(3)块状辐射板不需要在每块板设一个疏水器。可在一根管路的几块板之后装设一个疏水器。每块辐射板的支管上也可以不装设阀门。

(4)接往辐射板的送水、送汽和回水管,不宜和辐射板安装在同一高度上。送水、送汽管宜高于辐射板,回水管宜低于辐射板,并且有不小于 5‰的坡度坡向回水管。

(5)背面需做保温的辐射板,保温应在防腐、试压完成后施工。保温层应紧贴在辐射板上,不得有空隙,保护壳应防腐。安装在窗台下的散热板,在靠墙处,应按设计要求放置保温层。

关键细节 38 金属辐射板安装主控项目的质检要求

金属辐射板安装主控项目的质检要求见表 1-53。

表 1-53　　　　　　　　　　　金属辐射板安装主控项目的质检要求

序号	分项	质检要点
1	水压试验	辐射板在安装前应做水压试验,如设计无要求时试验压力应为工作压力的 1.5 倍,但不得小于 0.6MPa。 检查数量:全数检查。 检验方法:试验压力下 2～3min 压力不降且不渗不漏
2	坡度	水平安装的辐射板应有不小于 5‰的坡度坡向回水管。 检查数量:全数检查。 检验方法:水平尺、拉线和尺量检查
3	管道法兰连接	辐射板管道及带状辐射板之间的连接,应使用法兰连接。 检查数量:全数检查。 检验方法:观察检查

四、低温热水板辐射采暖系统安装

1. 铺设保温板

保温板采用贴有铝箔的自熄型聚苯乙烯保温板时,必须铺设在水泥砂浆找平层上,地面不得有高低不平的现象。在保温板铺设时,铝箔面朝上铺设平整。凡是钢筋、电线管或其他管道穿过楼板保温层时,只允许其垂直穿过,不准斜插,其插管接缝用胶带封贴严实、牢靠。

2. 铺设地板采暖塑料管

塑料管铺设的顺序是从远到近逐个环圈铺设,凡是塑料管穿过地面膨胀缝处,一律用膨胀条分隔开来,施工中须由土建工程事先划分好,相互配合和协调,管路铺设间距由设计图纸决定。塑料管铺设完毕,采用专用的塑料 U 形卡及卡钉逐一将管子进行固定。若设有钢筋网,则应安装在高出塑料管的上皮 10～20mm 处。铺设前如果尺寸规格不足,在整块铺设时应将接头连接好,严禁踩在塑料管上进行接头。敷设在地板凹槽内的供回水干管,若设计选用塑料软管,施工结构要求与地热供暖相同。

关键细节 39　地板辐射采暖系统施工前的要求

(1)地板辐射采暖系统施工应在土建室内装修主要部分完成后进行。施工环境温度不宜低于 5℃。在高层建筑中由采暖立管接至分、集水器的支管长度不宜小于 1200mm,支管由于立管热伸胀而上下径向移动的幅度也不宜大于 10mm。

(2)在铺设贴有铝箔的自熄型聚苯乙烯保温板之前,应将地面清扫干净,不得有凹凸不平的地面,不得有砂石碎块、钢筋头等杂物。

关键细节 40　低温热水板辐射采暖系统安装主控项目的质检要求

低温热水板辐射采暖系统安装主控项目的质检要求见表 1-54。

表 1-54　　　　　低温热水板辐射采暖系统安装主控项目的质检要求

序号	分项	质检要点
1	盘管埋地	地面下敷设的盘管埋地部分不应有接头。 检查数量:全数检查。 检验方法:隐蔽前现场查看
2	水压试验	盘管隐蔽前必须进行水压试验,试验压力为工作压力的 1.5 倍,但不小于 0.6MPa。 检查数量:全数检查。 检验方法:稳压 1h 内压力降不大于 0.05MPa 且不渗不漏
3	曲率半径	加热盘管弯曲部分不得出现硬折弯现象,曲率半径应符合下列规定: (1)塑料管:不应小于管道外径的 8 倍。 (2)复合管:不应小于管道外径的 5 倍。 检查数量:全数检查。 检验方法:尺量检查

🏠关键细节 41　低温热水板辐射采暖系统安装一般项目的质检要求

低温热水板辐射采暖系统安装一般项目的质检要求见表 1-55。

表 1-55　　　　　低温热水板辐射采暖系统安装一般项目的质检要求

序号	分项	质检要点
1	分、集水器安装	分、集水器型号、规格、公称压力及安装位置、高度等应符合设计要求。 检查数量:全数检查。 检验方法:对照图纸及产品说明书,尺量检查
2	间距偏差	加热盘管管径、间距和长度应符合设计要求。间距偏差不大于 ±10mm。 检查数量:全数检查。 检验方法:拉线和尺量检查
3	防潮层、防水层	防潮层、防水层、隔热层及伸缩缝应符合设计要求。 检查数量:全数检查。 检验方法:填充层浇灌前观察检查
4	填充层强度等级	填充层强度等级应符合设计要求。 检查数量:全数检查。 检验方法:做试块抗压试验

第七节　室外给水管网安装

一、室外给水管道安装

1. 室外给水常用管材

室外给水用管材有金属管材和非金属管材。金属管材中常用的有给水铸铁管、球墨铸铁管、钢管以及管内喷塑或衬水泥砂浆等复合管;非金属管材中有预应力钢筋混凝土管、自应力钢筋混凝土管、硬聚氯乙烯管以及玻璃钢管等品种。

2. 给水铸铁管安装质量控制

(1)安装准备工作。向工人班组进行技术安全交底。确定下管方法和劳动组织,准备好下管的机具和绳索并进行安全检查。进一步检查管材、管件、附件、接口材料等规格、品种是否符合设计要求,有无缺陷、砂眼和裂纹等现象。对有缺陷管材、管件一律不得使用。

(2)下管与排管。

关键细节 42　下管与排管的操作要点

(1)选定下管方法,应根据管节长度和质量、工程量多少、现场施工环境等情况确定,一般分为人工下管和机械下管两种。人工下管法可采用溜管法、压绳下管法和搭架倒链下管法等多种形式。

(2)按照测量人员所标定的三通、阀门、消火栓等部位,开始下管和排管。注意将承口朝向水流方向排管。

(3)下管用的大绳应质地坚固,不断股,不糟朽。

(4)机械下管不应一点起吊,应采用两点起吊,吊绳应找好管子重心,平吊轻放。同时注意起吊及搬运管材、配件时,对于法兰盘面、非金属管材承插口工作面、金属管防腐层等,均应采取保护措施,以防损坏。吊装阀门等附件,不得将钢丝绳捆绑在操作轮与螺栓孔处。

(5)对口。将插口插入承口内,并调整对口间隙和环向间隙在规定范围内,这项工序称为对口。

1)稳第一根管时,管子中心必须对准坡度板(定位)中心线和管底标高。管的末端用方木挡住,防止打口时管子移动。

2)对口前应清除管口杂物并用抹布擦净,然后连续对口,随之在承口下端挖打口工作坑,工作坑尺寸满足打口条件即可。

3)铸铁管承插接口的对口间隙不应小于3mm,最大间隙不得大于表 1-56 的规定距离。

表 1-56　　　　　　　　铸铁管承插口的对口最大间隙

管径/mm	沿直线铺设/mm	沿曲线铺设/mm
75	4	5
100~250	5	7~13
300~500	6	14~22

4）铸铁管承插口的环形间隙应符合表 1-57 的规定。

表 1-57　　　　　　　　　　　铸铁管承插口的环形间隙

管径/mm	标准环形间隙/mm	允许偏差/mm
75～200	10	+3 −2
250～450	11	+4 −2
500	12	+4 −2

（6）接口。承插式铸铁管接口分为刚性接口和柔性接口。刚性接口一般由嵌缝材料和密封材料两部分组成。柔性接口只用特制橡胶圈密封。接口用的各材料必须符合设计要求和国家现行技术标准的规定，并应有产品合格证和抽样检验报告等证明书。

3. 阀门安装质量控制

（1）阀门在安装搬运或吊装时，不得将钢丝绳拴在阀杆手轮及法兰盘螺栓孔上，应拴在阀体上。

（2）室外埋地管道，阀杆应垂直向上砌筑在阀门井内，以便于检查、维修和操作。

（3）与阀门连接的法兰不得强力对正，安装时应使两个法兰端面相互平行和同心，将橡胶垫放正。拧紧螺栓时，应对称或十字交叉地进行。

（4）安装蝶阀、止回阀、截止阀时应注意使水流方向与阀体上的箭头方向一致。

（5）阀体下端应设砖砌或混凝土支墩，详细尺寸见阀门井标准图集。

4. 室外水表安装质量控制

（1）检查水表型号、规格是否符合设计要求，并检查所带配件是否齐全。

（2）必须使进水方向与水表上标志方向一致。旋翼式水表应水平安装，切勿垂直安装。水平螺翼式水表可以任意安装，但倾斜、垂直安装时，使水流自下向上安装。

（3）为使水表计量准确，表前阀门与水表之间的距离应大于 8～10 倍管径。

（4）安装小口径水表应在水表与阀门之间安设活接头；大口径水表前后宜用伸缩节相连。

（5）水表、阀门底部应设支墩，支墩可用机砖或混凝土砌筑。

关键细节 43　室外给水管道安装主控项目的质检要求

室外给水管道安装主控项目的质检要求见表 1-58。

表 1-58　　　　　　　　　　室外给水管道安装主控项目的质检要求

序号	分项	质检要点
1	给水管道埋地敷设	给水管道在埋地敷设时，应在当地的冰冻线以下，如必须在冰冻线以上铺设，应做可靠的保温防潮措施。在无冰冻地区，埋地敷设时，管顶的覆土埋深不得小于 500mm，穿越道路部位的埋深不得小于 700mm。 检验方法：现场观察检查

（续）

序号	分项	质检要点
2	给水管道不得直接穿越污水井	给水管道不得直接穿越污水井、化粪池、公共厕所等污染源。 检验方法:观察检查
3	管道接口	管道接口法兰、卡扣、卡箍等应安装在检查井或地沟内,不应埋在土壤中。 检验方法:观察检查
4	井壁距法兰距离	给水系统各种井室内的管道安装,如设计无要求,井壁距法兰或承口的距离当管径小于或等于 450mm 时,不得小于 250mm;管径大于 450mm 时,不得小于 350mm。 检验方法:尺量检查
5	水压试验	管网必须进行水压试验,试验压力为工作压力的 1.5 倍,但不得小于 0.6MPa。 检验方法:管材为钢管、铸铁管时,试验压力下 10min 内压力降不应大于 0.05MPa,然后降至工作压力进行检查,压力应保持不变,不渗不漏;管材为塑料管时,在试验压力下,稳压 1h 压力降不大于 0.05MPa,然后降至工作压力进行检查,压力应保持不变,不渗不漏
6	防腐	镀锌钢管、钢管的埋地防腐必须符合设计要求,如设计无规定,可按表 1-59 的规定执行。卷材与管材间应粘贴牢固,无空鼓、滑移、接口不严等。 检验方法:观察和切开防腐层检查
7	冲洗、消毒	给水管道在竣工后必须对管道进行冲洗。饮用永管道还要在冲洗后进行消毒,满足饮用水卫生要求。 检验方法:观察冲洗水的浊度,查看有关部门提供的检验报告

表 1-59　　　　　　　　　　　**管道防腐层种类**

防腐层层次	正常防腐层	加强防腐层	特加强防腐层
（从金属表面起）1	冷底子油	冷底子油	冷底子油
2	沥青涂层	沥青涂层	沥青涂层
3	外包保护层	加强包扎层	加强保护层
		（封闭层）	（封闭层）
4		沥青涂层	沥青涂层
5		外保护层	加强包扎层
6			（封闭层）
			沥青涂层
7			外包保护层
防腐层厚度不小于/mm	3	6	9

关键细节44　室外给水管道安装一般项目的质检要求

室外给水管道安装一般项目的质检要求见表1-60。

表1-60　　　　　　　　　　室外给水管道安装的质检要求

序号	分项	质检要点
1	管道安装的允许偏差	管道的坐标、标高、坡度应符合设计要求,管道安装的允许偏差应符合表1-61的规定
2	涂漆	管道和金属支架的涂漆应附着良好,无脱皮、起泡、流淌和漏涂等缺陷。检验方法:现场观察检查
3	阀门、水表	管道连接应符合工艺要求,阀门、水表等安装位置应正确。塑料给水管道上的水表、阀门等设施的重量或启闭装置的扭矩不得作用于管道上,当管径不小于50mm时,必须设独立的支承装置。 检验方法:现场观察检查
4	给水管道与污水管道间距	给水管道与污水管道在不同标高平行敷设,其垂直间距在500mm以内时,给水管管径小于或等于200mm的,管壁水平间距不得小于1.5m;管径大于200mm的,管臂水平间距不得小于3m。 检验方法:观察和尺量检查
5	铸铁管承插捻口连接	铸铁管承插捻口连接的对口间隙不应小于3mm,最大间隙不得大于表1-56的规定。 检验方法:尺量检查
6	铸铁管沿直线敷设	铸铁管沿直线敷设,承插捻口连接的环形间隙应符合表1-57的规定;沿曲线敷设,每个接口允许有2°转角。 检验方法:尺量检查
7	油麻填料	捻口用的油麻填料必须清洁,填塞后应捻实,其深度应占整个环形间隙深度的1/3。 检验方法:观察和尺量检查
8	捻口用水泥强度	捻口用水泥强度不应低于32.5MPa,接口水泥应密实饱满,其接口水泥面凹入承口边缘的深度不得大于2mm。 检验方法:观察和尺量检查
9	防腐层	采用水泥捻口的给水铸铁管,在安装地点有侵蚀性的地下水时,应在接口处涂抹沥清防腐层。 检验方法:观察检查
10	橡胶圈接口	采用橡胶圈接口的埋地给水管道,在土壤或地下水对橡胶圈有腐蚀的地段,在回填土前应用沥清胶泥、沥青麻丝或沥青锯末等材料封闭橡胶圈接口。橡胶圈接口的管道,每个接口的最大允许偏转角不得超过表1-62的规定。 检验方法:观察和尺量检查

表 1-61　　　　　　　　　　室外给水管道安装的允许偏差和检验方法

项次	项　目			允许偏差/mm	检验方法
1	坐标	铸铁管	埋地	100	拉线和尺量检查
			敷设在沟槽内	50	
		钢管、塑料管、复合管	埋地	100	
			敷设在沟槽内或架空	40	
2	标高	铸铁管	埋地	±50	拉线和尺量检查
			敷设在地沟内	±30	
		钢管、塑料管、复合管	埋地	±50	
			敷设在地沟槽内或架空	±30	
3	水平管纵横向弯曲	铸铁管	直段(25m 以上)起点～终点	40	拉线和尺量检查
		钢管、塑料管、复合管	直段(25m 以上)起点～终点	30	

表 1-62　　　　　　　　　　橡胶圈接口最大允许偏转角

公称直径/mm	100	125	150	200	250	300	350	400
允许偏转角度	5°	5°	5°	5°	4°	4°	4°	3°

二、消防水泵接合器及室外消火栓安装

1. 室外消火栓安装质量控制

(1)安装前应检查消火栓型号、规格是否符合设计要求,阀门启闭应灵活。

(2)安装位置距建筑物不小于 5m,一般设在人行道旁,其位置必须符合设计位置。

(3)室外地下消火栓与主管连接的三通或弯头下部,均应稳固地支承于混凝土支墩上。其安装各部尺寸应满足设计或施工质量验收规范的要求。

(4)室外地上式消火栓一般安装于高出地面 640mm 处。安装时,先将消火栓下部的带底座弯头稳固在混凝土支墩上,然后再连接消火栓本体。

关键细节 45　水泵接合器的安装要求

(1)安装前应检查水泵接合器型号、规格是否符合设计要求。

(2)消防水泵接合器的位置必须符合设计要求。

(3)消防水泵接合器的安全阀、止回阀安装位置、方向应正确,阀门启闭灵活。

(4)地下式水泵接合器顶部进水口与井盖底面距离不大于 400mm,以便于连接和操作。

2. 管道水压试验

(1)管道水压试验应按设计要求和施工质量验收规范的规定进行。常温下一般采用水压试验,冬季或缺水时也可采用气压试验。

（2）试验前,管道接口部位除外,其余管身应先回填一部分土,并将沿线弯头顶紧顶牢,三通处支牢。

（3）管端应做后背,而且与管道轴线垂直。一般后背以原有管沟土作为后背,紧贴土壁横放方木一排,外加一块钢板,再用千斤顶或方木与管端顶牢。

（4）试验管段长度,一般条件下为 500～600m,不宜超过 1000m。

3. 管道冲洗

给水管道冲洗应包括消毒前和消毒后的冲洗工作。消毒前的冲洗主要是将管道内的杂物冲洗干净;消毒后的冲洗,主要是排除消毒时注入的高浓度的含氯水,使水中的余氯等卫生指标符合规定值。

关键细节 46　消防水泵接合器及室外消火栓安装主控项目的质检要求

消防水泵接合器及室外消火栓安装主控项目的质检要求见表1-63。

表 1-63　　　　　消防水泵接合器及室外消火栓安装主控项目的质检要求

序号	分项	质检要点
1	水压试验	系统必须进行水压试验,试验压力为工作压力的 1.5 倍,但不得小于 0.6MPa。 检验方法:在试验压力下,10min 内压力降不大于 0.05MPa,然后降至工作压力进行检查,压力保持不变,不渗不漏
2	冲洗	消防管道在竣工前,必须对管道进行冲洗。 检验方法:观察冲洗出水的浊度
3	位置标志	消防水泵接合器和消火栓的位置标志应明显,栓口的位置应方便操作。如设计未要求消防水泵接合器和室外消火栓采用墙壁式时,进、出水栓口的中心安装高度距地面应为 1.10m,其上方应设有防坠落物打击的措施。 检验方法:观察和尺量检查

关键细节 47　消防水泵接合器及室外消火栓安装一般项目的质检要求

消防水泵接合器及室外消火栓安装一般项目的质检要求见表1-64。

表 1-64　　　　　消防水泵接合器及室外消火栓安装一般项目的质检要求

序号	分项	质检要点
1	栓口安装	室外消火栓和消防水泵接合器的各项安装尺寸应符合设计要求,栓口安装高度允许偏差为 ±20mm。 检验方法:尺量检查
2	消防井	地下式消防水泵接合器顶部进水口或地下式消火栓的顶部出水口与消防井盖底面的距离不得大于 400mm,井内应有足够的操作空间,并设有爬梯。寒冷地区井内应做防冻保护。 检验方法:观察和尺量检查

（续）

序号	分项	质检要点
3	安全阀、止回阀	消防水泵接合器的安全阀及止回阀安装位置和方向应正确，阀门启闭应灵活。 检验方法：现场观察和手扳检查

三、管沟及井室设置

1. 管沟开挖质量控制

（1）管沟断面形式：常用管沟断面形式有直槽、梯形槽和混合槽等。合理选择管沟断面形式，可以为管道安装创造便利作业条件，保证施工安全，减少土方的开挖量，加快施工进度。选择管沟断面时应考虑以下因素：土壤的种类、沟管断面尺寸、水文地质条件、施工方法和管道埋深等。

（2）管沟的开挖：管沟开挖的方法有人工法和机械法两种。为了减轻繁重的体力劳动，加快施工进度，在条件允许情况下，尽量采用机械法开挖。

关键细节 48　管沟开挖的技术要求

（1）管沟应分段开挖，并应确定合理的开挖顺序。如相邻管沟开挖，应按先深后浅的施工顺序。

（2）管沟开挖应严格控制标高，防止沟底超挖或对沟底土的扰动。采用机械法挖土应留 0.2～0.3m 厚土层，待铺管前用人工清挖至设计标高；采用人工法挖土，即使暂不铺管也应留 0.15m 厚土层，待铺前再挖至设计标高。

（3）对地下原建管线和各种构筑物，应及时与有关单位联系，预先采取措施，严加保护。

（4）采用机械法开挖，所选择的机械类型和大小要适用于工程情况和条件，二者要匹配。

（5）采用人工法开挖，人员间距以 3～5m 为宜。深槽作业，应注意管沟边坡稳定，防止坍塌，必要时应加支撑。

（6）软土、膨胀土地区开挖土方或进入冬、雨期施工时，应遵照有关规定执行。

2. 井室砌筑质量控制

（1）阀门井砌筑。

1）井室的砌筑应在管道和阀门安装好之后进行，其尺寸应按照设计图或指定的标准图施工。不得将管道接口和法兰盘砌在井外或井壁内，而且井壁距法兰外缘要大于 250mm。

2）井壁通常用 MU7.5 机砖、M5 混合砂浆砌筑，砖缝应灰浆饱满。

3）管道穿过井壁处，应采取起拱的方法处理，其间隙填塞三麻和石棉水泥灰找平。

4）井壁内爬梯（踏步）按照标准图的位置边砌边安装。

5）当井壁需要收口时，如四面收进，每层收进不大于 30mm；如三面收进，每层收进不大于 50mm。

6）井室内壁应用原浆勾缝，有抹面要求时，内壁抹面应分层压实，外壁用砂浆搓缝密实。

(2)地下消火栓井砌筑。

1)根据指定消火栓井标准图或设计图,在已安装好消火栓处检查井底和消火栓支墩是否牢固。若有地下水应排除,并用混凝土浇筑井底找平。

2)井内管道下皮距井底净空应不小于0.3m,消火栓顶部距井盖底面不应大于0.4m。如果超过0.4m应增加短管。

3)井壁砌筑方法和使用材料与阀门井相同。井内壁原浆勾缝,外壁若处于地下水位以下,用M7.5防水水泥砂浆抹面,厚度20mm。

4)管道穿过井壁处应起拱,其间隙应严密不漏水。有地下水时,用沥青油麻填塞,外部用防水砂浆找平;无地下水时,可用水泥砂浆填塞找平。

5)消火栓井盖应有明显"消火栓"字样。铺设在路下消火栓井盖的上表面应与路面相平,如不在路面时,井盖上表面应高出室外设计标高50mm,在井口周围以2%坡度向外做混凝土护坡。

关键细节49 管沟及井室主控项目的质检要求

管沟及井室主控项目的质检要求见表1-65。

表1-65　　　　　　　　管沟及井室主控项目的质检要求

序号	分项	质检要点
1	地基	管沟的基层处理和井室的地基必须符合设计要求。 检验方法:现场观察检查
2	井盖	各类井室的井盖应符合设计要求,应有明显的文字标识,各种井盖不得混用。 检验方法:现场观察检查
3	井室	设在通车路面下或小区道路下的各种井室,必须使用重型井圈和井盖,井盖上表面应与路面相平,允许偏差为±5mm。绿化带上和不通车的地方可采用轻型井圈和井盖,井盖的上表面应高出地坪50mm,并在井口周围以2%的坡度向外做水泥砂浆护坡。 检验方法:观察和尺量检查
4	井圈	重型铸铁或混凝土井圈,不得直接放在井室的砖墙上,砖墙上应做不小于80mm厚的细石混凝土垫层。 检验方法:观察和尺量检查

关键细节50 管沟及井室一般项目的质检要求

管沟及井室一般项目的质检要求见表1-66。

表1-66　　　　　　　　管沟及井室一般项目的质检要求

序号	分项	质检要点
1	管沟的坐标	管沟的坐标、位置、沟底标高应符合设计要求。 检验方法:观察和尺量检查

(续)

序号	分项	质检要点
2	管沟的沟底层	管沟的沟底层应是原土层，或是夯实的回填土，沟底应平整，坡度应顺畅，不得有尖硬的物体、块石等。 检验方法：观察检查
3	沟基	如沟基为岩石、不易清除的块石或为砾石层，沟底应下挖 100～200mm，填铺细砂或粒径不大于 5mm 的细土，夯实到沟底标高后，方可进行管道敷设。 检验方法：观察和尺量检查
4	管沟回填土	管沟回填土，管顶上部 200mm 以内应用砂子或无块石及冻土块的土，并不得用机械回填；管顶上部 500mm 以内不得回填直径大于 100mm 的块石和冻土块；500mm 以上部分回填土中的块石或冻土块不得集中。上部用机械回填时，机械不得在管沟上行走。 检验方法：观察和尺量检查
5	井室的砌筑	井室的砌筑应按设计或给定的标准图施工。井室的底标高在地下水位以上时，基层应为素土夯实；在地下水位以下时，基层应打 100mm 厚的混凝土底板。砌筑应采用水泥砂浆，内表面抹灰后应严密不透水。 检验方法：观察和尺量检查
6	井壁	管道穿过井壁处，应用水泥砂浆分两次填塞严密、抹平，不得渗漏。 检验方法：观察检查

第八节　室外排水管网安装

一、室外排水管道安装

1. 室外排水管道敷设

室外排水管道一般包括污水管道、雨水管道和中水管道。其所用的管材、接口形式、基础类型、施工方法和验收标准各有不同。

关键细节 51　室外排水管道敷设方法

室外排水管道按照管道敷设方法可分为开槽法施工和不开槽法施工。开槽法施工，一般分项工程包括土方开挖、施工排水、管道基础、下管与稳管、管道接口、构筑物砌筑和土方回填等分项工程；不开槽法施工，是指在铺设地下管道时不需要在地面上全线开挖施工，只需在管线特定位置设工作坑，进行地下管道铺设。管道不开槽法施工目前已成为市政基础设施施工的最佳方案，其施工方法有掘进顶管法、盾构法、暗挖法以及不取土顶管法等。

2. 排水管道安装质量控制

(1)排水管道基础。管道基础的作用是将较为集中的荷载均匀分布，以减小对地基单位面积的作用力,同时也减小对管壁上的作用力,前者使管子不产生沉降,后者使管材不致压坏。试验证明,管座包的中心角越大,地基所承受的压强越小,其管身所受反作用力也越小,否则相反。

(2)下管。根据管径大小、现场条件合理选择下管方法。可采用人工下管法和机械下管法。尽可能采用沿沟槽分散下管,以减少沟内运管。沟内排管应将管子先放在沟槽同一侧,并留出检查井的位置。承插式混凝土管,下管时承口方向与水流方向相反排放。沟槽内运管若与支撑横木矛盾时应先倒撑,后下管。

(3)稳管是指将每节管子按照设计的标高、中心位置和坡度稳定在基础上。稳管工作包括管子对中、对高程、对管口间隙和坡度等操作环节。

(4)管道接口。混凝土管和钢筋混凝土管的管口形状有平口、企口和承插口等。管口连接有刚性和柔性两种类型。刚性接口主要密封材料为水泥砂浆,柔性接口所用密封材料为沥青或橡胶圈等。

关键细节 52 室外排水管道安装主控项目的质检要求

室外排水管道安装主控项目的质检要求见表 1-67。

表 1-67 室外排水管道安装主控项目的质检要求

序号	分项	质检要点
1	坡度	排水管道的坡度必须符合设计要求。严禁无坡或倒坡。 检验方法:用水准仪、拉线和尺量检查
2	灌水试验和通水试验	管道埋设前必须做灌水试验和通水试验,排水应畅通,无堵塞,管接口无渗漏。 检验方法:按排水检查井分段试验,试验水头应以试验段上游管顶加 1m,时间不少于 30min,逐段观察

关键细节 53 室外排水管道安装一般项目的质检要求

室外排水管道安装一般项目的质检要求见表 1-68。

表 1-68 室外排水管道安装一般项目的质检要求

序号	分项	质检要点
1	管道的坐标和标高	管道的坐标和标高应符合设计要求,安装的允许偏差应符合表 1-69 的规定。 检验方法:见表 1-69
2	水泥捻口	排水铸铁管采用水泥捻口时,油麻填塞应密实,接口水泥应密实饱满,其接口面凹入承口边缘且深度不得大于 2mm。 检验方法:观察和尺量检查
3	除锈	排水铸铁管外壁在安装前应除锈,涂两遍石油沥青漆。 检验方法:观察检查
4	承插接口	承插接口的排水管道安装时,管道和管件的承口应与水流方向相反。 检验方法:观察检查

(续)

序号	分项	质检要点
5	抹带接口	混凝土管或钢筋混凝土管采用抹带接口时,应符合下列规定: (1)抹带前应将管口的外壁凿毛,扫净,当管径小于或等于 500mm 时,抹带可一次完成;当管径大于 500mm 时,应分两次抹成,抹带不得有裂纹。 (2)钢丝网应在管道就位前放入下方,抹压砂浆时应将钢丝网抹压牢固,钢丝网不得外露。 (3)抹带厚度不得小于管壁的厚度,宽度宜为 80~100mm。 检验方法:观察和尺量检查

表 1-69   **室外排水管道安装的允许偏差和检验方法**

项次	项 目		允许偏差/mm	检验方法
1	坐标	埋地	10	拉线和尺量
		敷设在沟槽内	50	
2	标高	埋地	±20	用水平仪、拉线和尺量
		敷设在沟槽内	±20	
3	水平管道纵横向弯曲	每 5m 长	10	拉线和尺量
		全长(两井间)	30	

二、排水管沟及井池施工

1. 排水管沟施工

排水管沟施工常用的排、降方法有明排水和井点降水法。其中明排水适用于工程量较小、挖深较浅、土质较好的情况及用来排除降雨等地面水;井点降水适用于砂性土质、挖深较大、降水较深等条件下的施工。

🏠 关键细节 54   降排水的方法

(1)明沟排水法是一种经济、简便、有效的排水方法。它是将槽内渗出地下水,经过排水沟汇集到集水井,再由潜水泵将水抽升排出。明沟排水又称集水井法排水。其施工过程:一般先挖排水井,后挖沟槽,以便于干槽挖土。

(2)井点降水。在沟槽以外设置井点管,利用真空抽吸系统,形成负压,在大气压作用下,使土体中的地下水通过井点滤水管进入井点管内,再汇集到集水总管排出。由于不间断地抽吸,地下水位逐渐下降,在地下水位低于沟底适当深度后持续抽水,直至管道铺设完工,再停止抽水,拆除井点设备,恢复地面现状。井点降水方法种类有:轻型井点、深井井点、喷射井点和电渗井点等多种方法。一般常用轻型井点降水居多。

(3)轻型井点降水。轻型井点适用于降低砂性、粉质黏土、粉土等土层条件下的地下水位。轻型井点是由滤水管、井管、弯联管、总管和抽水设备组成。现已有成套设备供选择使用。

2. 井池施工

(1)井室砌筑。

1)井底基础与管道基础混凝土同时浇筑。

2)砖砌圆形检查井,应随砌随检查直径尺寸,当需要收口时,每次收进不大于30mm;如三面收进,每次最大部分不大于50mm。

3)检查井内的流槽,宜在井壁砌至管顶以上时进行砌筑。

4)井内踏步应随砌随安,位置准确;混凝土井壁踏步在预制或现浇时安装。

5)检查井预留支管应随砌随稳,其管径、方向、高程应符合设计要求。管与井壁接触处用砂浆灌满,不得漏水。预留管口宜用砂浆砌筑封口抹平。

6)检查井接入圆管,管顶应砌砖拱,其尺寸见标准图。

7)检查井和雨水口砌筑时或安装至规定高程后,应及时浇筑和安装井圈,盖好井盖。

8)井室内壁和流槽需要抹面,应按要求分层操作,赶光压实。

9)冬期施工时应按有关冬期施工要求操作。

(2)砖砌化粪池。

1)化粪池池底应采用混凝土(无地下水)或钢筋混凝土(有地下水)做底板,其厚度不小于100mm,强度为C25。

2)池壁砌筑所用机砖和砂浆应符合设计要求,砌筑质量应满足砌体质量验收标准。

3)化粪池进、出水管标高符合设计要求,其允许偏差为±15mm。

4)化粪池顶盖可用预制或现浇钢筋混凝土施工。

5)池内壁应用防水砂浆抹面,其厚度为20mm,赶光压实。

6)化粪池井座和井盖砌筑要求与检查井相同。

7)冬期施工应按要求采取防冻措施。

关键细节55　排水管沟及井池主控项目的质检要求

排水管沟及井池主控项目的质检要求见表1-70。

表1-70　　　　　　　　　　　**排水管沟及井池主控项目的质检要求**

序号	分项	质检要点
1	沟基的处理	沟基的处理和井池的底板强度必须符合设计要求。 检验方法:现场观察和尺量检查,检查混凝土强度报告
2	排水检查井、 化粪池的底板	排水检查井、化粪池的底板及进、出水管的标高,必须符合设计标准,其允许偏差为±15mm。 检验方法:用水准仪及尺量检查

关键细节56　排水管沟及井池一般项目的质检要求

排水管沟及井池一般项目的质检要求见表1-71。

表 1-71 排水管沟及井池一般项目的质检要求

序号	分项	质检要点
1	井、池的规格	井、池的规格、尺寸和位置应正确,砌筑和抹灰符合要求。 检验方法:观察及尺量检查
2	井盖	井盖选用应正确,标志应明显,标高应符合设计要求。 检验方法:观察、尺量检查

第九节 室外供热管网安装

一、管道及配件安装

1. 室外供热管道的划分

(1)按管道布置形状划分。

1)枝状。用户只在室外供热管道的一个方向获取热源。其优点是投资费用低,一般用户多采用此种敷设方式。

2)环状。用户可在两个以上的方向取得热源。其优点是热源有更可靠的保障,多用于要求标准较高的用户,但投资费用较高。

(2)按管道敷设方式划分。

1)架空敷设。

①低支架:一般高度为 0.3～1.0m,其优点在于节省材料、施工维修方便。

②中支架:用于人行通道处,一般高度为 2.0～2.5m。

③高支架:多用于主要干道,管底净高不低于 4.0m;跨越铁路时,管底净高不低于 6.0m。多为钢或钢筋混凝土结构,造价较高。

2)管沟敷设。

①通行管沟:用于管径大、管道多,管道垂直排列超过 1.5m 时的管道敷设。管沟净高不低于 1.8m,通道宽度不窄于 0.7m,管沟内应适当设出入口,特别在阀门和管道分支处,其沟内温度不宜超过 45℃。

②半通行管沟:沟的净高为 1.2～1.4m,通道宽度为 0.6～0.7m,管道配件处设检查井。

③不通行管沟:管沟尺寸只考虑管道安装需要,但在有配件的地方应设检查井。

3)直埋敷设。具有占地少、施工周期短及管道寿命长等优点,目前在供热外线中应用较多。

关键细节 57 管道支架安装的质量要求

(1)管道支架的划分。

1)滑动支架。其功能只承担管道重量及减小水平管道的挠度,允许管道有轴向及径向位移。常用的有托架和吊架,用于管沟敷设中水平管道的安装。

2)导向支架。其特点是允许管道有轴向位移,但限制管道的径向位移,常用于管道补偿器的两侧附近,或架空敷设管道。

3)固定支架。其功能是限制管道任何方向的位移,承受管道的变形。用于两弯管补偿之间或与设备连接前的管段上。

（2）管沟内滑动钢支架的安装。

1）管沟壁上埋设支架，应按预定的标高在沟壁上凿 240mm×240mm×120mm 的洞。

2）预制好的支架在安装前，应将沟壁上的孔洞用水冲洗干净，再将支架植入洞内，并按设计要求控制好支架与管道相连接的表面标高，然后用碎石将支架塞牢，核对支架符合要求后，用水泥砂浆将洞口填实压平。

（3）管沟或埋地固定支架的安装：应在管道预拉伸后，将管道与固定支架固定。管道上焊接的固定肋板应与管道轴线对称，与受力梁柱相接触的几块挡板，应与梁柱接触紧密，以保证管道只承受轴向力。

2. 供热管道的架空敷设

供热管道的架空主要是支架设计与施工，一般由土建专业进行，管道安装时应进行校核。由于架空敷设管道热损失大，应对管道保温和防雨、雪等措施加以重视。

3. 管沟敷设

（1）管沟应严密不漏水，沟盖板应做出 1‰～2‰ 的横向坡度，沟盖板间应用水泥砂浆勾缝，需要时管沟底及沟壁应采取防水、排水措施；沟底应做出与管道一样的坡度。

（2）管沟敷设有不通行管沟内管道安装、半通行管沟及通行管沟内管道安装、直埋敷设管道的安装等。

（3）检查井。检查井的设置：管沟及直埋敷设的管道，在管道分支处，装有阀门和疏水装置及补偿器的管段，都应设置检查井。检查井净高不应低于 1.8m，井内检修通道不宜窄于 0.6m。检查井应设固定人梯和人孔，且人孔应和人梯相对应，人孔直径不宜小于 0.6m。检查井底部应设 400mm×400mm×500mm 的集水坑；如能直接排水，管径 DN 不宜小于 100mm，并应有防止水倒灌的设施。

（4）补偿器的安装。

1）方形补偿器：是室外供热管道中常采用的一种，具有使用安全、维修工作量小和制作安装方便的优点，但占地面积较大，在管沟中使用需增加管沟的造价。

2）波纹补偿器：种类较多，有轴向型、压力平衡型等，可根据不同情况选用。在室外供热管道中建议选用装有内套筒的波纹补偿器，它能减小阻力和因波纹而产生的共振等现象。

3）套筒补偿器：由于安装、维修工作量大，不宜用于室外供热管道。

关键细节 58 管道及配件安装主控项目的质检要求

管道及配件安装主控项目的质检要求见表 1-72。

表 1-72 管道及配件安装主控项目的质检要求

序号	分项	质检要点
1	平衡阀安装	平衡阀及调节阀型号、规格及公称压力应符合设计要求。安装后应根据系统要求进行调试，并作出标志。 检查数量：全数检查。 检验方法：对照设计图纸及产品合格证，并现场观察调试结果

（续）

序号	分项	质检要点
2	供热管道回填	直埋无补偿供热管道预热伸长及三通加固应符合设计要求。回填前应注意检查预制保温层外壳及接口的完好性。回填应按设计要求进行。 检查数量：全数检查。 检验方法：回填前现场验核和观察
3	补偿器的位置	补偿器的位置必须符合设计要求，并应按设计要求或产品说明书进行预拉伸。管道固定支架的位置和构造必须符合设计要求。 检查数量：全数检查。 检验方法：对照图纸，并查验预拉伸记录
4	检查井室	检查井室、用户入口处管道布置应便于操作、维修及支、吊、托架稳固，并满足设计要求。 检查数量：全数检查。 检验方法：对照图纸，观察检查
5	保温	直埋管道的保温应符合设计要求，接口在现场发泡时，接头处厚度应与管道保温层厚度一致，接头处保护层必须与管道保护层成一体，符合防潮防水要求。 检查数量：全数检查。 检验方法：对照图纸，观察检查

关键细节 59　管道及配件安装一般项目的质检要求

管道及配件安装一般项目的质检要求见表 1-73。

表 1-73　　　　　　　　　管道及配件安装一般项目的质检要求

序号	分项	质检要点
1	管道坡度	管道水平敷设的坡度应符合设计要求。 检查数量：全数检查。 检验方法：对照图纸，用水准仪（水平尺）、拉线和尺量检查
2	除污器	除污器构造应符合设计要求，安装位置和方向应正确。管网冲洗后应清除内部污物。 检查数量：全数检查。 检验方法：打开清扫口检查
3	室外管道安装的允许偏差	室外供热管道安装的允许偏差应符合表 1-74 的规定。 检查数量：全数检查。 检验方法：见表 1-74

（续）

序号	分项	质检要点
4	管道焊口的允许偏差	管道焊口的允许偏差应符合表1-28的规定。 检查数量:全数检查。 检验方法:见表1-28
5	焊接	管道及管件焊接的焊缝表面质量应符合下列规定: (1)焊缝外形尺寸应符合图纸和工艺文件的规定,焊缝高度不得低于母材表面,焊缝与母材应圆滑过渡。 (2)焊缝及热影响区表面应无裂纹、未熔合、未焊透、夹渣、弧坑和气孔等缺陷。 检查数量:全数检查。 检验方法:观察检查
6	供水管或蒸汽管	供热管道的供水管或蒸汽管,如设计无规定,应敷设在载热介质前进方向的右侧或上方。 检查数量:全数检查。 检验方法:对照图纸,观察检查
7	地沟内的管道安装	地沟内的管道安装位置,其净距(保温层外表面)应符合下列规定: 与沟壁 100～150mm。 与沟底 100～200mm。 与沟顶:不通行地沟,50～100mm; 半通行和通行地沟,200～300mm。 检查数量:全数检查。 检验方法:尺量检查
8	架空敷设管道	架空敷设的供热管道安装高度,如设计无规定,应符合下列规定(以保温层外表面计算): (1)人行地区,不小于2.5m。 (2)通行车辆地区,不小于4.5m。 (3)跨越铁路,距轨顶不小于6m。 检查数量:全数检查。 检验方法:尺量检查
9	防锈	防锈漆的厚度应均匀,不得有脱皮、起泡、流淌和漏涂等缺陷。 检查数量:全数检查。 检验方法:保温前观察检查
10	管道保温层	管道保温层的厚度和平整度的允许偏差应符合表1-16的规定。 检查数量:全数检查。 检验方法:见表1-16

表 1-74　　　　　　　　　室外供热管道安装的允许偏差和检验方法

项次	项　目		允许偏差	检验方法
1	坐标/mm	敷设在沟槽内及架空	20	用水准仪(水平尺)、直尺、拉线检查
		埋　　地	50	
2	标高/mm	敷设在沟槽内及架空	±10	尺量检查
		埋　　地	±15	
3	水平管道纵、横方向弯曲/mm	每米	管径≤100mm	1	用水准仪(水平尺)、直尺、拉线和尺量检查
			管径＞100mm	1.5	
		全长(25m 以上)	管径≤100mm	≤13	
			管径＞100mm	≤25	
4	弯管	椭圆率 $\dfrac{D_{max}-D_{min}}{D_{max}}$	管径≤100mm	8%	用外卡钳和尺量检查
			管径＞100mm	5%	
		褶皱不平度(mm)	管径≤100mm	4	
			管径 125～200mm	5	
			管径 250～400mm	7	

注：本表摘自《建筑给水排水及采暖工程施工质量验收规范》(GB 50242—2002)。

二、系统水压试验及调试

1. 系统水压试验

(1)水压试验的准备。

1)管道系统已安装完毕,所有接口及需要检查处均未掩盖,且经检验符合要求。

2)调试方案已经审定。

3)水压试验前应校验管道的安全性,特别是固定支架处。

4)连接好试验系统,并装两只经校验的压力表,分别装在泵的出口和系统末端。

(2)试验方法:水压试验应用清水做试压介质。注水前应打开所有放气阀,靠给水系统内压力自行给水,注水应从系统下部注入,待放气阀出水时,即可关闭该放气阀,直至最高处放气阀出水时,说明系统内已注满水,这时可开启试压泵加压,使系统内压力缓慢上升,到工作压力时应停止加压,经检查管道系统无问题时再继续加压到试验压力。

2. 冲洗

(1)冲洗的准备。

1)冲洗管道前应拆除系统中的节流和过滤装置。

2)对不允许冲洗的设备、仪表等应加盲板隔离保护。

3)冲洗时,介质应不小于工作流速,排水管截面面积不应小于冲洗管道截面面积的 60%。

(2)系统冲洗。用水冲洗时,应以系统内可能达到的最大流速或不小于 1.5m/s 的流速进行,排水宜从管道系统末端排出,排出管的截面面积应足够大。如末端截面较小,应分段冲洗。

关键细节 60　系统水压试验及调试主控项目的质检要求

系统水压试验及调试主控项目的质检要求见表1-75。

表 1-75　　　　　　　　　系统水压试验及调试主控项目的质检要求

序号	分项	质检要点
1	水压试验	供热管道的水压试验压力应为工作压力的1.5倍,但不得小于0.6MPa。 检查数量:全数检查。 检验方法:在试验压力下10min内压力降不大于0.05MPa,然后降至工作压力下检查,不渗不漏
2	冲洗	管道试压合格后,应进行冲洗。 检查数量:全数检查。 检验方法:现场观察,以水色不浑浊为合格
3	试运行	管道冲洗完毕应通水、加热,进行试运行和调试。当不具备加热条件时,应延期进行。 检查数量:全数检查。 检验方法:测量各建筑物热力入口处供回水温度及压力
4	阀门开启与关闭	供热管道做水压试验时,试验管道上的阀门应开启,试验管道与非试验管道应隔断。 检查数量:全数检查。 检验方法:开启和关闭阀门检查

第十节　建筑中水系统及游泳池水系统安装

一、建筑中水系统管道及辅助设备安装

1. 建筑中水系统安装质量控制

(1)中水原水管道系统安装。

1)中水原水管道系统宜采用分流集水系统,以便于选择污染较轻的原水,简化处理流程和设备,降低处理经费。

2)便器与洗浴设备应分设或分侧布置,以便于单独设置支管、立管,利于分流集水。

3)污废水支管不宜交叉,以免横支管标高降低过多,影响室外管线及污水处理设备的标高。

4)室内外原水管道及附属构筑物均应防渗漏,井盖应做"中"字标志。

5)中水原水系统应设分流、溢流设施和跨越管,其标高及坡度应能满足排放要求。

(2)中水供水系统是给水供水系统的一个特殊部分,所以其供水方式与给水系统相同。主要依靠最后处理设备的余压供水系统、水泵加压供水系统和气压罐供水系统等。

1)中水供水系统必须单独设置。中水供水管道严禁与生活饮用水给水管道连接,并

应采取下列措施:中水管道及设备、受水器等外壁应涂浅绿色标志;中水池(箱)、阀门、水表及给水栓均应有"中水"标志。

2)中水管道不宜暗装于墙体和楼板内。如必须暗装于墙槽内,必须在管道上设有明显且不会脱落的标志。

3)中水管道与生活饮用水管道、排水管道平行埋设时,其水平净距离不得小于 0.5m,交叉埋设时,中水管道应位于生活饮用水管道下面,排水管道的上面,其净距离不应小于 0.15m。

4)中水给水管道不得装设取水水嘴。便器冲洗宜采用密闭型设备和器具。绿化、浇洒、汽车冲洗宜采用壁式或地下式给水栓。

5)中水高位水箱应与生活高位水箱分设在不同的房间内,如条件不允许只能设在同一房间时,与生活高位水箱的净距离应大于 2m。止回阀安装位置和方向应正确,阀门启闭应灵活。

6)中水供水系统的溢流管、泄水管均应采取间接排水方式排出,溢流管应设隔网。

7)中水供水管道应考虑排空的可能性,以便维修。

(3)为确保中水系统的安全,试压验收要求不应低于生活饮用给水管道。

(4)原水处理设备安装后,应经试运行检测中水水质符合国家标准后,方可办理验收手续。

2. 中水处理站质量控制

(1)中水处理站应设置在与所收集污水的建筑物的建筑群和中水回用地点便于连接之处,并符合建筑总体规划要求。如为单栋建筑物的中水工程,可以设置在地下室或建筑物附近。

(2)建筑群的中水工程处理站应靠近主要集水和用水点,并应注意建筑隐蔽、隔离和环境美化。有单独的进、出口和道路,便于进、出设备及排除污物。

(3)中水处理站的面积按处理工艺需要确定,并预留发展位置。

(4)处理站除有设置处理设备的房间外,还应有值班室、化验室、贮藏室、维修间及必要的生活设施等附属房间。

(5)处理间应考虑处理设备的运输、安装和维修要求。设备之间的间距不应小于 0.6m,主要通道不小于 1.0m,顶部有人孔的建筑物及设备距顶板不小于 0.6m。

(6)处理工艺中采用的化学药剂、消毒剂等可能产生直接及二次污染,必须妥善采取必要的安全防护措施。

(7)处理间必须设有必要的通风换气设施及能够保障处理工艺要求的供暖、照明及给排水设施。

(8)中水处理站如在主体建筑内,应和主体建筑同时设计,同时施工,同时投入使用。

(9)必须具备处理站所产生的污染、废渣及有害废水、废物的处理设施,不允许随意堆放,污染环境。

关键细节 61　中水处理站的隔音降噪及防臭措施

(1)中水处理站设置在建筑内部地下室时,必须与主体建筑及相邻房间严密隔开并做建筑隔音处理以防空气传声,所有转动设备其基座均应采取减振处理,用橡胶垫、弹簧或软木基础隔开,所有连接振动设备的管道均应做减振接头和吊架,以防固体传声。

(2)中水处理的防臭技术措施。中水处理中散出的臭气必须妥善处理,以防对环境造成危害。首先尽量选择产生臭气较少的工艺以及处理设备封闭性较好的设备,或对产生臭气的设备加盖加罩使其尽少逸散出臭气。对不可避免散出的臭气和集中排出的臭气应采取防臭措施。土壤除臭法的土层应采用松散透气性好的耕土,层厚500mm,向上通气流速为5mm/s,上面可植草皮。土壤除臭法比起其他除臭法维护管理方便,运转费用低,除臭效果好。其缺点是用地面积大,但如能与植草绿化,美化环境相结合,即可变害为利。

关键细节62 建筑中水系统管道及辅助设备安装主控项目的质检要求

建筑中水系统管道及辅助设备安装主控项目的质检要求见表1-76。

表1-76 建筑中水系统管道及辅助设备安装主控项目的质检要求

序号	分项	质检要点
1	高水位水箱	中水高位水箱应与生活高位水箱分设在不同的房间内,如条件不允许只能设在同一房间时,与生活高位水箱的净距离应大于2m。 检查数量:全数检查。 检验方法:观察和尺量检查
2	中水给水管道	中水给水管道不得装设取水水嘴。便器冲洗宜采用密闭型设备和器具。绿化、浇洒、汽车冲洗宜采用壁式或地下式的给水栓。 检查数量:全数检查。 检验方法:观察检查
3	中水供水管道严禁与饮用水管道连接	中水供水管道严禁与生活饮用水给水管道连接,并应采取下列措施: (1)中水管道外壁应涂浅绿色标志。 (2)中水池(箱)、阀门、水表及给水栓均应有"中水"标志。 检查数量:全数检查。 检验方法:观察检查
4	中水管道上应有不会脱落的标志	中水管道不宜暗装于墙体和楼板内。如必须暗装于墙槽内时,必须在管道上设有明显且不会脱落的标志。 检查数量:全数检查。 检验方法:观察检查

关键细节63 建筑中水系统管道及辅助设备安装一般项目的质检要求

建筑中水系统管道及辅助设备安装一般项目的质检要求见表1-77。

表 1-77　　建筑中水系统管道及辅助设备安装一般项目的质检要求

序号	分项	质检要点
1	中水给水管管材	中水给水管道管材及配件应采用耐腐蚀的给水管管材及附件。 检查数量:全数检查。 检验方法:观察检查
2	中水管道与其他管道的间距	中水管道与生活饮用水管道、排水管道平行埋设时,其水平净距离不得小于 0.5m;交叉埋设时,中水管道应位于生活饮用水管道下面,排水管道的上面,其净距离不应小于 0.15m。 检查数量:全数检查。 检验方法:观察和尺量检查

二、游泳池水系统安装

1. 游泳池水系统安装质量控制

(1)游泳池水系统包括给水系统、排水系统及附属装置,另外还有跳水制波系统。游泳池给水系统分直流式给水系统、直流净化给水系统和循环净化给水系统三种。一般应采用循环净化给水系统。

(2)循环净化给水系统包括充水管、补水管、循环水管和循环水泵、预净化装置(毛发聚集器)、净化加药装置、过滤装置(压力式过滤器等)、压力式过滤器反冲洗装置、消毒装置、水加热系统等。

(3)游泳池水系统的安装须严格按照设计要求进行。

(4)循环水系统的管道,一般应采用给水铸铁管。如采用钢管,管内壁应采取符合饮用水要求的防腐措施。

(5)循环水管道宜敷设在沿游泳池周边设置的管廊或管沟内。如埋地敷设,应采取防腐措施。

(6)游泳池地面,应采取有效措施防止冲洗排水流入池内。冲洗排水管(沟)接入雨污水管系统时,应设置防止雨、污水回流污染的措施。

(7)重力泄水排入排水管道时,应设置防止雨、污水回流污染的措施。

(8)采用机械方法泄水时,宜用循环水泵兼作提升泵,并利用过滤设备使冲洗排水管兼作泄水排水管。

(9)游泳池的给水口、回水口、泄水口、溢流槽、格栅等安装时其外表面应与池壁或池底面相平。

2. 循环管道的布置质量控制

(1)游泳池供水管道的布置,一般采用图 1-10 的布置方式,即 $v_1 = v_2 = v_3 = v_4$,以保证池水循环和保证水质。

(2)循环管道宜采用沿游泳池四周设置管沟的敷设方式,对于设有加热设备的游泳池更有实用意义,既便于施工安装,也便于维修管理。但循环回水管设在游泳池底的部分,只能埋地敷设。

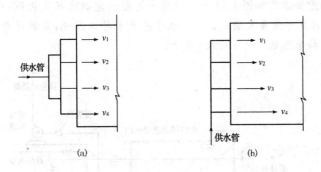

图 1-10　游泳池供回水管道布置图

(a)各管道长度相等;(b)各管道长短不一

(3)管材的选用,一般都采用给水铸铁管,只有极少数游泳池采用钢管。据调查,钢管锈蚀较为严重,当游泳池停止一段时间再开放时,则池水呈红黄色状态,需经循环过滤 4h 左右,池水才能满足游泳要求。当然也有些游泳池未出现这种现象,这可能与各地自来水水质有关,原因尚待试验研究。故有人建议全采用镀锌钢管,但其造价较高。至于聚氯乙烯塑料管,若游泳池循环水系统的压力不超过 0.2MPa(2kg/cm²),也可以试用。

(4)管径的确定,管道的水力计算与一般给水相同,管道流速取 1.0~1.5m/s,有利于降低经常运转的耗电量。对于热水游泳池,其循环水管应设保温措施,以减少热损失。保温材料及做法可因地制宜,采用有关轻质材料的保温管壳。

关键细节 64　循环系统附属装置的安装要求

(1)给水口(进水口)的位置宜设在泳道浮标线的端头,为避免与泳道端头的电动计时计分的触板发生矛盾,给水口的间距一般不超过 6m。给水口淹没在水中的深度为 0.3~0.5m。给水口的流速一般宜取 1.0~2.0m/s。给水口的截面面积应不小于管道截面面积的两倍。由于建筑装饰的要求,给水口都做成有孔管盖板,形状为矩形或圆形。材料一般采用大理石,也可用铜板制成。

(2)便于游泳池的排污,吸水口一般做成长条形的铸铁格栅或铸铜格栅,其格栅的空洞不大于 20mm。格栅有效面积的流速不应大于 0.5m/s。

(3)溢水口一般设在游泳池溢水槽内,每隔 3m 设一个,可用 50mm 的排水地漏代替,也有采用铸铜制作的。但连接溢水口的溢水管不应设存水弯,以免堵塞管道。关于溢水的处理有两种方式,一种是将溢水接入室外雨水管道内予以排放,另一种是将溢水管与循环回水管相接,使其溢水经过过滤、消毒后再重新使用,以节省补充水及热量。

(4)捕发器(用卧式直通除污器代替)安装在循环水泵的吸水管上,并联安装两个,一用一备交替使用。

(5)补给水池(均衡池)的设置是为了保证各游泳池的水位一致,不断向池内补充新鲜水,并防止游泳池水倒灌到城市自来水管网或室外管网,使补充水量能自行调节。

补给水池应考虑一定的沉泥部分,据有关资料介绍,深度不小于 300mm,游泳池水面高出补给水池水面的高度,按回水管的水头损失计算确定,一般可采用 100～200mm,补给水池与游泳池的连接方式如图 1-11 所示。关于补给水池的容积尚无统一规定,可按循环水泵 3～5min 的循环水流量来确定。补给水管接至补给水水池,并装浮球阀门,浮球阀门的阀口应高出补给水池的水面 100mm 以上。

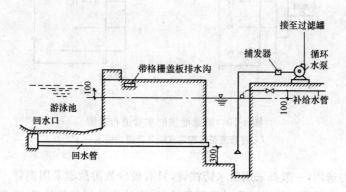

图 1-11　补给水池与游泳池连接方式

关键细节 65　游泳池水系统安装主控项目的质检要求

游泳池水系统安装主控项目的质检要求见表 1-78。

表 1-78　　　　　　　　　　游泳池水系统安装主控项目的质检要求

序号	分项	质检要点
1	给水口、回水口、溢流口	游泳池的给水口、回水口、泄水口应采用耐腐蚀的铜、不锈钢、塑料等材料制造。溢流槽、格栅应为耐腐蚀材料制造,并为组装型。安装时其外表面应与池壁或池底面相平。 检查数量:全数检查。 检验方法:观察检查
2	毛发聚集器	游泳池的毛发聚集器应采用铜或不锈钢等耐腐蚀材料制造,过滤筒(网)的孔径不应大于 3mm,其面积应为连接管截面面积的 1.5～2 倍。 检查数量:全数检查。 检验方法:观察和尺量计算方法
3	游泳池地面	游泳池地面,应采取有效措施防止冲洗排水流入池内。 检查数量:全数检查。 检验方法:观察检查

关键细节 66　游泳池水系统安装一般项目的质检要求

游泳池水系统安装一般项目的质检要求见表 1-79。

表 1-79 游泳池水系统安装一般项目的质检要求

序号	分项	质检要点
1	溶解池、溶液池	游泳池循环水系统加药(混凝剂)的药品溶解池、溶液池及定量投加设备应采用耐腐蚀材料制作。输送溶液的管道应采用塑料管、胶管或铜管。 检查数量:全数检查。 检验方法:观察检查。
2	游泳池管道的耐腐	游泳池的浸脚、浸腰消毒池的给水管、投药管、溢流管、循环管和泄空管应采用耐腐蚀材料制成。 检查数量:全数检查。 检验方法:观察检查。

第十一节　供热锅炉及辅助设备安装

一、供热锅炉安装

1. 整装锅炉的安装质量控制

(1)安装准备。

1)锅炉厂应提供供货清单及文件清单。供货清单应包括附件、备件名称、数量、型号及编号,以备验收清点。文件清单应有设计图纸、锅炉强度计算书、产品合格证、安装使用说明书及质量技术监督部门的检验证明。

2)锅炉及附属设备外观应完好,炉墙、炉拱无裂纹或脱落,受压部件无变形,焊缝无缺陷,否则不能验收。

3)计量仪表压力计、温度计、安全阀等附件应有出厂合格证,其精度应符合要求,校验应在有效期内,否则不能安装。

4)锅炉材料的免检条件。

(2)基础验收和画线。锅炉基础一般由土建工种完成。锅炉就位前应核验锅炉基础的尺寸及位置。

1)锅炉安装前,应划出锅炉纵向和横向安装基准线和标高基准点。

2)锅炉纵向和横向基准线应相互垂直,条形基础上两中心线应相互平行。

3)设备基础一般为混凝土结构,应待混凝土强度到达 75% 以上时,方可吊装设备。

(3)锅炉就位。

1)起吊设备时,应将绳索固定在吊装环上,且应保持设备的端正、平稳,各股绳索受力应均匀,设备吊装应缓慢均匀。

2)锅炉就位时,应算出应垫垫板的厚度和组数,并将各垫板放置稳固。

3)起落锅炉时,必须有专人统一指挥,并做好协调工作。

4)锅炉找平、找正:

①锅炉中心线应与基础上的基准中心线相重叠。

②锅炉前墙面的垂直投影应与基础横向基准线重叠。

③对纵锅筒形锅炉,炉前锅筒可略高于炉后,以利排污。

④多台锅炉并列安装时,应使锅炉前墙处在同一垂直面上。

2. 散装锅炉安装质量控制

(1)锅炉基础的验收与画线。

1)锅炉基础应根据设计或锅炉厂提供的基础图进行施工,其强度及定位尺寸应满足设计要求,基础表面应平整、标高应准确。

2)锅炉定线。定好锅炉基础的纵向中心线、锅炉两前立柱的横向基准线,以上面两基准线为准找出各立柱的中心点,然后再由已定的基准点确定标高。

3)以上工序完成后,应做好验收记录。

(2)锅炉钢架安装。

1)钢架起吊就位:钢架起吊时应缓慢,起吊前应在立柱上挂好找正用的绳索,以便在起吊和就位时,调整钢架的位置,直到立柱的中心线与相应的基础中心线重合。依钢架的安装顺序应先吊立柱,待立柱就位后立即将其拉紧固定,并安装横梁,使其成为一个组合体。

2)钢架调整:锅炉钢架组成后,应调整立柱的位置和标高及垂直度。

3)钢架的焊接与固定。

关键细节 67　锅炉钢架的焊接要点

(1)焊接工人必须持有有效的焊工合格证书,且应按焊接工艺指导书进行焊接。

(2)对 T 形接头或角接焊接接头应进行焊接工艺评定。焊接工艺评定所用设备、仪器、仪表及参数调节部件应在有效使用期内;焊接工艺评定所用材质、焊接材料、接头形式及施焊方法应符合施工现场情况。

(3)焊接材料的选用应根据焊接母材的机械性能和化学成分选择。

(3)锅炉集箱和受热面管的安装。

(4)链条炉排安装。

关键细节 68　锅炉安装主控项目的质检要求

锅炉安装主控项目的质检要求见表 1-80。

表 1-80　　　　　　　　　　　锅炉安装主控项目的质检要求

序号	分项	质检要点
1	锅炉基础	锅炉设备基础的混凝土强度必须达到设计要求,基础的坐标、标高、几何尺寸和螺栓孔位置应符合表 1-81 的规定。 检查数量:全数检查。 检验方法:见表 1-81
2	非承压锅炉	非承压锅炉,应严格按设计或产品说明书的要求施工。锅筒顶部必须敞口或装设大气连通管,连通管上不得安装阀门。 检查数量:全数检查。 检验方法:对照设计图纸或产品说明书检查

（续）

序号	分项	质检要点
3	天然气锅炉	以天然气为燃料的锅炉的天然气释放管或大气排放管不得直接通向大气,应通向贮存或处理装置。 检查数量:全数检查。 检验方法:对照设计图纸检查
4	燃油锅炉	两台或两台以上燃油锅炉共用一个烟囱时,每一台锅炉的烟道上均应配备风阀或挡板装置,并应具有操作调节和闭锁功能。 检查数量:全数检查。 检验方法:观察和手扳检查
5	锅炉的锅筒	锅炉的锅筒和水冷壁的下集箱及后棚管的后集箱的最低处排污阀及排污管道不得采用螺纹连接。 检查数量:全数检查。 检验方法:观察检查
6	水压试验	锅炉的汽、水系统安装完毕后,必须进行水压试验。水压试验的压力应符合表 1-82 的规定。 检查数量:全数检查。 检验方法:(1)在试验压力下 10min 内压力降不超过 0.02MPa;然后降至工作压力进行检查,压力不降,不渗不漏。 (2)观察检查,不得有残余变形,受压元件金属壁和焊缝上不得有水珠和水雾
7	冷状态试运转	机械炉排安装完毕后应做冷态运转试验,连续运转时间不应少于 8h。 检查数量:全数检查。 检验方法:观察运转试验全过程
8	焊接	锅炉本体管道及管件焊接的焊缝质量应符合下列规定: (1)焊缝表面质量应符合表 1-73 项次 5 的规定。 (2)管道焊口尺寸的允许偏差应符合表 1-28 的规定。 (3)无损探伤的检测结果应符合锅炉本体设计的相关要求。 检查数量:全数检查。 检验方法:观察和检验无损探伤检测报告

表 1-81　　　　　　锅炉及辅助设备基础的允许偏差和检验方法

项次	项　　目	允许偏差/mm	检验方法
1	基础坐标位置	20	经纬仪、拉线和尺量
2	基础各不同平面的标高	0,−20	水准仪、拉线尺量
3	基础平面外形尺寸	20	
4	凸台上平面尺寸	0,−20	尺量检查
5	凹穴尺寸	+20,0	

（续）

项次	项　　　目		允许偏差/mm	检验方法
6	基础上平面水平度	每米	5	水平仪（水平尺）和楔形塞尺检查
		全长	10	
7	竖向偏差	每米	5	经纬仪或吊线和尺量
		全高	10	
8	预埋地脚螺栓	标高（顶端）	+20,0	水准仪、拉线和尺量
		中心距（根部）	2	
9	预留地脚螺栓孔	中心位置	10	尺量
		深度	−20,0	
		孔壁垂直度	10	吊线和尺量
10	预埋活动地脚螺栓锚板	中心位置	5	拉线和尺量
		标高	+20,0	
		水平度（带槽锚板）	5	水平尺和楔形塞尺检查
		水平度（带螺纹孔锚板）	2	

注：本表摘自《建筑给水排水及采暖工程施工质量验收规范》(GB 50242—2002)。

表 1-82　　　　　　　　　　　　水压试验压力规定

项　次	设备名称	工作压力 P/MPa	试验压力/MPa
1	锅炉本体	$P<0.59$	$1.5P$ 但不小于 0.2
		$0.59 \leqslant P \leqslant 1.18$	$P+0.3$
		$P>1.18$	$1.25P$
2	可分式省煤器	P	$1.25P+0.5$
3	非承压锅炉	大气压力	0.2

注：1. 工作压力 P 对蒸汽锅炉指锅筒工作压力，对热水锅炉指锅炉额定出水压力。

2. 铸铁锅炉水压试验同热水锅炉。

3. 非承压锅炉水压试验压力为 0.2MPa，试验期间压力应保持不变。

4. 本表摘自《建筑给水排水及采暖工程施工质量验收规范》(GB 50242—2002)。

关键细节 69　锅炉安装一般项目的质检要求

锅炉安装一般项目的质检要求见表 1-83。

表 1-83　　　　　　　　　　锅炉安装一般项目的质检要求

序号	分项	质检要点
1	锅炉安装的允许偏差	锅炉安装的坐标、标高、中心线和垂直度的允许偏差应符合表 1-84 的规定。 检查数量：逐台检查。 检验方法：见表 1-84

（续）

序号	分项	质检要点
2	组装链条炉排	组装链条炉排安装的允许偏差应符合表 1-85 的规定。 检查数量：逐台检查。 检验方法：见表 1-85
3	往复炉排	往复炉排安装的允许偏差应符合表 1-86 的规定。 检查数量：逐台检查。 检验方法：见表 1-86
4	铸铁省煤器的肋片	铸铁省煤器支承架安装的允许偏差应符合表 1-87 的规定。 检查数量：每台检查不少于 5 处。 检验方法：见表 1-87
5	锅炉本体安装	锅炉本体安装应按设计或产品说明书要求布置坡度并坡向排污阀。 检查数量：逐台检查。 检验方法：用水平尺或水准仪检查
6	底座与基础之间封堵严密	锅炉由炉底送风的风室及锅炉底座与基础之间必须封堵严密。 检查数量：逐台检查。 检验方法：观察检查
7	安装阀门	省煤器的出口处（或入口处）应按设计或锅炉图纸要求安装阀门和管道。 检查数量：逐台检查。 检验方法：对照设计图纸检查
8	电动调节阀门	电动调节阀门的调节机构与电动执行机构的转臂应在同一平面内动作，传动部分应灵活、无空行程及卡阻现象，其行程及伺服时间应满足使用要求。 检查数量：逐台检查。 检验方法：操作时观察检查

表 1-84　　　　　　　　　锅炉安装的允许偏差和检验方法

项次	项　目		允许偏差/mm	检验方法
1	坐　标		10	经纬仪、拉线和尺量
2	标　高		±5	水准仪、拉线和尺量
3	中心线垂直度	卧式锅炉炉体全高	3	吊线和尺量
		立式锅炉炉体全高	4	吊线和尺量

注：本表摘自《建筑给水排水及采暖工程施工质量验收规范》（GB 50242—2002）。

表 1-85　　　　　　　组装链条炉排安装的允许偏差和检验方法

项次	项　目	允许偏差/mm	检验方法
1	炉排中心位置	2	经纬仪、拉线和尺量
2	墙板的标高	±5	水准仪、拉线和尺量

（续）

项次	项　　目		允许偏差/mm	检验方法
3	墙板的垂直度,全高		3	吊线和尺量
4	墙板间两对角线的长度之差		5	钢丝线和尺量
5	墙板框的纵向位置		5	经纬仪、拉线和尺量
6	墙板顶面的纵向水平度		长度 1/1000,且≤5	拉线、水平尺和尺量
7	墙板间的距离	跨距≤2m	+3 0	钢丝线和尺量
		跨距>2m	+5 0	
8	两墙板的顶面在同一水平面上相对高差		5	水准仪、吊线和尺量
9	前轴、后轴的水平度		长度 1/1000	拉线、水平尺和尺量
10	前轴和后轴和轴心线相对标高差		5	水准仪、吊线和尺量
11	各轨道在同一水平面上的相对高差		5	水准仪、吊线和尺量
12	相邻两轨道间的距离		±2	钢丝线和尺量

注:本表摘自《建筑给水排水及采暖工程施工质量验收规范》(GB 50242—2002)。

表 1-86　　　　　　　　往复炉排安装的允许偏差和检验方法

项次	项　　目		允许偏差/mm	检验方法
1	两侧板的相对标高		3	水准仪、吊线和尺量
2	两侧板间距离	跨距≤2m	+3 0	钢丝线和尺量
		跨距>2m	+4 0	

注:本表摘自《建筑给水排水及采暖工程施工质量验收规范》(GB 50242—2002)。

表 1-87　　　　　　铸铁省煤器支承架安装的允许偏差和检验方法

项次	项　　目	允许偏差/mm	检验方法
1	支承架的位置	3	经纬仪、拉线和尺量
2	支承架的标高	0 -5	水准仪、吊线和尺量
3	支承架的纵、横向水平度(每米)	1	水平尺和塞尺检查

注:本表摘自《建筑给水排水及采暖工程施工质量验收规范》(GB 50242—2002)。

二、辅助设备及管道安装

1. 锅炉房管道安装质量控制

(1)锅炉汽、水管道不宜采用无直管段弯头,否则,无直管段弯头与管道对接焊缝应做100%射线探伤并且合格。

(2)锅炉房管道及其配件重量不应承受在与其连接的设备上。

(3)管道安装:架空管道宜在地面上组合成符合设计要求的组合管段,然后将各组合管段架设于已按设计要求敷设的管支、吊架上,最后将组合管段连接。

2. 蒸汽锅炉的配管和阀门安装质量控制

(1)主汽阀应装在靠近锅筒的出口处,立式锅壳式锅炉的主汽阀可装在锅炉房内便于操作的地方;锅炉与蒸汽母管连接的每根蒸汽管上,应装设两个切断阀,切断阀门之间应设紧急泄放管和阀门,其内径不得小于 18mm。

(2)给水切断阀门应装在锅筒(壳)和给水止回阀之间,且应与给水止回阀直接串联。

(3)额定蒸发量大于 4t/h 的锅炉,应设自动补水调节器,并在锅炉工便于操作的地点装设手动控制给水装置。

(4)额定蒸发量大于或等于 1t/h 的锅炉应有炉水取样装置,且取样点的位置应保证取出的介质具有代表性。

(5)额定蒸发量大于或等于 1t/h,及额定蒸汽压力大于或等于 0.7MPa 的锅炉,排污管应装两个串联的排污阀。排污阀宜采用旋塞阀或斜直流式截止阀 排污管应接到锅炉房安全地点,锅炉排污管、排污阀不应采用螺纹连接。

3. 热水锅炉的配管和阀门安装质量控制

(1)每台锅炉出水管上应装截止阀或闸阀。

(2)锅炉给水、补水管上应装设截止阀和止回阀。

(3)锅炉房内每一回路的最高处以及锅筒最高处或出水管上,都应装设内径不小于20mm 的排气阀。

(4)在强制循环系统的锅炉锅筒的最高处或出水管上,应装设内径不小于 25mm 的紧急泄放管。

(5)热水锅炉应装设超温报警阀。

关键细节70　辅助设备及管道安装主控项目的质检要求

辅助设备及管道安装主控项目的质检要求见表 1-88。

表 1-88　　　　　　　　辅助设备及管道安装主控项目的质检要求

序号	分项	质检要点
1	辅助设备基础	辅助设备基础的混凝土强度必须达到设计要求,基础的坐标、标高、几何尺寸和螺栓孔位置必须符合表 1-89 的规定。 检查数量:全数检查。 检验方法:见表 1-89

（续）

序号	分项	质检要点
2	风机试运转	风机试运转,轴承温升应符合下列规定: (1)滑动轴承温度最高不得超过 60℃。 (2)滚动轴承温度最高不得超过 80℃。 轴承径向单振幅应符合下列规定: (1)风机转速小于 1000r/min 时,不应超过 0.10mm。 (2)风机转速为 1000～1450r/min 时,不应超过 0.08mm。 检查数量:逐台检查。 检验方法:用温度计检查,用测振仪表检查
3	水压试验	分汽缸(分水器、集水器)安装前应进行水压试验,试验压力为工作压力的 1.5 倍,但不得小于 0.6MPa。 检查数量:全数检查。 检验方法:试验压力下 10min 内无压降、无渗漏
4	满水试验	敞口箱、罐安装前应做满水试验;密闭箱、罐应以工作压力的 1.5 倍做水压试验,但不得小于 0.4MPa。 检查数量:全数检查。 检验方法:满水试验在满水后静置 24h 不渗不漏;水压试验在试验压力下 10min 内无压降,不渗不漏
5	气密性试验	地下直埋油罐在埋地前应做气密性试验,试验压力降不应小于 0.03MPa。 检查数量:全数检查。 检验方法:在试验压力下观察 30min,不渗不漏,无压降
6	系统水压试验	连接锅炉及辅助设备的工艺管道安装完毕后,必须进行系统的水压试验,试验压力为系统中最大工作压力的 1.5 倍。 检查数量:全数检查。 检验方法:在实验压力 10min 内压力降不超过 0.05MPa,然后降至工作压力进行检查,不渗不漏
7	操作通道的净距	各种设备的主要操作通道的净距在设计不明确时不应小于 1.5m,辅助的操作通道净距不应小于 0.8m。 检查数量:全数检查。 检验方法:尺量检查
8	管道法兰连接	管道连接的法兰、焊缝和连接管件以及管道上的仪表、阀门的安装位置应便于检修,并不得紧贴墙壁、楼板或管架。 检查数量:全数检查。 检验方法:观察检查
9	焊接	管道焊接质量应符合《建筑给水排水及采暖工程施工质量验收规范》(GB 50242—2002)第 11.2.10 条的要求和表 5.3.8 的规定

表 1-89　　　　　　　锅炉辅助设备安装的允许偏差和检验方法

项次	项目		允许偏差/mm	检验方法
1	送、引风机	坐标	10	经纬仪、拉线和尺量
		标高	±5	水准仪、拉线和尺量
2	各种静置设备（各种容器、箱、罐等）	坐标	15	经纬仪、拉线和尺量
		标高	±5	水准仪、拉线和尺量
		垂直度（每米）	2	吊线和尺量
3	离心式水泵	泵体水平度（每米）	0.1	水平尺和塞尺检查
		联轴器同心度　轴向倾斜（每米）	0.8	水准仪、百分表（测微螺钉）和塞尺检查
		联轴器同心度　径向位移	0.1	

注：本表摘自《建筑给水排水及采暖工程施工质量验收规范》(GB 50242—2002)。

关键细节 71　辅助设备及管道安装一般项目的质检要求

辅助设备及管道安装一般项目的质检要求见表 1-90。

表 1-90　　　　　　　辅助设备及管道安装一般项目的质检要求

序号	分项	质检要点
1	辅助设备安装的允许偏差	锅炉辅助设备安装的允许偏差应符合表 1-91 的规定。 检查数量：逐台检查。 检验方法：见表 1-91
2	工艺管道安装的允许偏差	连接锅炉及辅助设备的工艺管道安装的允许偏差应符合表 1-93 的规定。 检查数量：全数检查。 检验方法：见表 1-93
3	单斗式提升机	单斗式提升机安装应符合下列规定： (1)导轨的间距偏差不大于 2mm。 (2)垂直式导轨的垂直度偏差不大于 0.1%；倾斜式导轨的倾斜度偏差不大于 0.2%。 (3)料斗的吊点与料斗垂心在同一垂线上，重合度偏差不大于 10mm。 (4)行程开关位置应准确，料斗运行平稳，翻转灵活。 检查数量：逐台检查。 检验方法：吊线坠、拉线及尺量检查
4	送、引风机	安装锅炉送、引风机，转动应灵活无卡碰等现象；送、引风机的传动部位，应设置安全防护装置。 检查数量：逐台检查。 检验方法：观察和启动检查
5	水泵安装的外观	水泵安装的外观质量检查：泵壳不应有裂纹、砂眼及凹凸不平等缺陷；多级泵的平衡管路应无损伤或折陷现象；蒸汽往复泵的主要部件、活塞及活动轴必须灵活。 检查数量：逐台检查。 检验方法：观察和启动检查

（续）

序号	分项	质检要点
6	手摇泵	手摇泵应垂直安装。如设计对安装高度无要求，泵中心距地面为 800mm。 检查数量：逐台检查。 检验方法：吊线和尺量检查
7	水泵试运转	水泵试运转、叶轮与泵壳不应相碰，进、出口部位的阀门应灵活。轴承温升应符合产品说明书的要求。 检查数量：逐台检查。 检验方法：通电、操作和测温检查
8	注水器安装	注水器安装高度，如设计无要求，中心距地面为 1.0～1.2m。 检查数量：逐台检查。 检验方法：尺量检查
9	除尘器安装	除尘器安装应平稳牢固，位置和进、出口方向应正确。烟管与引风机连接时应采用软接头，不得将烟管重量压在风机上。 检查数量：逐台检查。 检验方法：观察检查
10	除氧器	热力除氧器和真空除氧器的排气管应通向室外，直接排入大气。 检查数量：逐台检查。 检验方法：观察检查
11	软化水设备罐体	软化水设备罐体的视镜应布置在便于观察的方向。树脂装填的高度应按设备说明书要求进行。 检查数量：逐台检查。 检验方法：对照说明书，观察检查
12	保温层	管道及设备保温层的厚度和平整度的允许偏差应符合《建筑给水排水及采暖工程施工质量验收规范》(GB 50242—2002)表 4.4.8 的规定。 检查数量：逐台检查
13	清除	在涂刷油漆前，必须清除管道及设备表面的灰尘、污垢、锈斑、焊渣等物。涂漆的厚度应均匀，不得有脱皮、起泡、流淌和漏涂等缺陷。 检查数量：逐台检查。 检验方法：现场检查观察

表 1-91　　　　　　　　　　工艺管道安装的允许偏差和检验方法

项次	项　目		允许偏差/mm	检验方法
1	坐标	架空	15	水准仪、拉线和尺量
		地沟	10	
2	标高	架空	±15	水准仪、拉线和尺量
		地沟	±10	

（续）

项次	项　　　目		允许偏差/mm	检验方法
3	水平管道纵、横方向弯曲	$DN>100mm$	2‰,最大50	直尺和拉线检查
		$DN>100mm$	3‰,最大70	
4	立管垂直		2‰,最大15	吊线和尺量
5	成排管道间距		3	直尺尺量
6	交叉管的外壁或绝热层间距		10	

注:本表摘自《建筑给水排水及采暖工程施工质量验收规范》(GB 50242—2002)。

三、安全附件安装

1. 水位计及水位警报器的安装质量控制

对蒸汽锅炉来说水位计是安全运行的重要安全部件,通常与锅炉配套供给。

(1)双色水位计。双色水位计分反射式和透射式两种,安装时应调整蒸汽段为红色,水段为绿色,满水全绿、满汽全红的状态。

(2)双浮桶高低水位警报器。警报器的双桶内分别有高、低水位浮子,利用浮子的升降给出信号,以控制气阀的开关,使气笛报警。安装高低水位警报器的锅炉,应做好水质控制,以防影响警报器的准确报警。

(3)水位计的安装。

关键细节72　水位计的安装要求

(1)每台蒸汽锅炉应安装两个彼此独立的水位计。

(2)水位计应明显标出最高、最低安全水位。

(3)水位计应装有放水旋塞和接到安全地点的放水管。

(4)水位计和锅炉连接的连通管内径不得小于18mm,且汽、水连通管上应装设阀门,在锅炉运行时,阀门必须常开。

2. 压力计的安装质量控制

(1)压力计的设置。

1)热水锅炉:每台锅炉的进水阀出口和出水阀入口,循环水泵的进水和出水管上,都应安装压力计。

2)蒸汽锅炉:除锅炉配套供应的与锅筒蒸汽空间直接相连的压力计外,还应在给水调节阀前装设。其余辅助设备还应视具体情况设置。

(2)压力计的选用。

1)压力计的精度不应低于2.5级。

2)压力计的量程最好为工作压力的2倍。

3)压力计表盘的直径不应小于 $\phi100$。

4)每台锅炉应有一只具备超压报警功能。

5)压力计安装前应经国家技术监督检察部门批准的机构进行校验。

(3)压力计的安装。

关键细节 73　压力计的安装要求

（1）压力计应装在便于观察、冲洗和介质呈平流的管段上，并尽量避免受到高温、冰冻和震动。

（2）压力计前应装设缓冲弯管，采用钢管时，其内径不应小于 10mm，且压力计和弯管间应装设三通旋塞。

（3）压力计在表盘处应用红线标出工作压力点。

3. 测温仪的安装质量控制

（1）安装部位：热水锅炉进、出水口，燃油燃气锅炉的排烟口及蒸汽锅炉辅助设备的进出口等温度变化灵敏和具有代表性的地方。

（2）测温仪的选用：电接点压力计式温度计，其量程应为工作压力的 1.5～2.0 倍，其外接线路的补偿电阻应符合仪表的规定值。在热水锅炉安装中，测温仪常用作超温报警装置。

（3）温度计插座的材料应与主管道相同。

（4）温度计的安装，在工艺管道上应保持测温元件的中心线与管道轴向中心线相交，且夹角不应小于 90°。

4. 安全阀的安装

（1）安全阀的设置。

1）额定功率大于 1.4MW 的热水锅炉，至少应装两个安全阀；额定功率不大于 1.4MW 的热水锅炉，可装设一个安全阀。

2）蒸汽锅炉每台至少应装两个安全阀，在额定蒸发量不大于 0.5t/h 的锅炉和额定蒸发量小于 4t/h 且装有可靠的超压联锁保护装置的锅炉上，可只装一只安全阀。有辅机设备的锅炉，还应按《蒸汽锅炉安全技术监察规程》装设安全阀。

（2）安全阀的选用。

1）热水锅炉：对额定出口热水温度低于 100℃ 的锅炉，当额定热功率不大于 1.4MW 时，安全阀流通直径不应小于 20mm；当额定热功率大于 1.4MW 时，安全阀流通直径应不小于 32mm。对额定出口温度高于或等于 100℃ 的热水锅炉，装在锅炉上的安全阀数量及流通管道直径，应经计算确定，以满足所有安全阀开放后，锅炉内压力不超过设计压力的 1.1 倍。

2）蒸汽锅炉：

①安全阀应采用全启式弹簧安全阀、杠杆式安全阀等。选用的安全阀，应满足国家技术监督部门的要求。

②锅筒上安装的安全阀的总排量，必须大于锅炉额定蒸发量，且在安全阀开启后，锅筒内蒸汽压力不得超过锅炉额定压力的 1.1 倍。

③对额定蒸汽压力不大于 3.8MPa 的蒸汽锅炉，安全阀的流通直径不应小于 25mm。其计算公式按《蒸汽锅炉安全技术监察规程》的相关规定。

（3）安全阀的安装。

1）安全阀应逐个进行严密性试验，并经国家技术质量监督检验部门的校验，才能安装。

2）安全阀必须直立安装，并应装在锅筒集箱的最高位置。锅筒或集箱与安全阀之间不得装有取用热水的出口和阀门。

3）几个安全阀共同装置在一个与锅筒直接连接的短管上,短管的截面面积不应小于所有安全阀流通面积之和的 1.25 倍。

4）安全阀应装设排放管,排放管应有足够的流通截面面积,且应直接接到安全地点,排放管上不得装设阀门。

5）安全阀的调整:

①热水锅炉。安全阀起始压力为:较低的起始压力为 1.12 倍工作压力,但不小于工作压力加 0.07MPa;另一只的起始压力为 1.14 倍锅炉工作压力,但不小于工作压力加 0.10MPa。

②新安装的锅炉安全阀,都应校验其整定压力和回座压力,安全阀启闭压差一般应为整定压力的 4%～7%,最大不超过 10%;当整定压力小于 0.3MPa 时,最大启闭压差为 0.03MPa。

6）安全阀的锁定:

①弹簧式安全阀要有提升手把和防止随意调整螺钉的装置。

②杠杆式安全阀要有防止重锤自行移动的装置和限制杠杆越出的导架。

③静重式安全阀应有防止重片飞脱的装置。

7）安全阀的安装及调整校验,应有完整的记录资料。

关键细节 74　安全附件安装主控项目的质检要求

安全附件安装主控项目的质检要求见表 1-92。

表 1-92　　　　　　　　　安全附件安装主控项目的质检要求

序号	分项	质检要点
1	锅炉和省煤器安全阀	锅炉和省煤器安全阀的定压和调整应符合 1-93 的规定。锅炉上装有两个安全阀时,其中的一个按表中较高值定压,另一个按较低值定压。装有一个安全阀时,应按较低值定压。 　检查数量:全数检查。 　检验方法:检查定压合格证书
2	压力表	压力表的刻度极限值,应大于或等于工作压力的 1.5 倍,表盘直径不得小于100mm。 　检查数量:全数检查。 　检验方法:现场观察和尺量检查
3	水位表	安装水位表应符合下列规定: 　(1)水位表应有指示最高、最低安全水位的明显标志,玻璃板(管)的最低可见边缘应比最低安全水位低 25mm;最高可见边缘应比最高安全水位高 25mm。 　(2)玻璃管式水位表应有防护装置。 　(3)电接点式水位表的零点应与锅筒正常水位重合。 　(4)采用双色水位表时,每台锅炉只能设置一个,另一个须装设普通水位表。 　(5)水位表应有放水旋塞(或阀门)和接到安全地点的放水管。 　检查数量:全数检查。 　检验方法:现场观察和尺量检查

（续）

序号	分项	质检要点
4	报警器	锅炉的高、低水位报警器和超温、超压报警器及联锁保护装置必须按设计要求安装齐全并有效。 检查数量：全数检查。 检验方法：启动、联动试验并作好试验记录
5	蒸汽锅炉安全阀	蒸汽锅炉安全阀应安装通向室外的排气管。热水锅炉安全阀泄水管应接到安全地点。在排气管和泄水管上不得装设阀门。 检查数量：全数检查。 检验方法：观察检查

表 1-93　　　　　　　　　锅炉和省煤器安全阀定压规定

项　次	工作设备	安全阀开启压力/MPa
1	蒸汽锅炉	工作压力＋0.02MPa
		工作压力＋0.04MPa
2	热水锅炉	1.12 倍工作压力，但不少于工作压力＋0.07MPa
		1.14 倍工作压力，但不少于工作压力＋0.10MPa
3	省煤器	1.1 倍工作压力

注：本表摘自《建筑给水排水及采暖工程施工质量验收规范》(GB 50242—2002)。

关键细节 75　安全附件安装一般项目的质检要求

安全附件安装一般项目的质检要求见表 1-94。

表 1-94　　　　　　　　安全附件安装一般项目的质检要求

序号	分项	质检要点
1	压力表	安装压力表必须符合下列规定： (1)压力表必须安装在便于观察和吹洗的位置，并防止受高温、冰冻和振动的影响，同时要有足够的照明。 (2)压力表必须设有存水弯管。存水弯管采用钢管煨制时，内径不应小于10mm；采用铜管煨制时，内径不应小于 6mm。 (3)压力表与存水弯管之间应安装三通旋塞。 检查数量：全数检查。 检验方法：观察和尺量检查
2	测压仪	测压仪表取源部件在水平工艺管道上安装时，取压口的方位应符合下列规定： (1)测量液体压力的，在工艺管道的下半部与管道的水平中心线成0°～45°夹角范围内。 (2)测量蒸汽压力的，在工艺管道的上半部或下半部与管道水平中心线成0°～45°夹角范围内。 (3)测量气体压力的，在工艺管道的上半部。 检查数量：全数检查。 检验方法：观察和尺量检查

（续）

序号	分项	质检要点
3	温度计	安装温度计应符合下列规定： （1）安装在管道和设备上的套管温度计，底部应插入流动介质内，不得装在引出的管道上或死角处。 （2）压力式温度计的毛细管应固定好并有保护措施，其转弯处的弯曲半径不应小于 50mm，温包必须全部浸入介质内。 （3）热电偶温度计的保护套管应保证规定的插入深度。 检查数量：全数检查。 检验方法：观察和尺量检查
4	温度计与压力表	温度计与压力表在同一管道上安装时，按介质流动方向，温度计应在压力表下游处安装，如温度计需在压力表的上游安装，其间距不应小于 300mm。 检查数量：全数检查。 检验方法：观察和尺量检查

四、烘炉、煮炉和试运行

1. 烘炉质量控制

（1）烘炉应具备的条件。

1）锅炉整体安装完毕且验收合格。

2）锅炉附属设备已安装就绪，并经单机试运转，符合规范要求。

3）锅炉管道系统及仪表已安装完毕，并已调试。

4）打开与引风机并联的烟道旁通，使炉墙自然干燥。

5）备好烘炉用木柴及燃煤。

6）烘炉方案已编制完成，并对烘炉人员进行了技术交底。

7）冲洗锅炉并已注入合格的软化水至正常水位。

（2）烘炉。点燃木材使其在炉排前端中间燃烧，燃烧强度应由小到大，烟温应以锅炉烟气出口温度为控制标准；烘炉时应随时注意炉墙的变化并做记录。

1）重型炉墙第一天温升不宜高于 50℃，以后每天温升不宜高于 20℃，后期烟温不应高于 220℃。

2）砖砌轻型炉墙温升每天不应高于 80℃，后期烟温不应高于 160℃。

3）耐火浇注料炉墙，养护期满后方可烘炉，温升每小时不应高于 10℃，后期烟温不应高于 160℃，且在最高温度范围内的持续时间不应短于 24h。

2. 煮炉质量控制

（1）烘炉工序完成后，即可进行煮炉。

（2）煮炉所用药品及剂量宜按锅炉安装使用说明书执行。

（3）药品应配制成 20% 浓度的水溶液后再加入锅炉。配药人员应配发必要的劳保用品,加药时,应在锅炉低水位进行。

(4)煮炉时间宜为 2~3d,煮炉的最后 24h 宜使锅炉压力保持在额定工作压力的 75%,当在较低压力下煮炉时,时间应延长。

(5)煮炉时,应加强排污并定期从锅筒和下集箱取水样,进行水质分析,当炉水碱度低于 45mol/L 时,应补充加药。

(6)煮炉后期,炉水碱度及磷酸根不再有大的变化时,煮炉基本结束;煮炉结束后应用水清洗锅炉内部和曾与药液接触过的阀门,并清除沉积物,检查排污阀,应无堵塞现象。

(7)煮炉后,检查锅炉内部应无油污、金属表面应无锈斑。

(8)对热水锅炉,也可采用循环药液煮炉。

3. 试运行

(1)锅炉试运行时,炉水温度或压力宜缓慢上升,不宜上升过快。

(2)锅炉调试时,应满足设计参数要求,信号系统应灵敏,自控系统应准确无误。

(3)整装出厂锅炉,带负荷试运行 4~24h;散装锅炉带负荷试运行为 48h,以运行正常为合格。带负荷试运行由使用单位负责运行操作。

(4)锅炉试运行验收后,应办理甲、乙方交接手续。

关键细节 76 烘炉、煮炉和试运行主控项目的质检要求

烘炉、煮炉和试运行主控项目的质检要求见表 1-95。

表 1-95　　　　　　　　　　烘炉、煮炉和试运行主控项目的质检要求

序号	分项	质检要点
1	锅炉火焰烘炉	锅炉火焰烘炉应符合下列规定: (1)火焰应在炉膛中央燃烧,不应直接烧烤炉墙及炉拱。 (2)烘炉时间一般不少于 4d,升温应缓慢,后期烟温不应高于 160℃,且持续时间不应少于 24h。 (3)链条炉排在烘炉过程中应定期转动。 (4)烘炉的中、后期应根据锅炉水水质情况排污。 检验方法:计时测温、操作观察检查
2	烘炉结束后	烘炉结束后应符合下列规定: (1)炉墙经烘烤后没有变形、裂纹及塌落现象。 (2)炉墙砌筑砂浆含水率达到 7% 以下。 检验方法:测试及观察检查
3	连续试运转	锅炉在烘炉、煮炉合格后,应进行 48h 的带负荷连续试运行,同时应进行安全阀的热状态定压检验和调整。 检验方法:检查烘炉、煮炉及试运行全过程

🏠关键细节 77 烘炉、煮炉和试运行一般项目的质检要求

烘炉、煮炉和试运行一般项目的质检要求见表1-96。

表1-96 烘炉、煮炉和试运行一般项目的质检要求

分项	质检要点
煮炉	煮炉时间一般应为2~3d,如蒸汽压力较低,可适当延长煮炉时间。非砌筑或浇注保温材料保温的锅炉,安装后可直接进行煮炉。煮炉结束后,锅筒和集箱内壁应无油垢,擦去附着物后金属表面应无锈斑。 检验方法:打开锅筒和集箱检查孔检查

五、换热站安装

1. 热交换器安装质量控制

(1)热交换器安装前,先把座架安装在合格的基础或预埋铁件上。

(2)用水准仪或水平尺、线坠找正、找平、找垂直,同时核对标高和相对位置。然后拧紧地脚螺栓进行二次灌浆,或者将座架支腿焊在预埋铁件上,埋设或焊接都应牢固。

(3)吊起热交换器坐落在架上,找平找正,坐稳。核对进汽(水)口和出水口标高应符合设计规定。前封头与墙壁的距离,不小于蛇形管长度。

(4)安装连接件、管件、阀件。按要求安装、拧紧各法兰件。

(5)按设计图纸进行配管、配件,安装仪表。各种控制阀门应布置在便于操作和维修的部位。仪表安装位置应便于观察和更换。交换器蒸汽入口处应按要求装置减压装置。交换器上应装压力表和安全阀。回水入口应设置温度计,热水出口设温度计和放气阀。如果锅炉设有连续排污,可将排污水加到回水中补充到交换器和系统中。

(6)热交换器应以最大工作压力的1.5倍做水压试验。蒸汽部分应根据蒸汽入口压力加0.3MPa,装水部分应不小于0.4MPa。在试验压力下,保持5分钟压力不降为合格,试压合格后,应按设计要求保温。

2. 热交换站试运行

(1)试运行前的准备。

1)热交换站内设备及管道均已安装完毕;设备已进行过单机水压试验或试运行,并有经各有关方会签的试验或试运转记录;管道已按系统进行了水压试验和管道冲洗,并有水压试验记录和冲洗记录;水箱进行了灌水试验,并有记录。

2)热交换站内设备和管道上的仪表已安装齐全,仪表的检定资料已检查通过,仪表的初始值已经校对正确。

3)热交换站所需的给水、排水、热力、电力、通信外线系统已经形成,并经各种测试合格,其中电话已经开通,排水已经接通并允许排入,给水已经可以进入室内,电力外线已供电,照明系统已经试验可正常照明;热力一次管网已经开通到热力站的总阀;热力二次管

网有一个以上的系统环路准备好接受热力站供热。

4)编制详细的试运转方案,并报批。

(2)热交换站试运转的要求。

1)在二次热网有用热的条件时,进行连续 24h 运转;做出全部运行记录,包括热力站内所有温度、压力、流量、水泵转速及相关的电压、电流情况记录。

2)由建设、设计、安装单位共同对试运转的情况和各项记录进行分析,得出试运转合格的结论,以证明该热交换站建设合格,可以投入使用。

关键细节 78　换热站安装主控项目的质检要求

换热站安装主控项目的质检要求见表 1-97。

表 1-97　　　　　　　　　换热站安装主控项目的质检要求

序号	分项	质检要点
1	水压试验	热交换器应以最大工作压力的 1.5 倍做水压试验,蒸汽部分应不低于蒸汽供汽压力加 0.3MPa;热水部分应不低于 0.4MPa。 检查数量:全数检查。 检验方法:在试验压力下,保持 10min 压力不降
2	循环水泵与换热器	高温水系统中,循环水泵和换热器的相对安装位置应按设计文件施工。 检查数量:全数检查。 检验方法:对照设计图纸检查
3	热交换器	壳管式热交换器的安装,如设计无要求,其封头与墙壁或屋顶的距离不得小于换热管的长度。 检查数量:全数检查。 检验方法:观察和尺量检查

关键细节 79　换热站安装一般项目的质检要求

换热站安装一般项目的质检要求见表 1-98。

表 1-98　　　　　　　　　换热站安装一般项目的质检要求

序号	分项	质检要点
1	换热站内设备安装的允许偏差	换热站内设备安装的允许偏差应符合表 1-89 的规定。 检查数量:全数检查。 检验方法:见表 1-89
2	换热站内的循环泵	换热站内的循环泵、调节阀、减压器、疏水器、除污器、流量计等安装应符合《建筑给水排水及采暖工程施工质量验收规范》(GB 50242—2002)的相关规定。 检查数量:全数检查。 检验方法:观察检查

（续）

序号	分项	质检要点
3	换热站内的管道安装	换热站内管道安装的允许偏差应符合表1-91的规定。 检查数量：全数检查。 检验方法：见表1-91
4	管道设备保温	管道及设备保温层的厚度和平整度的允许偏差应符合表1-16的规定。 检查数量：全数检查。 检验方法：见表1-16

第二章 通风与空调工程施工质量检验

第一节 通风与空调工程概述

一、通风与空调工程的基本概念

1. 风管

风管是采用金属、非金属薄板或其他材料制作而成,用于空气流通的管道。

2. 风道

风道是采用混凝土、砖等建筑材料砌筑而成,用于空气流通的通道。

3. 通风工程

通风工程是送风、排风、除尘、气力输送以及防、排烟系统工程的统称。

4. 空调工程

空调工程是空气调节、空气净化与洁净室空调系统的总称。

5. 风管配件

风管配件是风管系统中的弯管、三通、四通、各类变径及异形管、导流叶片和法兰等配件。

6. 风管部件

风管部件是通风、空调风管系统中的各类风口、阀门、排气罩、风帽、检查门和测定孔等部件。

7. 咬口

咬口是金属薄板边缘弯曲成一定形状,用于相互固定连接的构造。

8. 漏风量

漏风量是风管系统中,在某一静压下通过风管本体结构及其接口,单位时间内泄出或渗入的空气体积量。

9. 系统风管允许漏风量

系统风管允许漏风量是按风管系统类别所规定平均单纯面积、单位时间内的最大允许漏风量。

10. 漏风率

漏风率是空调设备、除尘器等在工作压力下空气渗入或泄漏量与其额定风量的比值。

11. 净化空调系统

净化空调系统是用于洁净空间的空气调节、空气净纯系统。

12. 漏光检测

漏光检测是用墙光源对风管的咬口、接缝、法兰及其他连接处进行透光检查。确定孔洞、缝隙等渗漏部位及数量的方法。

13. 整体式制冷设备

整体式制冷设备是制冷机、冷凝器、蒸发器及系统辅助部件组装在同一机座上，而构成整体形式的制冷设备。

14. 组装式制冷设备

组装式制冷设备是制冷机、冷凝器、蒸发器及辅助设备采用部分集中、部分分开安装形式的制冷设备。

15. 风管系统的工作压力

风管系统的工作压力是系统风管总风管处设计的最大工作压力。

16. 空气洁净度等级

空气洁净度等级是洁净空间单位体积空气中，以大于或等于被考虑粒径的粒子最大浓度限值进行划分的等级标准。

17. 角件

角件是用于金属薄钢板法兰风管四角连接的直角型专用构件。

18. 风机过滤器单元

风机过滤器单元是由风机箱和高效过滤器等组成的用于洁净空间的单元式送风机组。

19. 空态

空态是洁净室的设施已经建成，所有动力接通并运行，但无生产设备、材料及人员在场。

20. 静态

静态是洁净室的设施已经建成，生产设备已经安装，并按业主及供应商同意的方式运行，但无生产人员在场。

21. 动态

动态是洁净室的设施以规定的方式运行及规定的人员数量在场，生产设备按业主及供应商双方商定的状态下进行工作。

22. 非金属材料风管

非金属材料风管是采用硬聚氯乙烯、有机玻璃钢、无机玻璃钢等非金属无机材料制成的风管。

23. 复合材料风管

复合材料风管是采用不燃材料面层复合绝热材料板制成的风管。

24. 防火风管

防火风管是采用不燃、耐火材料制成，能满足一定耐火极限的风管。

二、通风与空调工程的基本规定

（1）通风与空调工程施工质量的验收，除应符合《通风与空调工程施工质量验收规范》

(GB 50243—2002)的规定外,还应按照被批准的设计图纸、合同约定的内容和相关技术标准的规定进行。施工图纸修改必须有设计单位的设计变更通知书或技术核定签证。

(2)承担通风与空调工程项目的施工企业,应具有相应工程施工承包的资质等级及相应质量管理体系。

(3)施工企业承担通风与空调工程施工图纸深化设计及施工时,必须具有相应的设计资质及其质量管理体系,并应取得原设计单位的书面同意或签字认可。

(4)通风与空调工程施工现场的质量管理应符合《建筑工程施工质量验收统一标准》(GB 50300—2001)第3.0.1条的规定。

(5)通风与空调工程所使用的主要原材料、成品、半成品和设备的进场,必须对其进行验收。验收应经监理工程师认可,并应形成相应的质量记录。

(6)通风与空调工程的施工,应把每一个分项施工工序作为工序交接检验点,并形成相应的质量记录。

(7)通风与空调工程施工过程中发现设计文件有差错的,应及时提出修改意见或更正建议,并形成书面文件及归档。

(8)当通风与空调工程作为建筑工程的分部工程施工时,其子分部与分项工程的划分应按表2-1的规定执行。当通风与空调工程作为单位工程独立验收时,子分部上升为分部工程,分项工程的划分同上。

表 2-1　　　　　　　　　　　**通风与空调分部工程的子分部划分**

子分部工程	分 项 工 程	
送、排风系统	风管与配件制作 部件制作 风管系统安装 风管与设备防腐 风机安装 系统调试	通风设备安装,消声设备制作与安装
防、排烟系统		排烟风口、常闭正压风口与设备安装
除尘系统		除尘器与排污设备安装
空调系统		空调设备安装,消声设备制作与安装,风管与设备绝热
净化空调系统		空调设备安装,消声设备制作与安装,风管与设备绝热,高效过滤器安装,净化设备安装
制冷系统	制冷机组安装,制冷剂管道及配件安装,制冷附属设备安装,管道及设备的防腐与绝热,系统调试	
空调水系统	冷热水管道系统安装,冷却水管道系统安装,冷凝水管道系统安装,阀门及部件安装,冷却塔安装,水泵及附属设备安装,管道与设备的防腐与绝热,系统调试	

(9)通风与空调工程的施工应按规定的程序进行,并与土建及其他专业工种互相配合;与通风和空调系统有关的土建工程施工完毕后,应由建设或总承包、监理、设计及施工单位共同会检。会检的组织宜由建设、监理或总承包单位负责。

(10)通风与空调工程分项工程施工质量的验收,应按《通风与空调工程施工质量验收规范》(GB 50243—2002)对应分项的具体条文规定执行。子分部中的各个分项工程,可根据施工工程的实际情况一次验收或数次验收。

(11)通风与空调工程中的隐蔽工程,在隐蔽前必须经监理人员验收及认可签证。

(12)通风与空调工程中从事管道焊接施工的焊工,必须具备操作资格证书和相应类别管道焊接的考核合格证书。

(13)通风与空调工程竣工的系统调试,应在建设和监理单位的共同参与下进行,施工企业应具有专业检测人员和符合有关标准规定的测试仪器。

(14)通风与空调工程施工质量的保修期限为:自竣工验收合格日起两个采暖期、供冷期。在保修期内发生施工质量问题的,施工企业应履行保修职责,责任方承担相应的经济责任。

(15)净化空调系统洁净室(区域)的洁净度等级应符合设计的要求。洁净度等级的检测应按《通风与空调工程施工质量验收规范》(GB 50243—2002)附录 B 第 B.4 条的规定,洁净度等级与空气中悬浮粒子的最大浓度限值(Cn)的规定,见《通风与空调工程施工质量验收规范》(GB 50243—2002)附录 B 表 B.4.6.1。

(16)分项工程检验批验收合格质量应符合下列规定:

1)具有施工单位相应分项工程合格质量的验收记录。

2)主控项目的质量抽样检验应全数合格。

3)一般项目的质量抽样检验,除有特殊要求外,合格率不应低于 80%,且不得有严重缺陷。

第二节　风管制作与系统安装

一、风管制作

1. 金属风管制作质量控制

(1)风管尺寸的核定。根据设计要求、图纸会审纪要,结合现场实测数据绘制风管加工草图,并标明系统风量、风压测定孔的位置。

(2)风管展开。依照风管施工图把风管的表面形状按实际的大小铺在板料上。

(3)板材剪切前,必须进行下料复核,复核无误后,按画线形状进行剪切。

(4)板材下料后在压口之前,必须用倒角机或剪刀进行倒角。

(5)板材的拼接和圆形风管的闭合咬口可采用单咬口;矩形风管或配件的四角组合可采用转角咬口、联合角咬口、按扣式咬角;圆形弯管的组合可采用立咬口。

(6)画好折方线,在折方机上折方。

(7)制作圆风管时,将咬口两端拍成圆弧状放在卷圈机上卷圈,操作时,手不得直接推送钢板。

(8)折方或卷圆后的钢板用合缝机或手工进行合缝。操作时,用力均匀,不宜过重。咬口缝结合应紧密,不得有胀裂和半咬口现象。

(9)风管的加固应符合相关规定。金属风管加固一般可采用楞筋、立筋、角钢、扁钢、加固筋和管内支撑等形式。

(10)矩形风管弯管制作时,一般应采用曲率半径为一个平面边长的内外同心弧形弯管。若采用其他形式的弯管,平面边长大于 500mm 时,必须设置弯管导流片。

（11）法兰加工时，矩形风管法兰由四根角钢或扁钢组焊而成，画线下料时，应注意使焊成后的法兰内径不小于风管外径。用切割机切断角钢或扁钢，下料调直后，用台钻加工。中、低压系统的风管法兰的铆钉孔及螺栓孔孔距不应大于 150mm；高压系统风管的法兰的铆钉孔及螺栓孔孔距不应大于 100mm。

（12）风管与法兰铆接前先进行技术质量复核。风管与法兰连接时，将法兰套在风管上，管端留出 6～9mm 的翻边量，管中心线应与法兰平面垂直，然后使用铆钉钳将风管与法兰铆固，并留出四周翻边。风管翻边应平整并紧贴法兰，应剪去风管咬口部位多余的咬口层，并保留一层余量；翻边四角不得撕裂，翻拐角边时，应拍打为圆弧形；涂胶时，应适量、均匀，不得有堆积现象。

（13）风管无法兰连接时，无法兰连接的风管接口应采用机械加工，尺寸应正确，形状应规则，接口处应严密。无法兰矩形风管接口处的四角应有固定措施。金属风管无法兰连接可分为圆形风管和矩形风管两大类，其形式有几十种；风管无法兰连接与法兰连接一样，应满足严密、牢固的要求，不得发生自行脱落、胀裂等现象。

（14）金属风管的焊接连接，当普通钢板的厚度大于 1.2mm、不锈钢板的厚度大于 1.0mm、铝板厚度大于 1.5mm 时，可采用焊接连接。其分类有碳钢风管焊接、铝风管焊接和不锈钢风管焊接等。

（15）风管制作完成后，进行强度和严密性试验，对其工艺性能进行检测或验证。

关键细节 1　风管焊接操作要点

（1）碳钢风管焊接操作要点。

1）碳钢板风管宜采用直流焊机焊接或气焊焊接。

2）焊接前，必须清除焊接端口处的污物、油迹锈蚀；采用点焊或连续焊缝时，还需清除氧化物。对口应保持最小的缝隙，手工点焊定位处的焊瘤应及时清除。采用机械焊接方法时，电网电压的波动不能超过±10%。焊接后，应将焊缝及其附近区域的电极熔渣及残留的焊丝清除。

3）风管焊缝形式：对接焊缝适用于板材拼接或横向缝及纵向闭合缝。搭接焊缝适用于矩形或管件的纵向闭合缝或矩形弯头、三通的转向缝，圆形、矩形风管封头闭合缝。

（2）铝风管焊接操作要点。

1）铝板风管的焊接宜采用氧乙炔气焊或氩弧焊，焊缝应牢固，不得有虚焊、穿孔等缺陷。

2）在焊接前，必须对铝制风管焊口处和焊丝上的氧化物及污物进行清理，并应在清除氧化膜后的 2～3h 内结束焊接，防止处理后的表面再度氧化。

3）在对口的过程中，要使焊口达到最小间隙，以避免焊穿。对于易焊穿的薄板，焊接须在铜垫板上进行。

4）当采用点焊或连续焊工艺焊接铝制风管时，必须先进行试验，形成成熟的焊接工艺后，再正式施焊。

5）焊接后，应用热水清洗焊缝表面的焊渣、焊药等杂物。

（3）不锈钢风管焊接操作要点。

1）不锈钢板风管的焊接，可用非熔化极氢弧焊；当板材的厚度大于 1.2m 时，可采用直流电焊机反极法进行焊接,但不得采用氧乙炔气焊焊接。焊条或焊丝材质应与母材相同,其机械强度不应低于母材。

2)焊接前,应将焊缝区域的油脂、污物清除干净,以防出现气孔、砂眼。可用汽油、丙酮等进行清洗。

3)用电弧焊焊接不锈钢时,应在焊缝的两侧表面涂上白垩粉,防止飞溅金属粘附在板材的表面,损伤板材。

4)焊接后,应注意清除焊缝处的熔渣,并用不锈钢丝刷或铜丝刷将其刷出金属光泽,再用酸洗膏进行酸洗钝化,最后用热水清洗干净。

2. 非金属风管制作质量控制

(1)硬聚氯乙烯板风管。

1)板材在放样画线前,应留出收缩裕余量。每批板材加工前,均应进行试验,确定焊缝收缩率。

2)放样画线时,应根据设计图纸尺寸和板材规格以及加热烘箱、加热机具等的具体情况,合理安排放样图形及焊接部位,应尽量减少切割和焊接工作量。

3)展开画线时,应使用红铅笔或不伤板材表面软体笔,严禁用锋利金属针或锯条进行画线,不应使板材表面形成伤痕或折裂。

4)严禁在圆形风管的管底设置纵焊缝。矩形风管底宽度小于板材宽度不应设置纵焊缝,管底宽度大于板材宽度,只能设置一条纵焊缝,并应尽量避免纵焊缝存在,焊缝应牢固、平整、光滑。

5)用龙门剪床下料时,宜在常温下进行剪切,并应调整刀片间隙,板材在冬天气温较低或板材杂质与再生材料掺和过重时,应将板材加热到30℃左右后才能进行剪切,防止材料碎裂。

6)锯割时,应将板材紧贴在锯床表面上,均匀地沿割线移动,锯割的速度应控制在3m/min 的范围内,防止材料过热,发生烧焦和粘住的现象。切割时,宜用压缩空气进行冷却。

7)板材厚度大于 3mm 时,应开 V 形坡口;板材厚度为 5mm 时,应开双面 V 形坡口。坡口角度为 50°～60°,留钝边 1.5mm,坡口间隙 0.5～1mm。坡口的角度和尺寸应均匀一致。

8)采用坡口机或砂轮机进行坡口时,应将坡口机或砂轮机底板和挡板调整到需要角度,先对样板进行坡口后,检查角度是否符合要求,确认准确无误后,再进行大批量坡口加工。

9)矩形风管加热成型时,不得用四周角焊成型,应对四边加热折方成型。加热表面温度应控制在 130～150℃,加热折方部位不得有焦黄、发白裂口。成型后,不得有明显扭曲和翘角。

10)矩形法兰制作:在硬聚氯乙烯板上按规格画好样板,尺寸应准确,对角线长度应一致,四角的外边应整齐。焊接成型时,应用钢块等重物适当压住,防止塑料在焊接时变形,使法兰的表面保持平整。

11)圆形法兰制作:应将聚氯乙烯按直径要求计算板条长度并放足热胀冷缩余料长

度,用剪床或圆盘锯裁切成条形。圆形法兰宜采用两次热成形,第一次将加热成柔软状态的聚氯乙烯板煨成圈带,接头焊牢后,第二次再加热成柔软状态板体在胎具上压平校型。150mm 以下法兰不宜热煨,可用车床加工。

12)焊缝应填满,首根底焊条宜用 $\phi2$,表面多根焊条焊接应排列整齐,焊缝不得有焦黄断裂现象。焊缝强度不得低于母材强度的 60%,焊条材质应与板材相同。

13)圆形风管一般不进行现场制作,购买成品风管即可。

(2)玻璃钢风管。

1)风管制作,应在环境温度不低于 15℃的条件下进行。

2)模具尺寸必须准确,结构坚固,制作风管时不变形,表面必须光洁。

3)制作浆料宜采用拌和机拌和,人工拌和时,必须保证拌和均匀,不得夹杂生料,浆料必须边拌边用,有结浆的浆料不得使用。

4)敷设玻璃纤维布时,搭接宽度不应小于 50mm,接缝应错开。敷设时,每层必须铺平、拉紧,保证风管各部位厚度均匀,法兰处的玻璃纤维布应与风管连成一体。

5)风管养护时,不得有日光直接照射或雨淋,固化成型达到一定强度后方可脱模。脱模后,应除去风管表面的毛刺和尘渣。

6)风管法兰钻眼应先画线、定位,再用电钻钻眼。钻眼后,须除去表面的毛刺和尘渣。

7)风管存放地点应通风,不得日光直接照射、雨淋及潮湿。

(3)玻璃纤维风管。

1)制作风管的板材实际展开长度应包括风管内尺寸和余量,展开长度超过 3m 的风管可用两片法或多片法制作。为减少板材的损耗,应根据需要选择展开方法。

2)板材可使用机器开槽或手工开槽,手工开槽时,应根据槽的形状正确使用刀具,开槽应平直、无缺损。

3)风管封边采用的密封材料应符合相应的产品标准。

4)使用密封胶带和胶粘剂前,使用"外八字"形装订针固定所有的接头,装订针的间距为 50mm。

5)使用热敏胶带时,熨斗的表面温度要达到 287～343℃,热量和压力要能使胶带表面ABI 圆点变黑色;使用压敏胶前,必须清洁风管表面需粘结的部位并保持干燥;使用玻璃纤维织物和胶粘剂时,注意在干透前不要触碰胶粘剂,也不要压紧玻璃纤维织物和胶粘剂。

6)风管加固要根据材料生产厂家提供的产品技术说明进行确定,并由厂家提供专用的加固材料。

7)风管宜架空存放,并要考虑防风措施。

(4)复合夹芯板风管。

1)风管的板材下料展开可采用 U 形、L 形或单板、条板法,为减少板材的损耗,根据需要选择展开方法。

2)整板或部分连接可使用胶粘后凝固的方式连接,不破坏表层以便后续工序的进行。拼接时,先用专用工具切割,在两切割面涂胶粘剂,沿长度方向正确压合后,再在两面贴上铝箔胶带,供后续工序使用。

3)板材粘结前,所有需粘结的表面必须除尘去污,切割的坡口涂满胶粘剂,并覆盖所有切口表面。

4)风管在粘合成型后,风管所有接缝必须用铝箔带封闭并粘结完好。

5)风管加固要根据材料生产厂家提供的产品技术说明进行确定,并由厂家提供专用的加固材料。

3. 风管配件制作质量控制

(1)矩形风管的弯管、三通、异径管及来回弯管等配件所用材料厚度、连接方法及制作要求应符合风管制作的相应规定。

(2)圆形三通、四通、支管与总管夹角宜为15°~60°,制作偏差应小于3°。插接式三通管段长度宜为2倍支管直径加100mm,支管长度不应小于200mm,止口长度宜为50mm。三通连接宜采用焊接或咬接形式。

关键细节2 风管制作主控项目的质检要求

风管制作主控项目的质检要求见表2-2。

表2-2 风管制作主控项目的质检要求

序号	分项	质检要点
1	金属风管材料种类、性能	金属风管的材料品种、规格、性能与厚度等应符合设计和现行国家产品标准的规定。当设计无规定时,应按《通风与空调工程施工质量验收规范》(GB 50243—2002)执行。钢板或镀锌钢板的厚度不得小于表2-3的规定厚度;不锈钢板的厚度不得小于表2-4的规定厚度;铝板的厚度不得小于表2-5的规定厚度。 检查数量:按材料与风管加工批数量抽查10%,不得少于5件。 检验方法:查验材料质量合格证明文件、性能检测报告、尺量、观察检查
2	非金属风管材料种类、性能	非金属风管的材料品种、规格、性能与厚度等应符合设计和现行国家标准的规定厚度。当设计无规定时,应按《通风与空调工程施工质量验收规范》(GB 50243—2002)执行。硬聚氯乙烯风管板材的厚度,不得小于表2-6或表2-7的规定厚度;有机玻璃钢风管板材的厚度,不得小于表2-8的规定厚度;无机玻璃钢风管板材的厚度应符合表2-9的规定厚度,相应的玻璃布层数应不少于表2-10的规定厚度,其表面不得出现返卤或严重泛霜,用于高压风管系统的非金属风管厚度应按设计规定。 检查数量:按材料与风管加工批数量抽查10%,不得少于5件。 检验方法:查验材料质量合格证明文件、性能检测报告、尺量、观察检查
3	防火风管	防火风管的本体、框架与固定材料、密封垫料必须为不燃材料,其耐火等级应符合设计的规定。 检查数量:按材料与风管加工批数量抽查10%,不应少于5件。 检验方法:查验材料质量合格证明文件、性能检测报告,观察检查与点燃试验
4	复合材料风管的覆面材料	复合材料风管的覆面材料必须为不燃材料,内部的绝热材料应为不燃或难燃B1级,且对人体无害的材料。 检查数量:按材料与风管加工批数量抽查10%,不应少于5件。 检验方法:查验材料质量合格证明文件、性能检测报告,观察检查与点燃试验

序号	分项	质检要点
5	强度和严密性	风管必须通过工艺性的检测或验证,其强度和严密性要求应符合设计或下列规定: (1)风管的强度应能满足在 1.5 倍工作压力下接缝处无开裂。 (2)矩形风管的允许漏风量应符合以下规定: 低压系统风管　　$Q_L \leqslant 0.1056P^{0.65}$ 中压系统风管　　$Q_M \leqslant 0.0352P^{0.65}$ 高压系统风管　　$Q_H \leqslant 0.0117P^{0.65}$ 式中　Q_L、Q_M、Q_H——系统风管在相应工作压力下,单位面积风管单位时间内的允许漏风量$[m^3/(h \cdot m^2)]$; 　　　P——风管系统的工作压力(Pa)。 (3)低压、中压圆形金属风管、复合材料风管以及采用非法兰形式的非金属风管的允许漏风量,应为矩形风管规定值的 50%。 (4)砖、混凝土风道的允许漏风量不应大于矩形低压系统风管规定值的 1.5 倍。 (5)排烟、除尘、低温送风系统按中压系统风管的规定,1~5 级净化空调系统按高压系统风管的规定。 检查数量:按风管系统的类别和材质分别抽查,不得少于 3 件及 15m²。 检验方法:检查产品合格证明文件和测试报告,或进行风管强度和漏风量测试[见《通风与空调工程施工质量验收规范》(GB 50243—2002)附录 A]
6	金属风管的连接	金属风管的连接应符合下列规定: (1)风管板材拼接的咬口缝应错开,不得有十字形拼接缝。 (2)金属风管法兰材料规格不应小于表 2-11 或表 2-12 的规定。中、低压系统风管法兰的螺栓及铆钉孔的孔距不得大于 150mm;高压系统风管不得大于 100mm。矩形风管法兰的四角部位应设有螺孔。 当采用加固方法提高了风管法兰部位的强度时,其法兰材料规格相应的使用条件可适当放宽。 无法兰连接风管的薄钢板法兰高度应参照金属法兰风管的规定执行。 检查数量:按加工批抽查 5%,不得少于 5 件。 检验方法:尺量、观察检查
7	金属风管的连接	非金属(硬聚氯乙烯、有机玻璃钢)风管的连接应符合下列规定: (1)法兰的规格应分别符合表 2-13~表 2-15 的规定,其螺栓孔的间距不得大于 120mm;矩形风管法兰的四角处应设有螺孔。 (2)采用套管连接时,套管厚度不得小于风管板材厚度。 检查数量:按加工批数量抽查 5%,不得少于 5 件。 检验方法:尺量、观察检查
8	复合风管的连接	复合材料风管采用法兰连接时,法兰与风管板材的连接应可靠,其绝热层不得外露,不得采用降低板材强度和绝热性能的连接方法。 检查数量:按加工批数量抽查 5%,不得少于 5 件。 检验方法:尺量、观察检查

（续二）

序号	分项	质检要点
9	变形缝	砖、混凝土风道的变形缝，应符合设计要求，不应渗水和漏风。 检查数量：全数检查。 检验方法：观察检查
10	金属风管的加固	金属风管的加固应符合下列规定： (1)圆形风管(不包括螺旋风管)直径大于等于800mm，且其管段长度大于1250mm或总表面积大于4m²均应采取加固措施。 (2)矩形风管边长大于630mm，保温风管边长大于800mm，管段长度大于1250mm或低压风管单边平面积大于1.2m²，中、高压风管大于1.0m²，均应采取加固措施。 (3)非规则椭圆风管的加固，应参照矩形风管执行。 检查数量：按加工批抽查5%，不得少于5件。 检验方法：尺量、观察检查
11	非金属风管的加固	非金属风管的加固，除应符合金属风管的加固规定外，还应符合下列规定： (1)硬聚氯乙烯风管的直径或边长大于500mm时，其风管与法兰的连接处应设加强板，且间距不得大于450mm。 (2)有机及无机玻璃钢风管的加固，应为本体材料或防腐性能相同的材料，并与风管成一整体。 检查数量：按加工批抽查5%，不得少于5件。 检验方法：尺量、观察检查
12	弯管的制作	矩形风管弯管的制作，一般应采用曲率半径为一个平面边长的内外同心弧形弯管。当采用其他形式的弯管，平面边长大于500mm时，必须设置弯管导流片。 检查数量：其他形式的弯管抽查20%，不得少于2件。 检验方法：观察检查
13	净化空调系统风管	净化空调系统风管应符合下列规定： (1)矩形风管边长小于或等于900mm时，底面板不应有拼接缝；大于900mm时，不应有横向拼接缝。 (2)风管所用的螺栓、螺母、垫圈和铆钉均应采用与管材性能相匹配、不会产生电化学腐蚀的材料，或采取镀锌或其他防腐措施，并不得采用抽芯铆钉。 (3)不应在风管内设加固框及加固筋，风管无法兰连接不得使用S形插条、直角形插条及立联合角形插条等形式。 (4)空气洁净度等级为1～5级的净化空调系统风管不得采用按扣式咬口。 (5)风管的清洗不得用对人体和材质有危害的清洁剂。 (6)镀锌钢板风管不得有镀锌层严重损坏的现象，如表层大面积白花、锌层粉化等。 检查数量：按风管数抽查20%，每个系统不得少于5个。 检验方法：查阅材料质量合格证明文件和观察检查，白绸布擦拭

表 2-3　　　　　　　　　　钢板风管板材厚度　　　　　　　　　　　mm

类别 风管直径D 或长边尺寸b	圆形 风管	矩形风管		除尘系统 风管
		中、低 压系统	高压 系统	
D(b)≤320	0.5	0.5	0.75	1.5
320<D(b)≤450	0.6	0.6	0.75	1.5
450<D(b)≤630	0.75	0.6	0.75	2.0
630<D(b)≤1000	0.75	0.75	1.0	2.0
1000<D(b)≤1250	1.0	1.0	1.0	2.0
1250<D(b)≤2000	1.2	1.0	1.2	按设计
2000<D(b)≤4000	按设计	1.2	按设计	

注:1. 螺旋风管的钢板厚度可适当减小 10%～15%。

　　2. 排烟系统风管钢板厚度可按高压系统。

　　3. 特殊除尘系统风管钢板厚度应符合设计要求。

　　4. 不适用于地下人防与防火隔墙的预埋管。

　　5. 本表摘自《通风与空调工程施工质量验收规范》(GB 50243—2002)。

表 2-4　　　　　高、中、低压系统不锈钢板风管板材厚度　　　　　mm

风管直径或长边尺寸b	不锈钢板厚度
b≤500	0.5
500<b≤1120	0.75
1120<b≤2000	1.0
2000<b≤4000	1.2

注:本表摘自《通风与空调工程施工质量验收规范》(GB 50243—2002)。

表 2-5　　　　　　中、低压系统铝板风管板材厚度　　　　　　mm

风管直径或长边尺寸b	铝板厚度
b≤320	1.0
320<b≤630	1.5
630<b≤2000	2.0
2000<b≤4000	按设计

注:本表摘自《通风与空调工程施工质量验收规范》(GB 50243—2002)。

表 2-6　　　　中、低压系统硬聚氯乙烯圆形风管板材厚度　　　　mm

风管直径 D	板 材 厚 度
D≤320	3.0
320<D≤630	4.0
630<D≤1000	5.0
1000<D≤2000	6.0

注:本表摘自《通风与空调工程施工质量验收规范》(GB 50243—2002)。

表 2-7　　　　　中、低压系统硬聚氯乙烯矩形风管板材厚度　　　　　mm

风管长边尺寸 b	板 材 厚 度
$b \leqslant 320$	3.0
$320 < b \leqslant 500$	4.0
$500 < b \leqslant 800$	5.0
$800 < b \leqslant 1250$	6.0
$1250 < b \leqslant 2000$	8.0

注:本表摘自《通风与空调工程施工质量验收规范》(GB 50243—2002)。

表 2-8　　　　　中、低压系统有机玻璃钢风管板材厚度　　　　　mm

圆形风管直径 D 或矩形风管长边尺寸 b	壁　厚
$D(b) \leqslant 200$	2.5
$200 < D(b) \leqslant 400$	3.2
$400 < D(b) \leqslant 630$	4.0
$630 < D(b) \leqslant 1000$	4.8
$1000 < D(b) \leqslant 2000$	6.2

注:本表摘自《通风与空调工程施工质量验收规范》(GB 50243—2002)。

表 2-9　　　　　中、低压系统无机玻璃钢风管板材厚度　　　　　mm

圆形风管直径 D 或矩形风管长边尺寸 b	壁　厚
$D(b) \leqslant 300$	2.5~3.5
$300 < D(b) \leqslant 500$	3.5~4.5
$500 < D(b) \leqslant 1000$	4.5~5.5
$1000 < D(b) \leqslant 1500$	5.5~6.5
$1500 < D(b) \leqslant 2000$	6.5~7.5
$D(b) > 2000$	7.5~8.5

注:本表摘自《通风与空调工程施工质量验收规范》(GB 50243—2002)。

表 2-10　　　　中、低压系统无机玻璃钢风管玻璃纤维布厚度与层数　　　　mm

圆形风管直径 D 或矩形风管长边 b	风管管体玻璃纤维布厚度		风管法兰玻璃纤维布厚度	
	0.3	0.4	0.3	0.4
	玻璃布层数			
$D(b) \leqslant 300$	5	4	8	7
$300 < D(b) \leqslant 500$	7	5	10	8
$500 < D(b) \leqslant 1000$	8	6	13	9
$1000 < D(b) \leqslant 1500$	9	7	14	10
$1500 < D(b) \leqslant 2000$	12	8	16	14
$D(b) > 2000$	14	9	20	16

注:本表摘自《通风与空调工程施工质量验收规范》(GB 50243—2002)。

表 2-11　　　　　　　　　　金属圆形风管法兰及螺栓规格　　　　　　mm

风管直径 D	法兰材料规格		螺栓规格
	扁钢	角钢	
$D \leqslant 140$	20×4	—	
$140 < D \leqslant 280$	25×4	—	M6
$280 < D \leqslant 630$	—	25×3	
$630 < D \leqslant 1250$	—	30×4	
$1250 < D \leqslant 2000$	—	40×4	M8

注：本表摘自《通风与空调工程施工质量验收规范》(GB 50243—2002)。

表 2-12　　　　　　　　　　金属矩形风管法兰及螺栓规格　　　　　　mm

风管长边尺寸 b	法兰材料规格（角钢）	螺栓规格
$b \leqslant 630$	25×3	M6
$630 < b \leqslant 1500$	30×3	
$1500 < b \leqslant 2500$	40×4	M8
$2500 < b \leqslant 4000$	50×5	M10

注：本表摘自《通风与空调工程施工质量验收规范》(GB 50243—2002)。

表 2-13　　　　　　　　　　硬聚氯乙烯圆形风管法兰规格　　　　　　mm

风管直径 D	材料规格（宽×厚）	连接螺栓	风管直径 D	材料规格（宽×厚）	连接螺栓
$D \leqslant 180$	35×6	M6	$800 < D \leqslant 1400$	45×12	
$180 < D \leqslant 400$	35×8		$1400 < D \leqslant 1600$	50×15	M10
$400 < D \leqslant 500$	35×10	M8	$1600 < D \leqslant 2000$	60×15	
$500 < D \leqslant 800$	40×10		$D > 2000$	按设计	

注：本表摘自《通风与空调工程施工质量验收规范》(GB 50243—2002)。

表 2-14　　　　　　　　　　硬聚氯乙烯矩形风管法兰规格　　　　　　mm

风管边长 b	材料规格（宽×厚）	连接螺栓	风管边长 b	材料规格（宽×厚）	连接螺栓
$b \leqslant 160$	35×6	M6	$800 < b \leqslant 1250$	45×12	
$160 < b \leqslant 400$	35×8		$1250 < b \leqslant 1600$	50×15	M10
$400 < b \leqslant 500$	35×10	M8	$1600 < b \leqslant 2000$	60×18	
$500 < b \leqslant 800$	40×10	M10	$b > 2000$	按设计	

注：本表摘自《通风与空调工程施工质量验收规范》(GB 50243—2002)。

表 2-15　　　　　　　　　　有机玻璃钢风管法兰规格　　　　　　mm

风管直径 D 或风管边长 b	材料规格（宽×厚）	连接螺栓
$D(b) \leqslant 400$	30×4	M8
$400 < D(b) \leqslant 1000$	40×6	
$1000 < D(b) \leqslant 2000$	50×8	M10

注：本表摘自《通风与空调工程施工质量验收规范》(GB 50243—2002)。

关键细节3 风管制作一般项目的质检要求

风管制作一般项目的质检要求见表2-16。

表 2-16   风管制作一般项目的质检要求

序号	分项	质检要点
1	金属风管的制作	金属风管的制作应符合下列规定： (1)圆形弯管的曲率半径(以中心线计)和最少数应符合表2-17的规定。圆形弯管的弯曲角度及圆形三通、四通支管与总管夹角的制作偏差不应大于3°。 (2)风管与配件的咬口缝应紧密、宽度应一致；折角应平直，圆弧应均匀；两端面平行。风管无明显扭曲与翘角；表面应平整，凹凸不大于10mm。 (3)风管外径或外边长的允许偏差：当小于或等于300mm时，为2mm；当大于300mm时，为3mm。管口平面度的允许偏差为2mm，矩形风管两条对角线长度之差不应大于3mm；圆形法兰任意正交两直径之差不应大于2mm。 (4)焊接风管的焊缝应平整，不应有裂缝、凸瘤、穿透的夹渣、气孔及其他缺陷等，焊接后板材的变形应矫正，并将焊渣及飞溅物清除干净。 检查数量：通风与空调工程按制作数量10%抽查，不得少于5件；净化空调工程按制作数量抽查20%，不得少于5件。 检验方法：查验测试记录，进行装配试验，尺量、观察检查
2	金属法兰连接风管的制作	金属法兰连接风管的制作还应符合下列规定： (1)风管法兰的焊缝应熔合良好、饱满，无假焊和孔洞；法兰平面度的允许偏差为2mm，同一批量加工的相同规格法兰的螺孔排列应一致，并具有互换性。 (2)风管与法兰采用铆接连接时，铆接应牢固，不应有脱铆和漏铆现象；翻边应平整、紧贴法兰，其宽度应一致，且不应小于6mm；咬缝与四角处不应有开裂与孔洞。 (3)风管与法兰采用焊接连接时，风管端面不得高于法兰接口平面。除尘系统的风管，宜采用内侧满焊、外侧间断焊形式，风管端面距法兰接口平面不应小于5mm。 当风管与法兰采用点焊固定连接时，焊点应融合良好，间距不应大于100mm；法兰与风管应紧贴，不应有穿透的缝隙或孔洞。 (4)当不锈钢板或铝板风管的法兰采用碳素钢时，其规格应符合表2-11或表2-12的规定，并应根据设计要求做防腐处理；铆钉应采用与风管材质相同或不产生电化学腐蚀的材料。 检查数量：通风与空调工程按制作数量10%抽查，不得少于5件；净化空调工程按制作数量抽查20%，不得少于5件。 检验方法：查验测试记录，进行装配试验，尺量、观察检查
3	无法兰连接风管	无法兰连接风管的制作应符合下列规定： (1)无法兰连接风管的接口及连接件，应符合表2-18和表2-19的要求。圆形风管的芯管连接应符合表2-20的要求。 (2)薄钢板法兰矩形风管的接口及附件，其尺寸应准确，形状应规则，接口处应严密。薄钢板法兰的折边(或法兰条)应平直，弯曲度不应大于5/1000；弹性插条或弹簧夹应与薄钢板法兰相匹配；角件与风管薄钢板法兰四角接口的固定应稳固、紧贴，端面应平整，相连处不应有缝隙大于2mm的连续穿透缝。 (3)采用C、S形插条连接的矩形风管，其边长不应大于630mm；插条与风管加工插口的宽度应匹配一致，其允许偏差为2mm；连接应平整、严密，插条两端压倒长度不应小于20mm。 (4)采用立咬口、包边立咬口连接的矩形风管，其立筋的高度应大于或等于同规格风管的角钢法兰宽度。同一规格风管的立咬口、包边立咬口的高度应一致，折角应倾角、直线度允许偏差为5/1000；咬口连接铆钉的间距不应大于150mm，间隔应均匀；立咬口四角连接处的铆固，应紧密、无孔洞。 检查数量：按制作数量抽查10%，净化空调系统抽查20%，均不得少于5件。 检验方法：查验测试记录，进行装配试验，尺量、观察检查

（续一）

序号	分项	质检要点
4	风管的加固	风管的加固应符合下列规定： （1）风管的加固可采用楞筋、立筋、角钢（内、外加固）、扁钢、加固筋和管内支撑等形式。 （2）楞筋或楞线的加固，排列应规则，间隔应均匀，板面不应有明显的变形。 （3）角钢、加固筋的加固，应排列整齐、均匀对称，其高度应小于或等于风管的法兰宽度。角钢、加固筋与风管的铆接应牢固、间隔应均匀，不应大于 220mm；两相交处应连接成一体。 （4）管内支撑与风管的固定应牢固，各支撑点之间或与风管的边沿或法兰的间距应均匀，不应大于 950mm。 （5）中压和高压系统风管的管段，其长度大于 1250mm 时，还应有加固框补强。高压系统金属风管的单咬口缝，还应有防止咬口缝胀裂的加固或补强措施。 检查数量：按制作数量抽查 10%，净化空调系统抽查 20%，均不得少于 5 件。 检验方法：查验测试记录，进行装配试验，观察和尺量检查
5	硬聚氯乙烯风管	硬聚氯乙烯风管还应符合以下规定： （1）风管法兰的焊缝应熔合良好、饱满，无假焊和孔洞；法兰平面度的允许偏差为 2mm，同一批量加工的相同规格法兰的螺孔排列应一致，并具有互换性。 （2）风管的两端面平行，无明显扭曲，外径或外边长的允许偏差为 2mm；表面平整、圆弧均匀，凹凸应不大于 5mm。 （3）焊缝的坡口形式和角度应符合表 2-21 的规定。 （4）焊缝应饱满，焊条排列应整齐，无焦黄、断裂现象。 （5）用于洁净室时，还应符合有关规定。 检查数量：按风管总数抽查 10%，法兰数抽查 5%，不得少于 5 件。 检验方法：尺量、观察检查
6	有机玻璃钢风管	有机玻璃钢风管还应符合下列规定： （1）风管不应有明显扭曲，内表面应平整光滑，外表面应整齐美观，厚度应均匀，且边缘无毛刺，并无气泡及分层现象。 （2）风管的外径或外边长尺寸的允许偏差为 3mm，圆形风管的任意正交两直径之差不应大于 5mm；矩形风管的两对角线之差不应大于 5mm。 （3）法兰应与风管成一整体，并应有过渡圆弧，并与风管轴线成直角，管口平面度的允许偏差为 3mm；螺孔的排列应均匀；至管壁的距离应一致，允许偏差为 2mm。 （4）矩形风管的边长大于 900mm，且管段长度大于 1250mm 时，应加固。加固筋的分布应均匀、整齐。 检查数量：按风管总数抽查 10%，法兰数抽查 5%，不得少于 5 件。 检验方法：尺量、观察检查
7	无机玻璃钢风管	无机玻璃钢风管还应符合下列规定： （1）风管的表面应光洁、无裂纹、无明显泛霜和分层现象。 （2）风管的外形尺寸的允许偏差应符合表 2-22 的规定。 （3）风管法兰的规定与有机玻璃钢法兰相同。 检查数量：按风管总数抽查 10%，法兰数抽查 5%，不得少于 5 件。 检验方法：尺量、观察检查
8	砖、混凝土风管	砖、混凝土风道内表面水泥砂浆应抹平整，无裂缝，不渗水。 检查数量：按风道总数抽查 10%，不得少于一段。 检验方法：观察检查

（续二）

序号	分项	质检要点
9	双面铝箔绝热板风管	双面铝箔绝热板风管还应符合下列规定： （1）风管与法兰采用铆接连接时，铆接应牢固，不应有脱铆和漏铆现象；翻边应平整、紧贴法兰，其宽度应一致，且不小于6mm；咬缝与四角处不应有开裂与孔洞。 （2）板材拼接宜采用专用的连接构件，连接后板面平面度的允许偏差为5mm。 （3）风管的折角应平直，拼缝粘结应牢固、平整，风管的粘结材料宜为难燃材料。 （4）风管采用法兰连接时，其连接应牢固，法兰平面度的允许偏差为2mm。 （5）风管的加固，应根据系统工作压力及产品技术标准的规定执行。 检查数量：按风管总数抽查10%，法兰数抽查5%，不得少于5件。 检验方法：尺量、观察检查
10	铝箔玻璃纤维板风管	铝箔玻璃纤维板风管还应符合下列规定： （1）风管与法兰采用铆接连接时，铆接应牢固，不应有脱铆和漏铆现象；翻边应平整、紧贴法兰，其宽度应一致，且不小于6mm；咬缝与四角处不应有开裂与孔洞。 （2）风管的离心玻璃纤维板材应干燥、平整；板外表面的铝箔隔气保护层应与内芯玻璃纤维材料粘合牢固；内表面应有防纤维脱落的保护层，并应对人体无危害。 （3）当风管连接采用插入接口形式时，接缝处的粘结应严密、牢固，外表面铝箔胶带密封的每一边粘贴宽度不应小于25mm，并应有辅助的连接固定措施。 当风管的连接采用法兰形式时，法兰与风管的连接应牢固，并应能防止板材纤维逸出和冷桥。 （4）风管表面应平整、两端面平行，无明显凹穴、变形、起泡，铝箔无破损等。 （5）风管的加固，应根据系统工作压力及产品技术标准的规定执行。 检查数量：按风管总数抽查10%，不得少于5件。 检验方法：尺量、观察检查
11	净化空调系统风管	净化空调系统风管还应符合以下规定： （1）现场应保持清洁，存放时应避免积尘和受潮。风管的咬口缝、折边和铆接等处有损坏时，应做防腐处理。 （2）风管法兰铆钉孔的间距，当系统洁净度的等级为1～5级时，不应大于65mm；为6～9级时，不应大于100mm。 （3）静压箱本体、箱内固定高效过滤器的框架及固定件应做镀锌、镀镍等防腐处理。 （4）制作完成的风管，应进行第二次清洗，经检查达到清洁要求后应及时封口。 检查数量：按风管总数抽查20%，法兰数抽查10%，不得少于5件。 检验方法：观察检查，查阅风管清洗记录，用白绸布擦拭

表 2-17　　　　　　　　　　　圆形弯管曲率半径和最少节数

弯管直径 D/mm	曲率半径 R	弯管角度和最少节数							
		90°		60°		45°		30°	
		中节	端节	中节	端节	中节	端节	中节	端节
80～220	≥1.5D	2	2	1	2	1	2	—	2
220～450	(1.0～1.5)D	3	2	2	2	1	2	—	2
450～800	(1.0～1.5)D	4	2	2	2	1	2	1	2
800～1400	D	5	2	3	2	2	2	1	2
1400～2000	D	8	2	5	2	3	2	2	2

注:本表摘自《通风与空调工程施工质量验收规范》(GB 50243—2002)。

表 2-18　　　　　　　　　　　圆形风管无法兰连接形式

无法兰连接形式		附件板厚	接口要求	使用范围
承插连接		—	插入深度≥30mm,有密封要求	低压风管,直径<700mm
带加强筋承插		—	插入深度≥20mm,有密封要求	中、低压风管
角钢加固承插		—	插入深度≥20mm,有密封要求	
芯管连接		≥管板厚	插入深度≥20mm,有密封要求	
立筋抱箍连接		≥管板厚	翻边与楞筋匹配一致,紧固严密	
抱箍连接		≥管板厚	对口尽量靠近不重叠,抱箍应居中	中、低压风管宽度≥10mm

注:本表摘自《通风与空调工程施工质量验收规范》(GB 50243—2002)。

表 2-19　　　　　　　　　　　矩形风管无法兰连接形式

无法兰连接形式		附件板厚/mm	使用范围
S形插条		≥0.7	低压风管单独使用连接处必须有固定措施

（续）

无法兰连接形式		附件板厚/mm	使用范围
C形插条		≥0.7	中、低压风管
立插条		≥0.7	
立咬口		≥0.7	
包边立咬口		≥0.7	
薄钢板法兰插条		≥1.0	
薄钢板法兰弹簧夹		≥1.0	
直角形平插条		≥0.7	低压风管
立联合角形插条		≥0.8	

注：1. 薄钢板法兰风管也可采用铆接法兰条连接的方法。

2. 本表摘自《通风与空调工程施工质量验收规范》(GB 50243—2002)。

表 2-20   圆形风管的芯管连接

风管直径 D /mm	芯管长度 l /mm	自攻螺钉或 抽芯铆钉数量/个	外径允许偏差/mm	
			圆　管	芯　管
120	120	3×2	−1~0	−3~−4
300	160	4×2		
400	200	4×2	−2~0	−4~−5
700	200	6×2		
900	200	8×2		
1000	200	8×2		

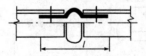

注：本表摘自《通风与空调工程施工质量验收规范》(GB 50243—2002)。

表 2-21　　　　　　　　　　　　　　焊缝形式及坡口

焊缝形式	焊缝名称	图　形	焊缝高度 /mm	板材厚度 /mm	焊缝坡口张角 α (°)
对接焊缝	V 形 单面焊		2～3	3～5	70～90
对接焊缝	V 形 双面焊		2～3	5～8	70～90
	X 形 双面焊		2～3	≥8	
搭接焊缝	搭接焊		≥最小板厚	3～10	70～90
填角焊缝	填角焊 无坡角		≥最小板厚	6～18	
			≥最小板厚	≥3	
对角焊缝	V 形 对角焊		≥最小板厚	3～5	70～90
	V 形 对角焊		≥最小板厚	5～8	
	V 形 对角焊		≥最小板厚	6～15	

注:本表摘自《通风与空调工程施工质量验收规范》(GB 50243—2002)。

表 2-22　　　　　　　　　　无机玻璃钢风管外形尺寸　　　　　　　　　　mm

直径或 大边长	矩形风管外表 平面度	矩形风管管口 对角线之差	法兰平面度	圆形风管 两直径之差
≤300	≤3	≤3	≤2	≤3
301～500	≤3	≤4	≤2	≤3
501～1000	≤4	≤5	≤2	≤4
1001～1500	≤4	≤6	≤3	≤5
1501～2000	≤5	≤7	≤3	≤5
>2000	≤6	≤8	≤3	≤5

注：本表摘自《通风与空调工程施工质量验收规范》(GB 50243—2002)。

二、风管系统安装

1. 支、吊架安装质量控制

(1)按风管的中心线找出吊杆安装位置,单吊杆在风管的中心线上;双吊杆可按托架的螺孔间距或风管的中心线对称安装。吊杆与吊件应进行安全可靠的固定,对焊接后的部位应补刷油漆。

(2)立管管卡安装时,应先把最上面的一个管件固定好,用线坠在中心处吊线,下面的风管即可进行固定。

(3)当风管较长要安装成排支架时,先把两端安好,然后以两端的支架为基准,用拉线法找出中间各支架的标高进行安装。

(4)风管水平安装,直径或长边不大于 400mm 时,支、吊架间距不大于 4m;直径或长边大于 400mm 时,支、吊架间距不大于 3m。螺旋风管的支、吊架可分别延长至 5m 和 3.75mm;对于薄钢板法兰的风管,其支、吊架间距不大于 3m。当水平悬吊的主、干风管长度超过 20m 时,应设置防止摆动的固定点,每个系统不应少于 1 个。风管垂直安装时,支、吊架间距不大于 4m;单根直管至少应有 2 个固定点。

(5)支、吊架不得设置在风口、阀门、检查门及自控机构处,离风口或插接管的距离不宜小于 200mm。

(6)抱箍支架,折角应平直,抱箍应紧贴并抱紧风管。安装在支架上的圆形风管应设托座和抱箍,其圆弧应均匀,且与风管外径相一致。

(7)保温风管的支、吊架装置宜放在保温层外部,保温风管不得与支、吊、托架直接接触,应垫上坚固的隔热防腐材料,其保温厚度与保温层相同,防止产生"冷桥"。

关键细节 4　风管连接要点

(1)风管法兰连接。

1)法兰密封垫料。在选择法兰密封垫料时应选用不透气、不产尘、弹性好的材料,法兰垫料应尽量减少接头,接头形式采用阶梯形或企口形,接头处应涂密封胶。

2)法兰连接时,首先按要求垫好垫料,然后把两个法兰先对正,穿上几颗螺栓并戴上螺母,但不要上紧。然后再用尖冲塞进未上螺栓的螺孔中,把两个螺孔撬正,直到所有螺栓都穿上后,再拧紧螺栓。紧螺栓时,应按十字交叉逐步均匀拧紧。风管连接好后,以两端法兰为准,拉线检查风管连接是否平直。

3)不锈钢风管法兰连接的螺栓,宜用同材质的不锈钢制成,如用普通碳素钢,应按设计要求喷涂涂料。

4)铝板风管法兰连接应采用镀锌螺栓,并在法兰两侧垫镀锌垫圈。

5)非金属风管连接两法兰端面应平行、严密,法兰螺栓两侧应加镀锌垫圈;复合材料风管采用法兰连接时,应有防冷桥措施。

6)连接法兰的螺栓应均匀拧紧,其螺母宜在同一侧。

(2)风管无法兰连接。

1)承插式风管连接:适用于矩形或圆形风管连接。先制作连接管,然后插入两侧风管,再用自攻螺栓或拉铆钉将其紧密固定。风管连接处的四周应一致,无明显的弯曲或褶皱;内涂的密封胶应完整,外粘的密封胶带应粘贴牢固,完整无缺陷。

2)薄钢板法兰形式风管连接:施工方法参见"铁皮弹簧夹连接";要求弹性插条、弹簧夹或紧固螺栓的间距不应大于 150mm,且分布均匀,无松动现象。

3)插条式风管连接:适用于矩形风管,施工方法参见"插条连接";要求连接后的板面应平整,无明显弯曲。

2. 柔性短管安装质量控制

(1)柔性短管安装应松紧适当,不得扭曲。安装在风机吸入口的柔性短管可安装得绷紧一些,防止风机启动后被吸入而减小截面尺寸。

(2)安装时,不得把柔性短管当成找平找正的连接管或异径管。

3. 风管安装质量控制

(1)安装顺序为先干管后支管;安装方法应根据施工现场的实际情况确定,可以在地面上连成一定的长度然后采用整体吊装的方法就位,也可以把风管一节一节地放在支架上逐节连接。

(2)整体吊装是将风管在地面上连接好,一般可接长至 $10\sim12\mathrm{m}$,用倒链或升降机将风管吊到吊架上。

(3)风管穿越需要封闭的防火、防爆的墙体或楼板时,应设预埋管或防护套管,其钢板厚度应不小于 1.6mm。风管与防护套管之间,应用不燃且对人体无危害的柔性材料封堵。

(4)复合材料风管接缝应牢固,无孔洞和开裂。当采用插接连接时,接口应匹配、无松动,端口缝隙不应大于 5mm。

(5)硬聚氯乙烯风管的直管段连续长度大于 20m 时,应按设计要求设置伸缩节;支管的重量不得由干管承受,必须自行设置支、吊架。

(6)风管系统安装完毕后,应按系统类别进行严密性检验。

4. 风帽安装质量控制

(1)风帽安装高度超过屋面 1.5mm 时应设拉索固定,拉索的数量不应少于 3 根,且设置均匀、牢固。

(2)不连接风管的筒形风帽,可用法兰直接固定在混凝土或木板底座上。当排送湿度较大的气体时,应在底座设置滴水盘并有排水措施。

5. 风口安装质量控制

(1)风口安装应横平、竖直、严密、牢固,表面平整。

(2)带风量调节阀的风口安装时,应先安装调节阀框,后安装风口的叶片框。同一方向的风口,其调节装置应设在同一侧。

(3)散流器风口安装时,应注意风口预留孔洞要比喉口尺寸大,留出扩散板的安装位置。

(4)洁净系统的风口安装前,应将风口擦拭干净,其风口边框与洁净室的顶棚或墙面之间应采用密封胶或密封垫料封堵严密,不能漏风。

(5)球形旋转风口连接应牢固,球形旋转头要灵活,不得空闲晃动。

(6)排烟口与送风口的安装部位应符合设计要求,与风管或混凝土风道的连接应牢固、严密。

6. 风阀安装质量控制

(1)风阀安装前应检查框架结构是否牢固,调节、制动、定位等装置是否准确灵活。

(2)风阀的安装同风管的安装,将风阀的法兰与风管或设备的法兰对正,加上密封垫片,上紧螺栓,使其与风管或设备连接件牢固、严密。

(3)风阀安装时,应使阀件的操纵装置便于人工操作。其安装方向应与阀体外壳标注的方向一致。

(4)安装完的风阀,应在阀体外壳上留有明显和准确的开启方向、开启程度的标志。

(5)防火阀的易熔片应安装在风管的迎风侧,其熔点温度应符合设计要求。

7. 风管系统严密性检验

风管系统安装后的严密性检验,是为了检验风管、部件预制加工后的咬口缝、铆钉孔、法兰翻边及风管与配件、风管与部件连接的严密性。严密性检验可根据系统大小分别进行分段或系统的漏风量试验。风管系统严密性检验以主、干管为主。检验合格后,再安装各类送风口等部件及风管的保温。

关键细节5　风管系统安装主控项目的质检要求

风管系统安装主控项目的质检要求见表2-23。

表2-23　　　　　　　　风管系统安装主控项目的质检要求

序号	分项	质检要点
1	防护管	在风管穿过需要封闭的防火、防爆的墙体或楼板时,应设预埋管或防护套管,其钢板厚度应不小于1.6mm。风管与防护套管之间,应用不燃且对人体无危害的柔性材料封堵严密。 检查数量:按数量抽查20%,且不得少于1个系统。 检验方法:尺量、观察检查
2	风管安装	风管安装必须符合下列规定: (1)风管内严禁其他管线穿越。 (2)输送含有易燃、易爆气体或安装在易燃、易爆环境的风管系统应有良好的接地,通过生活区或其他辅助生产房间时必须保证严密性,并不得设置接口。 (3)室外立管的固定拉索严禁拉在避雷针或避雷网上。 检查数量:按数量抽查20%,且不得少于1个系统。 检验方法:手扳、尺量、观察检查

（续一）

序号	分项	质检要点
3	高温风管设计	输送空气温度高于80℃的风管，应按设计规定采取防护措施。 检查数量：按数量抽查20%，且不得少于1个系统。 检验方法：观察检查
4	风管部件安装	风管部件安装必须符合下列规定： （1）各类风管部件及操作机构的安装，应能保证其正常的使用功能，并便于操作。 （2）斜插板风阀的安装，阀板必须为向上拉启；水平安装时，阀板还应为顺气流方向插入。 （3）止回风阀、自动排气活门的安装方向应正确。 检查数量：按数量抽查20%，且不得少于5件。 检验方法：尺量、观察检查，动作试验
5	防火阀、排烟阀	防火阀、排烟阀（口）的安装方向、位置应正确。防火分区隔墙两侧的防火阀，距墙表面不应大于200mm。 检查数量：按数量抽查20%，且不得少于5件。 检验方法：尺量、观察检查，动作试验
6	净化空调系统风管	净化空调系统风管的安装还应符合下列规定： （1）风管、静压箱及其他部件，必须擦拭干净，做到无油污和浮尘，当施工停顿或完毕时，端口应封好。 （2）法兰垫料应为不产尘、不易老化和具有一定强度和弹性的材料，厚度为5~8mm，不得采用乳胶海绵；法兰垫片应尽量减少拼接，并不允许直缝对接连接，严禁在垫料表面涂料。 （3）风管与洁净室吊顶、隔墙等围护结构的接缝处应严密。 检查数量：按数量抽查20%，且不得少于1个系统。 检验方法：观察、用白绸布擦拭
7	集中式真空吸尘系统	集中式真空吸尘系统的安装应符合下列规定： （1）真空吸尘系统弯管的曲率半径不应小于4倍管径，弯管的内壁面应光滑，不得采用褶皱弯管。 （2）真空吸尘系统三通的夹角不得大于45°；四通制作应采用两个斜三通的做法。 检查数量：按数量抽查20%，且不得少于2件。 检验方法：尺量、观察检查
8	风管系统安装	风管系统安装完毕后，应按系统类别进行严密性检验，漏风量应符合设计有关规定。风管系统的严密性检验，应符合下列规定： （1）低压系统风管的严密性检验应采用抽检，抽检率为5%，且不得少于1个系统。在加工工艺得到保证的前提下，采用漏光法检测。漏光法检测不合格时，应按规定的抽检率做漏风量测试。 　　中压系统风管的严密性检验，应在漏光法检测合格后，对系统漏风量测试进行抽检，抽检率为20%，且不得少于1个系统。 　　高压系统风管的严密性检验，为全数进行漏风量测试。 　　系统风管严密性检验的被抽检系统，应全数合格，满足的则视为通过；如有不合格，则应再加倍抽检，直至全数合格。 （2）净化空调系统风管的严密性检验，1~5级的系统按高压系统风管的规定执行；6~9级的系统按有关规定执行。 检查数量：抽检率为20%，且不得少于1个系统。 检验方法：按《通风与空调工程施工质量验收规范》（GB 50243—2002）附录A的规定进行严密性测试

（续二）

序号	分项	质检要点
9	手动密闭阀安装	手动密闭阀安装,阀门上标志的箭头方向必须与所受冲击波方向一致。 检查数量:全数检查。 检验方法:观察、核对检查

关键细节6　风管系统安装一般项目的质检要求

风管系统安装一般项目的质检要求见表2-24。

表2-24　　　　　　　　　风管系统安装一般项目的质检要求

序号	分项	质检要点
1	风管安装	风管的安装应符合下列规定: (1)风管安装前,应清除内、外杂物,并做好清洁和保护工作。 (2)风管安装的位置、标高、走向,应符合设计要求。现场风管接口的配置,不得缩小其有效截面。 (3)连接法兰的螺栓应均匀拧紧,其螺母宜在同一侧。 (4)风管接口的连接应严密、牢固。风管法兰的垫片材质应符合系统功能的要求,厚度不应小于3mm。垫片不应凸入管内,亦不宜突出法兰外。 (5)柔性短管的安装,应松紧适度,无明显扭曲。 (6)可伸缩性金属或非金属软风管的长度不宜超过2m,并不应有死弯或塌凹。 (7)风管与砖、混凝土风道的连接接口,应顺着气流方向插入,并应采取密封措施。风管穿出屋面处应设有防雨装置。 (8)不锈钢板、铝板风管与碳素钢支架的接触处,应有隔绝或防腐绝缘措施。 检查数量:按数量抽查10%,且不得少于1个。 检验方法:尺量、观察检查
2	无法兰连接风管安装	无法兰连接风管的安装应符合下列规定: (1)风管的连接处应完整无缺损,表面应平整,无明显扭曲。 (2)承插式风管的四周缝隙应一致,无明显的弯曲或褶皱;内涂的密封胶应完整,外粘的密封胶带应粘贴牢固、完整无缺损。 (3)薄钢板法兰形式风管的连接,弹性插条、弹簧夹或紧固螺栓的间隔不应大于150mm,且分布均匀,无松动现象。 (4)插条连接的矩形风管,连接后的板面应平整、无明显弯曲。 检查数量:按数量抽查10%,且不得少于1个系统。 检验方法:尺量、观察检查
3	风管连接	风管的连接应平直、不扭曲。明装风管水平安装,水平度的允许偏差为3/1000,总偏差不应大于20mm。明装风管垂直安装,垂直度的允许偏差为2/1000,总偏差不应大于20mm。暗装风管的位置,应正确、无明显偏差。 除尘系统的风管,宜垂直或倾斜敷设,与水平夹角宜大于或等于45°,小坡度和水平管应尽量缩短。 对含有凝结水或其他液体的风管,坡度应符合设计要求,并在最低处设排液装置。 检查数量:按数量抽查10%,且不得少于1个系统。 检验方法:尺量、观察检查

序号	分项	质检要点
4	风管支、吊架安装	风管支、吊架的安装应符合下列规定: (1)风管水平安装,直径或长边尺寸小于等于 400mm,间距不应大于 4m;大于 400mm,不应大于 3m。螺旋风管的支、吊架,间距可分别延长至 5m 和 3.75m;对于薄钢板法兰的风管,其支、吊架间距不应大于 3m。 (2)风管垂直安装,间距不应大于 4m,单根直管至少应有 2 个固定点。 (3)风管支、吊架宜按国标图集与规范选用强度和刚度相适应的形式和规格。对于直径或边长大于 2500mm 的超宽、超重等特殊风管的支、吊架,应按设计规定。 (4)支、吊架不宜设置在风口、阀门、检查门及自控机构处,离风口或插接管的距离不宜小于 200mm。 (5)当水平悬吊的主、干风管长度超过 20m 时,应设置防止摆动的固定点,每个系统不应少于 1 个。 (6)吊架的螺孔应采用机械加工。吊杆应平直,螺纹完整、光洁。安装后各副支、吊架的受力应均匀,无明显变形。风管或空调设备使用的可调隔振支、吊架的拉伸或压缩应按设计的要求进行调整。 (7)抱箍支架,折角应平直,抱箍应紧贴并箍紧风管。安装在支架上的圆形风管应设托座和抱箍,其圆弧应均匀,且与风管外径相一致。 检查数量:按数量抽查 10%,且不得少于 1 个系统。 检验方法:尺量、观察检查
5	非金属风管安装	非金属风管的安装应符合下列规定: (1)风管连接两法兰端面应平行、严密,法兰螺栓两侧应加镀锌垫圈。 (2)应适当增加支、吊架与水平风管的接触面积。 (3)硬聚氯乙烯风管的直段连续长度大于 20m,应按设计要求设置伸缩节;支管的重量不得由干管来承受,必须自行设置支、吊架。 (4)风管垂直安装,支架间距不应大于 3m。 检查数量:按数量抽查 10%,不得少于 1 个系统。 检验方法:尺量、观察检查
6	复合材料风管安装	复合材料风管的安装还应符合下列规定: (1)复合材料风管的连接处,接缝应牢固,无孔洞和开裂。当采用插接连接时,接口应匹配、无松动,端口缝隙不应大于 5mm。 (2)采用法兰连接时,应有防冷桥的措施。 (3)支、吊架的安装宜按产品标准的规定执行。 检查数量:按数量抽查 10%,不得少于 5 件。 检验方法:尺量、观察检查
7	集中式真空吸尘系统安装	集中式真空吸尘系统的安装应符合下列规定: (1)吸尘管道的坡度宜为 5‰,并坡向立管或吸尘点。 (2)吸尘嘴与管道的连接,应牢固、严密。 检查数量:按数量抽查 20%,不得少于 5 件。 检验方法:尺量、观察检查

（续二）

序号	分项	质检要点
8	风阀安装	各类风阀应安装在便于操作及检修的部位,安装后的手动或电动操作装置应灵活、可靠,阀板关闭应保持严密。 防火阀直径或长边尺寸大于等于630mm时,宜设独立支、吊架。 排烟阀(排烟口)及手控装置(包括预埋套管)的位置应符合设计要求。预埋套管不得有死弯及瘪陷。 除尘系统吸入管段的调节阀,宜安装在垂直管段上。 检查数量:按数量抽查10%,不得少于5件。 检验方法:尺量、观察检查
9	风帽安装	风帽安装必须牢固,连接风管与屋面或墙面的交接处不应渗水。 检查数量:按数量抽查10%,不得少于5件。 检验方法:尺量、观察检查
10	排、吸风罩安装	排、吸风罩的安装位置应正确,排列整齐,牢固可靠。 检查数量:按数量抽查10%,不得少于5件。 检验方法:尺量、观察检查
11	风口与风管连接	风口与风管的连接应严密、牢固,与装饰面相紧贴;表面平整、不变形,调节灵活、可靠。条形风口的安装,接缝处应衔接自然,无明显缝隙。同一厅室、房间内的相同风口的安装高度应一致,排列应整齐。 明装无吊顶的风口,安装位置和标高偏差应不大于10mm。 风口水平安装,水平度的偏差不应大于3/1000。 风口垂直安装,垂直度的偏差不应大于2/1000。 检查数量:按数量抽查10%,不得少于1个系统或不少于5件和2个房间的风口。 检验方法:尺量、观察检查
12	风口安装	净化空调系统风口安装还应符合下列规定: (1)风口安装前应清扫干净,其边框与建筑顶棚或墙面间的接缝处应加设密封垫料或密封胶,不应漏风。 (2)带高效过滤器的送风口,应采用可分别调节高度的吊杆。 检查数量:按数量抽查20%,不得少于1个系统或不少于5件和2个房间的风口。 检验方法:尺量、观察检查

三、风管部件与消声器制作

1. 风口制作质量控制

(1)下料、成型。风口的部件下料及成型应使用专用模具完成。铝制风口所需材料应为型材,其下料成型除应使用专用模具外,还应配备有专用的铝材切割机具。

(2)组装。

关键细节 7　风口部件的组装要点

1)风口的部件成型后组装,应有专用的工艺装备,以保证产品质量。产品组装后,应进行检验。

2)风口外表装饰面应平整光滑,采用板材制作的风口外表装饰面拼接的缝隙,不应大于 0.2mm,采用铝型材制作,不应大于 0.15mm。

3)风口的转动、调节部分应灵活、可靠,定位后,应无松动现象。手动式风口叶片与边框铆接应松紧适当。

4)插板式及活动篦板式风口,其插板、篦板应平整,边缘应光滑,启闭应灵活。组装后应能达到完全开启和闭合的要求。

5)百叶风口的叶片间距应均匀,其叶片间距允许偏差为±1.0mm,两端轴应同心。叶片中心线直线度允许偏差为 3/1000;叶片平行度允许偏差为 4/1000。叶片应平直,与边框无碰擦。

6)散流器的扩散环和调节环应同轴,轴向间距分布应匀称。

7)孔板式风口的孔口不得有毛刺,孔径和孔距应符合设计要求。

8)旋转式风口,转动应轻便灵活,接口处不应有明显漏风,叶片角度调节范围应符合设计要求。

9)球形风口内外球面间的配合应转动自如,定位后无松动。风量调节片应能有效地调节风量。

10)风口活动部分,如轴、轴套的配合等,应松紧适宜,并应在装配完成后加注润滑油。

11)如风口尺寸较大,应在适当部位对叶片及外框采取加固补强措施。

(3)焊接。

1)钢制风口组装后的焊接可根据不同材料,选择气焊或电焊的焊接方式。铝制风口应采用氢弧焊接。

2)焊接均应在非装饰面处进行,不得对装饰面外观产生不良影响。

3)焊接完成后,应对风口进行二次调整。

(4)表面处理。

1)风口的表面处理,应满足设计及使用要求,可根据不同材料选择喷漆、喷塑、烤漆、氧化等方式。

2)油漆的品种及喷涂道数应符合设计文件和相关规范的规定。

2. 风阀制作质量控制

(1)下料、成型:外框及叶片下料应使用机械完成,成型应尽量采用专用模具。

(2)零部件加工:风阀内的转动部件应采用耐磨耐腐蚀材料制作,以防锈蚀。

(3)焊接组装:

1)外框焊接可采用电焊或气焊方式,并应控制焊接变形。

2)风阀组装应按照规定的程序进行,阀门的结构应牢固,调节应灵活,定位应准确、可靠,并应标明风阀的启闭方向及调节角度。

3)多叶风阀的叶片间距应均匀,关闭时应相互贴合,搭接应一致。大截面多叶调节风阀应提高叶片与轴的刚度,并宜实施分组调节。

4)止回阀阀轴必须灵活,阀板关闭严密,转动轴采用不易锈蚀的材料制作。

5)防火阀制作所用钢材厚度不应小于2mm,转动部件应灵活。易熔件应为批准的并检验合格的正规产品,其熔点温度的允许偏差为－2～0℃。

(4)风阀组装完成后应进行调整和检验,并根据要求进行防火处理。

(5)若风阀尺寸过大,可将其分格成10个小规格的阀门制作。

(6)防火阀在阀体制作完成后要加装执行机构,并逐台进行检验阀板的关闭是否灵活和严密。

3. 柔性短管制作质量控制

(1)柔性短管制作可选用人造革、帆布、树脂玻璃布、软橡胶板、增强石棉布等材料。

(2)柔性短管的长度一般为150～300mm,不宜作变径管;设于结构变形缝的柔性短管,其长度宜为变形缝的宽度加上至少100mm。

(3)下料后,缝制可采用机械或手工方式,但必须保证严密牢固。

(4)如需防潮,帆布柔性短管可刷帆布漆。

(5)柔性短管与法兰组装可采用钢板压条的方式,通过铆接使二者联合起来。

(6)柔性短管不得出现扭曲现象,两侧法兰应平行。

(7)柔性风管应选用防腐、不透气、不宜霉变的柔性材料。当用于空调系统时,应采取防止结露的措施,外保温风管应包括覆防潮层。

(8)直径不大于250mm的金属圆形柔性风管,其壁厚不应小于0.09mm;直径为250～500mm的风管,其壁厚不应小于0.12mm;直径大于500mm的风管,其壁厚不应小于0.2mm。

(9)风管材料与胶粘剂的燃烧性能应达到难燃B1级。胶粘剂的化学性能应与所粘结材料一致,且在－30～70℃环境中不开裂、不融化、不水溶,并保持良好的粘结性。

4. 排风罩制作质量控制

(1)下料:根据不同的罩类形式放样后下料,并尽量采用机械加工。

(2)成型、组装:

1)罩类部件的组装根据所用材料及使用要求,可采用咬接、焊接等方式。

2)用于排出蒸汽或其他潮湿气体的伞形罩,应在罩口内边采取排除凝结液体的措施。

3)如有要求,在罩类中,还应加调节阀、自动报警、自动灭火、过滤、集油装置及设备。

5. 风帽制作质量控制

(1)风帽主要可分为伞形风帽、锥形风帽和筒形风帽三种。伞形风帽可按圆锥形展开下料,咬口或焊接制成。

(2)筒形风帽的圆筒,当风帽规格较小时,帽的两端可翻边卷钢丝加固,当风帽规格较大时,可用扁钢或角钢做箍进行加固。

(3)扩散管可按圆形大小头加工,一端用翻边卷钢丝加固,一端铆上法兰,以便与风管连接。

(4)风帽的支撑一般应用扁钢制成,用以连接扩散管、外筒和伞形帽。

6. 消声器制作质量控制

(1)下料:消声器有多种类型,如阻性消声器、柱式消声器、共振性消振器、阻抗复合消声器等。根据不同的消声器形式放样后下料,并尽量采用机械加工。

(2)外壳及框架结构施工。

1)消声器外壳根据所用材料及使用要求,应采用咬接、焊接等方式。

2)消声器框架无论用何种材料,都必须固定牢固。有方向性的消声器还需装上导流板。

3)对于金属穿孔板,穿孔的孔径和穿孔率应符合设计及相关技术文件的要求。穿孔板孔口的毛刺应锉平,避免将覆面织布划破。

4)消声片单体安装时,应有规则地排列,应保持片距的正确,上、下两端应装有固定消声片的框架,框架应固定牢固,不得松动。

(3)充填材料:消声材料的填充应按设计及相关技术文件规定的单位密度均匀进行敷设,需粘贴的应按规定的厚度粘贴牢固,拼缝密实,表面平整。

(4)覆面:消声材料填充后,应按设计及相关技术文件要求采用透气的覆面材料覆盖,覆面材料拼接应顺气流方向,拼缝密实,表面平整、拉紧,不应有凹凸不平之处。

(5)成品检验。

1)消声器制作尺寸应准确,连接应牢固,其外壳不应有锐边。

2)消声器制作完成后,应通过专业检测,其性能应能满足设计及相关技术文件规定的要求。

(6)包装及标识。

1)检验合格后,应出具检验合格证明文件。

2)有规格、型号、尺寸、方向的标识。

3)包装应符合成品保护的要求。

关键细节 8 风管部件与消声器制作主控项目的质检要求

风管部件与消声器制作主控项目的质检要求见表 2-25。

表 2-25　　　　　　　　风管部件与消声器制作主控项目的质检要求

序号	分项	质检要点
1	调节风阀手轮	手动单叶片或多叶片调节风阀的手轮或扳手,应以顺时针方向转动为关闭,其调节范围及开启角度指示应与叶片开启角度相一致。 用于除尘系统间歇工作点的风阀,关闭时应能密封。 检查数量:按批抽查 10%,不得少于 1 个。 检验方法:手动操作,观察检查
2	电动、气动调节风阀的驱动装置	电动、气动调节风阀的驱动装置,动作应可靠,在最大工作压力下工作正常。 检查数量:按批抽查 10%,不得少于 1 个。 检验方法:核对产品的合格证明文件、性能检测报告,观察或测试
3	防火阀	防火阀和排烟阀(排烟口)必须符合有关消防产品标准的规定,并具有相应的产品合格证明文件。 检查数量:按种类、批抽查 10%,不得少于 2 个。 检验方法:核对产品的合格证明文件、性能检测报告

（续）

序号	分项	质检要点
4	防爆风阀的制作	防爆风阀的制作材料必须符合设计规定,不得自行替换。 检查数量:全数检查。 检验方法:核对材料品种、规格,观察检查
5	净化空调的风阀	净化空调系统的风阀,其活动件、固定件以及紧固件均应采取镀锌或作其他防腐处理(如喷塑或烤漆);阀体与外界相通的缝隙处,应有可靠的密封措施。 检查数量:按批抽查10%,不得少于1个。 检验方法:核对产品的材料,手动操作,观察
6	高压力风阀	工作压力大于1MPa的调节风阀,生产厂应提供(在1.5倍工作压力下能自由开关)强度测试合格的证书(或试验报告)。 检查数量:按批抽查10%,不得少于1个。 检验方法:核对产品的合格证明文件、性能检测报告
7	柔性短管的制作	防排烟系统柔性短管的制作材料必须为不燃材料。 检查数量:全数检查。 检验方法:核对材料品种的合格证明文件
8	消声弯管	消声弯管的平面边长大于800mm时,应加设吸声导流片;消声器内直接迎风面的布质覆面层应有保护措施;净化空调系统消声器内的覆面应为不易产尘的材料。 检查数量:全数检查。 检验方法:观察检查、核对产品的合格证明文件

关键细节9　风管部件与消声器制作一般项目的质检要求

风管部件与消声器制作一般项目的质检要求见表2-26。

表2-26　　　　　　　　风管部件与消声器制作一般项目的质检要求

序号	分项	质检要点
1	调节风阀	手动单叶片或多叶片调节风阀应符合下列规定: (1)结构应牢固,启闭应灵活,法兰应与相应材质风管的相一致。 (2)叶片的搭接应贴合一致,与阀体缝隙应小于2mm。 (3)截面面积大于1.2m²的风阀应实施分组调节。 检查数量:按类别、批分别抽查10%,不得少于1个。 检验方法:手动操作、尺量、观察检查
2	止回风阀	止回风阀应符合下列规定: (1)启闭灵活,关闭时应严密。 (2)阀叶的转轴、铰链采用不易锈蚀的材料制作,保证转动灵活、耐用。 (3)阀片的强度应保证在最大负荷压力下不弯曲变形。 (4)水平安装的止回风阀应有可靠的平衡调节机构。 检查数量:按类别、批分别抽查10%,不得少于1个。 检验方法:观察、尺量,手动操作试验与核对产品的合格证明文件

（续一）

序号	分项	质检要点
3	插板风阀	插板风阀应符合下列规定： (1)壳体应严密,内壁应进行防腐处理。 (2)插板应平整,启闭灵活,并有可靠的定位固定装置。 (3)斜插板风阀的上下接管应成一直线。 检查数量:按类别、批分别抽查 10%,不得少于 1 个。 检验方法:手动操作,尺量、观察检查
4	三通调节风阀	三通调节风阀应符合下列规定： (1)拉杆或手柄的转轴与风管的结合处应严密。 (2)拉杆可在任意位置上固定,手柄开关应标明调节的角度。 (3)阀板调节方便,且不与风管相碰擦。 检查数量:按类别、批分别抽查 10%,不得少于 1 个。 检验方法:手动操作,尺量、观察检查
5	风量平衡阀	风量平衡阀应符合产品技术文件的规定。 检查数量:按类别、批分别抽查 10%,不得少于 1 个。 检验方法:观察、尺量,核对产品的合格证明文件
6	风罩的制作	风罩的制作应符合下列规定： (1)尺寸正确、连接牢固、形状规则、表面平整光滑,其外壳不应有尖锐边角。 (2)槽边侧吸罩、条缝抽风罩尺寸应正确,转角处弧度均匀、形状规则,吸入口平整,罩口加强板分隔间距应一致。 (3)厨房锅灶排烟罩应采用不易锈蚀材料制作,其下部集水槽应严密不漏水,并坡向排放口,罩内油烟过滤器应便于拆卸和清洗。 检查数量:按批抽查 10%,不得少于 1 个。 检验方法:尺量、观察检查
7	风帽的制作	风帽的制作应符合下列规定： (1)尺寸应正确,结构牢靠,风帽接管尺寸的允许偏差同风管的规定一致。 (2)伞形风帽伞盖的边缘应有加固措施,支撑高度、尺寸应一致。 (3)锥形风帽内外锥体的中心应同心,锥体组合的连接缝应顺水,下部排水应畅通。 (4)筒形风帽的形状应规则,外筒体的上下沿口应加固,其不圆度不应大于直径的 2%。伞盖边缘与外筒体的距离应一致,挡风圈的位置应正确。 (5)三叉形风帽 3 个支管的夹角应一致,与主管的连接应严密。主管与支管的锥度应为 3°～4°。 检查数量:按批抽查 10%,不得少于 1 个。 检验方法:尺量、观察检查
8	矩形弯管导流叶片	矩形弯管导流叶片的迎风侧边缘应圆滑,固定应牢固。导流片的弧度应与弯管的角度相一致。导流片的分布应符合设计规定。当导流叶片的长度超过 1250mm 时,应有加强措施。 检查数量:按批抽查 10%,不得少于 1 个。 检验方法:核对材料,尺量、观察检查

(续二)

序号	分项	质检要点
9	柔性短管	柔性短管应符合下列规定： (1)应选用防腐、防潮、不透气、不易霉变的柔性材料。用于空调系统的应采取防止结露的措施；用于净化空调系统的短管材料还应是内壁光滑、不易产生尘埃的材料。 (2)柔性短管的长度，一般宜为150～300mm，其连接处应严密、牢固可靠。 (3)柔性短管不宜作为找正、找平的异径连接管。 (4)设于结构变形缝的柔性短管，其长度宜为变形缝的宽度至少加上100mm。 检查数量：按批抽查10%，不得少于1个。 检验方法：尺量、观察检查
10	消声器	消声器的制作应符合下列规定： (1)所选用的材料，应符合设计的规定，满足防火、防腐、防潮和卫生性能等要求。 (2)外壳应牢固、严密，其漏风量应符合有关规定。 (3)充填的消声材料，应按规定的密度均匀铺设，并应有防止下沉的措施。消声材料的覆面层不得破损，搭接应顺气流，且应拉紧，界面无毛边。 (4)隔板与壁板结合处应紧贴、严密，穿孔板应平整、无毛刺，其孔径和穿孔率应符合设计要求。 检查数量：按批抽查10%，不得少于1个。 检验方法：核对材料，尺量、观察检查
11	检查门	检查门应平整、启闭灵活、关闭严密，其与风管或空气处理室的连接处应采取密封措施，无明显渗漏。 净化空调系统风管检查门的密封垫料，宜采用成型密封胶带或软橡胶条制作。 检查数量：按数量抽查20%，不得少于1个。 检验方法：观察检查
12	风口的验收	风口的验收，规格以颈部外径与外边长为准，其尺寸的允许偏差值应符合表2-27的规定。风口的外表装饰面应平整、叶片或扩散环的分布应匀称、颜色应一致、无明显的划伤和压痕；调节装置转动应灵活、可靠，定位后应无明显自由松动。 检查数量：按类别、批分别抽查5%，不得少于1个。 检验方法：尺量、观察检查，核对材料合格的证明文件与手动操作检查

表 2-27　　　　　　　　　　　　　　**风口尺寸允许偏差**　　　　　　　　　　mm

圆 形 风 口		
直　径	≤250	＞250
允许偏差	0～—2	0～—3

（续）

矩　形　风　口			
边　　长	＜300	300～800	＞800
允许偏差	0～－1	0～－2	0～－3
对角线长度	＜300	300～500	＞500
对角线长度之差	≤1	≤2	≤3

注：本表摘自《通风与空调工程施工质量验收规范》(GB 50243—2002)。

第三节　空调制冷系统与水系统安装

一、通风与空调设备安装

1. 风机安装质量控制

(1)风机就位前,按设计图纸并依据建筑物的轴线、边缘线及标高线放出安装基准线。将设备基础表面的油污、泥土杂物以及地脚螺栓预留孔内的杂物清除干净。

(2)整体安装的风机,搬运和吊装的绳索不得捆绑在转子和机壳或轴承盖的吊环上。风机吊至基础上后,用垫铁找平,垫铁一般应放在地脚螺栓两侧,斜垫铁必须成对使用。风机安装好后,同一组垫铁应点焊在一起,以免受力时松动。

(3)风机安装在无减振器的支架上,应垫上 4～5mm 厚的橡胶板,找正后固定牢。

(4)风机安装在有减振器的机座上时,地面要平整,各组减振器承受的荷载压缩量应均匀、不偏心,安装后采取保护措施,防止损坏。

(5)通风机的机轴应保持水平,水平度允许偏差为 0.2/1000。

(6)与电动机用联轴器连接时,两轴中心线应在同一直线上,两轴芯径向位移允许偏差为 0.05mm,两轴线倾斜允许偏差为 0.2/1000。

(7)安装通风机与电动机用三角皮带传动时,应对设备进行找正,保证电动机与通风机的轴线平行,并使两个皮带轮的中心线相重合。三角皮带拉紧程度控制在可用于敲打已装好的皮带中间,以稍有弹跳为准。

(8)安装通风机与电动机的传动皮带轮时,操作者应紧密配合,防止将手碰伤。挂皮带轮时,不得把手指插入皮带轮内,防止事故发生。

(9)风机的传动装置外露部分应安装防护罩,风机的吸入口或吸入管直通大气时,应加装保护网或其他安全装置。

(10)通风机出口的接出风管应顺叶轮旋转方向接出弯管。在现场条件允许的情况下,应保证出口至弯管的距离不小于风口出口长边尺寸 1.5～2.5 倍。如果受现场条件限制达不到要求,应在弯管内设导流叶片弥补。

(11)现场组装风机,绳索的捆缚不得损伤机件表面。转子、轴径和轴封等处均不应作为捆缚部位。

(12)输送特殊介质的通风机转子和机壳内如涂有保护层应严加保护。

(13)大型组装轴流风机,叶轮与机壳的间隙应均匀分布,并符合设备技术文件要求。

（14）通风机附属的自控设备和观测仪器、仪表安装，应按设备技术文件规定执行。

（15）风机试运转：经过全面检查，手动盘车，确认供应电源相序正确后方可送电试运转，运转前，轴承箱必须加上适度的润滑油，并检查各项安全措施；叶轮旋转方向必须正确；在额定转速下，试运转时间不得小于 2h。运转后，再检查风机减振基础有无位移和损坏现象，做好记录。

2. 空调机组安装质量控制

（1）阀门启闭应灵活，阀叶须平直。表面式换热器应有合格证，在规定期间内外表面无损伤时，在安装前可不做水压试验，否则应做水压实验。试验压力等于系统最高工作压力的 1.5 倍，且不低于 0.4MPa，试验时间为 2～3min，压力不得下降。空调器内挡水板，可阻挡喷淋处理后的空气夹带水滴进入风管内，使空调房间湿度稳定。挡水板前后不得装反。要求机组清理干净，箱体内无杂物。

（2）现场有多套空调机组安装前，应将段体进行编号，切不可将段体互换，按厂家说明书，分清左式、右式。段体排列顺序应与图纸吻合。

（3）从空调机组的一端开始，逐一将段体抬上底座就位找正，加衬垫，将相邻两个段体用螺栓连接牢固严密，每连接一个段体前，将内部清扫干净。组合式空调机组各功能段间连接后，整体应平直，检查门开启要灵活，水路畅通。

（4）加热段与相邻段体间应采用耐热材料作为垫片。

（5）喷淋段连接处要严密、牢固可靠，喷淋段不得渗水，喷淋段的检视门不得漏水。积水槽应清理干净，保证冷凝水畅通不溢水。凝结水管应设置水封，水封高度根据机外余压确定，防止空气调节器内空气外漏或室外空气进入。

（6）空气过滤器的安装。

关键细节 10　空气过滤器安装方向的技术要求

（1）框式及袋式粗、中效空气过滤器的安装要便于拆卸及更换滤料。过滤器与框架间、框架与空气处理室的维护结构间应严密。

（2）自动浸油过滤器的网子要清扫干净，传动应灵活，过滤器间接缝要严密。

（3）卷绕式过滤器安装时，框架要平整，滤料应松紧适当，上下筒平行。

（4）静电过滤器的安装应特别注意平稳，与风管或风机相连的部位设柔性短管，接地电阻要小于 4Ω。

（5）亚高效、高效过滤器的安装应符合以下规定：按出厂标志方向搬运、存放，安置于防潮、洁净的室内。其框架端面或刀口端面应平直，其平整度允许偏差为 ±1mm，其外框不得改动。洁净室全部安装完毕，并全面清扫擦净。系统连续试车 12h 后，方可开箱检查，不得有变形、破损和漏胶等现象，合格后立即安装。安装时，外框上的箭头与气流方向应一致。用波纹板组合的过滤器在竖向安装时，波纹板垂直地面不得反向。过滤器与框架间必须加密封垫料或涂抹密封胶，厚度为 6～8mm。定位胶贴在过滤器边框上，用梯形或楔形拼接，安装后的垫料的压缩率应大于 50%。采用硅橡胶密封时，先清除边框上的杂物和油污，在常温下挤抹硅橡胶，应饱满、均匀、平整。采用液槽密封时，槽架安装应水平，槽内保持洁净无水迹。密封液宜为槽深的 2/3。现场组装的空调机组应做漏风量测试。

(6)安装完的空调机组静压为 700Pa 时,漏风率不大于 3%;空气净化系统机组,静压为 1MPa。在室内洁净度低于 1000 级时,漏风率不应大于 2%;洁净度不低于 1000 级时,漏风率不应大于 1%。

3. 除尘器安装质量控制

(1)除尘器安装需要支架或其他支承结构物来固定,按除尘器的类型、安装位置和设计要求的不同,可支承在墙上、柱上或专用支架立于楼地面基础上。

(2)除尘器基础验收。除尘器安装前,对设备基础进行全面的检查,外形尺寸、标高、坐标应符合设计,基础螺栓预留孔位置、尺寸应正确。基础表面应铲出麻面,以便二次灌浆。应提交耐压试验单,验收合格后,方可进行设备安装。大型除尘器安装前,对基础尚需进行水平度测定,允许偏差值为±3mm。

(3)水平运输和垂直运输除尘器时,应保持外包装完好。

(4)设备开箱检查验收。按除尘器设备装箱清单,核对主机、辅机、附件、支架、传动机构和其他零部件和备件的数量,主要尺寸,进、出口的位置,方向是否符合设计要求。安装前,必须按图检查各零件的完好情况。若发现变形和尺寸变动,应整形或校正后方可安装。

(5)除尘器设备安装就位前,按照设计图纸,并根据建筑物的轴线、边缘线及标高线测放出安装基准线。将设备基础表面的油污、泥土杂物清除掉,地脚螺栓预留孔内的杂物冲洗干净。

1)除尘器设备整体安装吊装时,应直接放置在基础上,用垫铁找平、找正,垫铁一般应放在地脚螺栓两侧,斜垫铁必须成对使用。

2)除尘器现场组装。当除尘器设备散件组装或分段组装时,应先组装基础、支架部分,待找平、找正固定后再向上或多机组对安装。箱体及灰斗应进行密封性焊接,外观应平整、折角平直,加固要牢靠。焊接框架、检修平台时,要求焊缝保持平整、牢固。

3)除尘器设备的进口和出口方向应符合设计要求;安装连接各部法兰时,密封填料应加在螺栓内侧,以保证密封。人孔盖及检查门应压紧,不得漏气。

4)除尘器的排尘装置、卸料装置、排泥装置的安装必须严密,并便于以后操作和维修。各种阀门必须开启灵活、关闭严密。传动机构必须转动自如,动作稳定可靠。

4. 风机盘管及诱导器安装质量控制

(1)安装前,应检查每台电机壳体及表面交换器有无损伤、锈蚀等缺陷。

(2)风机盘管和诱导器应逐台进行通电试验检查,机械部分不得摩擦,电器部分不得漏电。

(3)风机盘管和诱导器应逐台进行水压试验,试验强度应为工作压力的 1.5 倍,定压后观察 2～3min,不渗不漏为合格。

(4)卧式吊装风机盘管和诱导器,吊架安装平整牢固,位置正确。吊杆不应自由摆动,吊杆与托盘相连处应用双螺母紧固。

(5)诱导器安装前必须逐台进行质量检查,检查项目如下:

1)各连接部分不得有松动、变形和产生破裂等情况;喷嘴不能脱落、堵塞。

2)静压箱封头处缝隙密封材料不能有裂痕和脱落;一次风调节阀必须灵活可靠,并调到全开位置。

(6)诱导器经检查合格后按设计要求就位安装,并检查喷嘴型号是否正确。

1)暗装卧式诱导器应用支、吊架固定,并便于拆卸和维修。

2)诱导器与一次风管连接处应严密,防止漏风。

3)诱导器水管接头方向和回风面朝向应符合设计要求。为利于回风,立式双面回风诱导器靠墙一面应留 50mm 以上空间。对于卧式双回风诱导器,要保证靠楼板一面留有足够空间。

(7)冷热媒水管与风机盘管、诱导器连接可采用钢管或紫铜管,接管应平直。紧固时,应用扳手卡住六方接头,以防损坏铜管。凝结水管应柔性连接,软管长度不大于 300mm,材质宜用透明胶管,并用喉箍紧固严密,不渗漏,坡度应正确。凝结水应畅通地排放到指定位置,水盘应无积水现象。

(8)风机盘管、诱导器同冷热媒管道连接,应在管道系统冲洗排污合格后进行,以防堵塞热交换器。

(9)暗装卧式风机盘管,吊顶应留有活动检查门,便于机组能整体拆卸和维修。

5. 消声器安装质量控制

(1)阻性消声器的消声片和消声壁、抗性消声器的膨胀腔、共振性消声器中的穿孔板孔径和穿孔率、共振腔、阻抗复合消声器中的消声片、消声壁和膨胀腔等有特殊要求的部位均应按照设计和标准图进行制作加工、组装。

(2)消声器、消声弯管应单独设支、吊架,不得由风管来支撑,其支、吊架的设置位置应正确、牢固可靠。

(3)消声器支、吊架的横托板穿吊杆的螺孔距离,应比消声器宽 40~50mm。为了便于调节标高,可在吊杆端部套 50~80mm 的丝扣,以便找平、找正,加双螺母固定。

(4)消声器等安装就位后,可用拉线或吊线尺量的方法进行检查,对位置不正、扭曲、接口不齐等不符合要求部位进行修整,使其达到设计和使用的要求。

6. 空气风幕机安装质量控制

(1)空气风幕机安装位置方向应正确、牢固可靠,与门框间应采用弹性垫片隔离,防止空气风幕机的振动传递到门框上产生共振。

(2)风幕机的安装不得影响其回风口过滤网的拆卸和清洗。

(3)风幕机的安装高度应符合设计要求,风幕机吹出的空气应能有效地隔断室内外空气的对流。

(4)风幕机的安装纵向垂直度和横向水平度的偏差均不大于 2/1000。

关键细节 11　通风与空调设备安装主控项目的质检要求

通风与空调设备安装主控项目的质检要求见表 2-28。

表 2-28　　　　　　　　通风与空调设备安装主控项目的质检要求

序号	分项	质检要点
1	通风机安装	通风机的安装应符合下列规定: (1)型号、规格应符合设计规定,出口方向应正确。 (2)叶轮旋转应平稳,停转后不应每次停留在同一位置上。 (3)固定通风机的地脚螺栓应拧紧,并有防松动措施。 检查数量:全数检查。 检验方法:依据设计图核对、观察检查

（续一）

序号	分项	质检要点
2	防护罩	通风机传动装置的外露部位以及直通大气的进、出口，必须装设防护罩（网）或采取其他安全设施。 检查数量：全数检查 检验方法：依据设计图核对、观察检查
3	空调机组安装	空调机组的安装应符合下列规定： （1）型号、规格、方向和技术参数应符合设计要求。 （2）现场组装的组合式空气调节机组应做漏风量的检测，其漏风量必须符合现行国家标准《组合式空调机组》（GB/T 14294—2008）的规定。 检查数量：按总数抽检 20%，不得少于 1 台。净化空调系统的机组，1～5 级全数检查，6～9 级抽查 50%。 检验方法：依据设计图核对，检查测试记录
4	除尘器安装	除尘器的安装应符合下列规定： （1）型号、规格、进出口方向必须符合设计要求。 （2）现场组装的除尘器壳体应做漏风量检测，在设计工作压力下允许漏风率为 5%，其中离心式除尘器为 3%。 （3）布袋除尘器电除尘器的壳体及辅助设备接地应可靠。 检查数量：按总数抽查 20%，不得少于 1 台；接地全数检查。 检查测试记录和观察检查
5	净化系统安装	高效过滤器应在洁净室及净化空调系统进行全面清扫和系统连续试车 12h 以上后，在现场拆开包装并进行安装。 安装前需进行外观检查和仪器检漏。目测不得有变形、脱落、断裂等破损现象；仪器抽检检漏应符合产品质量文件的规定。 合格后立即安装，其方向必须正确，安装后的高效过滤器四周及接口，应严密不漏；在调试前应进行扫描检漏。 检查数量：高效过滤器的仪器抽检检漏按批抽 5%，不得少于 1 台。 检验方法：观察检查，按《通风与空调工程施工质量验收规范》（GB 50243—2002）附录 B 规定扫描检测或查看检测记录
6	净化空调设备安装	净化空调设备的安装还应符合下列规定： （1）净化空调设备与洁净室围护结构相连的接缝必须密封。 （2）风机过滤器单元（FFU 与 FMU 空气净化装置）应在清洁的现场进行外观检查，目测不得有变形、锈蚀、漆膜脱落、拼接板破损等现象；在系统试运转时，必须在进风口处加装临时中效过滤器作为保护。 检查数量：全数检查。 检验方法：按设计图核对、观察检查
7	金属外壳接地	静电空气过滤器金属外壳接地必须良好。 检查数量：按总数抽查 20%，不得少于 1 台。 检验方法：核对材料、观察检查或电阻测定

（续二）

序号	分项	质检要点
8	电加热器安装	电加热器的安装必须符合下列规定： (1)电加热器与钢构架间的绝热层必须为不燃材料；接线柱外露的应加设安全防护罩。 (2)电加热器的金属外壳接地必须良好。 (3)连接电加热器的风管的法兰垫片，应采用耐热不燃材料。 检查数量：按总数抽查20%，不得少于1台。 检验方法：核对材料、观察检查或电阻测定
9	加湿器安装	干蒸汽加湿器的安装，蒸汽喷管不应朝下。 检查数量：全数检查。 检验方法：观察检查
10	过滤器安装	过滤吸收器的安装方向必须正确，并应设独立支架，与室外的连接管段不得泄漏。 检查数量：全数检查。 检验方法：观察或检测

关键细节 12　通风与空调设备安装一般项目的质检要求

通风与空调设备安装一般项目的质检要求见表2-29。

表 2-29　　　　　　　　通风与空调设备安装一般项目的质检要求

序号	分项	质检要点
1	通风机安装	通风机的安装应符合下列规定： (1)通风机的安装，应符合表2-30规定，叶轮转子与机壳的组装位置应正确；叶轮进风口插入风机机壳进风口或密封圈的深度，应符合设备技术文件的规定，或为叶轮外径值的1/100。 (2)现场组装的轴流风机叶片安装角度应一致，达到在同一平面内运转，叶轮与简体之间的间隙应均匀，水平度允许偏差为1/1000。 (3)安装隔振器的地面应平整，各组隔振器承受荷载的压缩量应均匀，高度误差应小于2mm。 (4)安装风机的隔振钢支、吊架，其结构形式和外形尺寸应符合设计或设备技术文件的规定；焊接应牢固，焊缝应饱满、均匀。 检查数量：按总数抽查20%，不得少于1台。 检验方法：尺量、观察或检查施工记录
2	组合式空调机组安装	组合式空调机组及柜式空调机组的安装应符合下列规定： (1)组合式空调机组各功能段的组装，应符合设计规定的顺序和要求；各功能段之间的连接应严密，整体应平直。 (2)机组与供回水管的连接应正确，机组下部冷凝水排放管的水封高度应符合设计要求。 (3)机组应清扫干净，箱体内应无杂物、垃圾和积尘。 (4)机组内空气过滤器(网)和空气热交换器翅片应清洁、完好。 检查数量：按总数抽查20%，不得少于1台。 检验方法：观察检查

（续一）

序号	分项	质检要点
3	空气处理室安装	空气处理室的安装应符合下列规定： (1)金属空气处理室壁板及各段的组装位置应正确，表面平整，连接严密、牢固。 (2)喷水段的本体及其检查门不得漏水，喷水管和喷嘴的排列、规格应符合设计的规定。 (3)表面式换热器的散热面应保持清洁、完好。当用于冷却空气时，在下部应设有排水装置，冷凝水的引流管或槽应畅通，冷凝水不外溢。 (4)表面式换热器与围护结构间的缝隙，以及表面式热交换器之间的缝隙，应封堵严密。 (5)换热器与系统供回水管的连接应正确，且严密不漏。 检查数量：按总数抽查 20%，不得少于 1 台。 检验方法：观察检查
4	单元式空调机组安装	单元式空调机组的安装应符合下列规定： (1)分体式空调机组的室外机和风冷整体式空调机组的安装，固定应牢固、可靠；除应满足冷却风循环空间的要求外，还应符合环境卫生保护有关法规的规定。 (2)分体式空调机组的室内机的位置应正确，并保持水平，冷凝水排放应畅通。管道穿墙处必须密封，不得有雨水渗入。 (3)整体式空调机组管道的连接应严密、无渗漏，四周应留有相应的维修空间。 检查数量：按总数抽查 20%，不得少于 1 台。 检验方法：观察检查
5	除尘器安装	除尘器的安装位置应符合下列规定： (1)除尘器的安装位置应正确、牢固平稳，允许误差应符合表 2-31 的规定。 (2)除尘器的活动或转动部件的动作应灵活、可靠，并应符合设计要求。 (3)除尘器的排灰阀、卸料阀、排泥阀的安装应严密，并便于操作与维护修理。 检查数量：按总数抽查 20%，不得少于 1 台。 检验方法：尺量、观察检查及检查施工记录
6	静电除尘器安装	现场组装的静电除尘器的安装，还应符合设备技术文件及下列规定： (1)阳极板组合后的阳极排平面度允许偏差为 5mm，其对角线允许偏差为 10mm。 (2)阴极小框架组合后主平面的平面度允许偏差为 5mm，其对角线允许偏差为 10mm。 (3)阴极大框架的整体平面度允许偏差为 15mm，整体对角线允许偏差为 10mm。 (4)阳极板高度小于或等于 7m 的电除尘器，阴、阳极间距允许偏差为 5mm。阳极板高度大于 7m 的电除尘器，阴、阳极间距允许偏差为 10mm。 (5)振打锤装置的固定，应可靠；振打锤的转动应灵活。锤头方向应正确；振打锤头与振打砧之间应保持良好的线接触状态，接触长度应大于锤头厚度的 0.7 倍。 检查数量：按总数抽查 20%，不得少于 1 组。 检验方法：尺量、观察检查及检查施工记录

（续二）

序号	分项	质检要点
7	布袋除尘器安装	现场组装布袋除尘器的安装,还应符合下列规定: (1)外壳应严密、不漏,布袋接口应牢固。 (2)分室反吹袋式除尘器的滤袋安装,必须平直。每条滤袋的拉紧力应保持在 25～35N/m;与滤袋连接接触的短管和袋帽,应无毛刺。 (3)机械回转扁袋式除尘器的旋臂,转动应灵活可靠,净气室上部的顶盖,应密封不漏气,旋转应灵活,无卡阻现象。 (4)脉冲袋式除尘器的喷吹孔,应对准文氏管的中心,同心度允许偏差为 2mm。 检查数量:按总数抽查 20%,不得少于 1 台。 检验方法:尺量、观察检查及检查施工记录
8	净化设备安装	洁净室空气净化设备的安装,应符合下列规定: (1)带有通风机的气闸室、吹淋室与地面间应有隔振垫。 (2)机械式余压阀的安装,阀体、阀板的转轴均应水平,允许偏差为 2/1000。余压阀的安装位置应在室内气流的下风侧,并不应在工作面高度范围内。 (3)传递窗的安装,应牢固、垂直,与墙体的连接处应密封。 检查数量:按总数抽查 20%,不得少于 1 件。 检验方法:尺量、观察检查
9	装配式 洁净室安装	装配式洁净室的安装应符合下列规定: (1)洁净室的顶板和壁板(包括夹芯材料)应为不燃材料。 (2)洁净室的地面应干燥、平整,平整度允许偏差为 1/1000。 (3)壁板的构配件和辅助材料的开箱,应在清洁的室内进行,安装前应严格检查其规格和质量。壁板应垂直安装,底部宜采用圆弧或钝角交接;安装后的壁板之间、壁板与顶板间的拼缝,应平整严密,墙板的垂直度允许偏差为 2/1000,顶板水平度的允许偏差与每个单间的几何尺寸的允许偏差均为 2/1000。 (4)洁净室吊顶在受荷载后应保持平直,压条全部紧贴。洁净室壁板若为上、下槽形板,其接头应平整、严密;组装完毕的洁净室所有拼接缝,包括与建筑的接缝,均应采取密封措施,做到不脱落,密封良好。 检查数量:按总数抽查 20%,且不得少于 5 件。 检验方法:尺量、观察检查及检查施工记录
10	洁净层流罩安装	洁净层流罩的安装应符合下列规定: (1)应设独立的吊杆,并有防晃动的固定措施。 (2)层流罩安装的水平度允许偏差为 1/1000,高度的允许偏差为 ±1mm。 (3)层流罩安装在吊顶上,其四周与顶板之间应设有密封及隔振措施。 检查数量:按总数抽查 20%,且不得少于 5 件。 检验方法:尺量、观察检查及检查施工记录
11	风机过滤器安装	风机过滤器单元(FFU、FMU)的安装应符合下列规定: (1)风机过滤器单元的高效过滤器安装前应按相关规定检漏,合格后进行安装,方向必须正确;安装后的 FFU 或 FMU 机组应便于检修。 (2)安装后的 FFU 风机过滤器单元,应保持整体平整,与吊顶衔接良好。风机箱与过滤器之间的连接,过滤器单元与吊顶框架间应有可靠的密封措施。 检查数量:按总数抽查 20%,且不得少于 2 个。 检验方法:尺量、观察检查及检查施工记录

(续三)

序号	分项	质检要点
12	高效过滤器安装	高效过滤器的安装应符合下列规定： (1)高效过滤器采用机械密封时，须采用密封垫料，其厚度为 6～8mm，并定位贴在过滤器边框上，安装后垫料的压缩应均匀，压缩率为 25%～50%。 (2)采用液槽密封时，槽架安装应水平，不得有渗漏现象，槽内无污物和水分，槽内密封液高度宜为 2/3 槽深。密封液的熔点宜高于 50℃。 检查数量：按总数抽查 20%，且不得少于 5 个。 检验方法：尺量、观察检查
13	消声器安装	消声器的安装应符合下列规定： (1)消声器安装前应保持干净，做到无油污和浮尘。 (2)消声器安装的位置、方向应正确，与风管的连接应严密，不得损坏与受潮。两组同类型消声器不宜直接串联。 (3)现场安装的组合式消声器，消声组件的排列、方向和位置应符合设计要求。单个消声器组件的固定应牢固。 (4)消声器、消声弯管均应设独立支、吊架。 检查数量：整体安装的消声器，按总数抽查 10%，且不得少于 5 台。现场组装的消声器全数检查。 检验方法：手扳和观察检查、核对安装记录
14	空气过滤器安装	空气过滤器的安装应符合下列规定： (1)安装平整、牢固，方向正确。过滤器与框架、框架与围护结构之间应严密无穿透缝。 (2)框架式或粗效、中效袋式空气过滤器的安装，过滤器四周与框架均应压紧，无可见缝隙，并应便于拆卸和更换滤料。 (3)卷绕式过滤器的安装，框架应平整、展开的滤料应松紧适度、上下筒体应平行。 检查数量：按总数抽查 10%，且不得少于 1 台。 检验方法：观察检查
15	风机盘管机组安装	风机盘管机组的安装应符合下列规定： (1)机组安装前宜进行单机三速试运转及水压试验。试验压力为系统工作压力的 1.5 倍，试验观察时间为 2min，不渗漏为合格。 (2)机组应设独立支、吊架，安装的位置、高度及坡度应正确，运转应平稳。 (3)机组与风管、回风箱或风口的连接，应严密、可靠。 检查数量：按总数抽查 10%，且不得少于 1 台。 检验方法：观察检查、查阅检查试验记录
16	换热器安装	转轮式换热器安装的位置、转轮旋转方向及接管应正确，运转应平稳。 检查数量：按总数抽查 20%，且不得少于 1 台。 检验方法：观察检查
17	去湿器安装	转轮去湿器安装应牢固，转轮及传动部件应灵活、可靠，方向正确；处理空气与再生空气接管应正确；排风水平管须保持一定的坡度，并坡向排出方向。 检查数量：按总数抽查 20%，且不得少于 1 台。 检验方法：观察检查

（续四）

序号	分项	质检要点
18	蒸汽加湿器安装	蒸汽加湿器的安装应设置独立支架,并固定牢固;接管尺寸正确、无渗漏。 检查数量:全数检查。 检验方法:观察检查
19	空气风幕机安装	空气风幕机的安装,位置方向应正确、牢固可靠,纵向垂直度与横向水平度的偏差不应大于2/1000。 检查数量:按总数10%的比例抽查,且不得少于1台。 检验方法:观察检查
20	变风量末端装置安装	变风量末端装置的安装,应设单独支、吊架,与风管连接前宜做动作试验。 检查数量:按总数抽查10%,且不得少于1台。 检验方法:观察检查、查阅检查试验记录

表 2-30　　　　　　　　　　通风机安装的允许偏差

项次	项目		允许偏差	检验方法
1	中心线的平面位移		10mm	经纬仪或拉线和尺量检查
2	标高		±10mm	水准仪或水平仪、直尺、拉线和尺量检查
3	皮带轮轮宽中心平面偏移		1mm	在主、从动皮带轮端面拉线和尺量检查
4	传动轴水平度		纵向 0.2/1000 横向 0.3/1000	在轴或皮带轮0°和180°的两个位置上,用水平仪检查
5	联轴器	两轴芯径向位移	0.05mm	在联轴器互相垂直的四个位置上,用百分表检查
		两轴线倾斜	0.2/1000	

注:本表摘自《通风与空调工程施工质量验收规范》(GB 50243—2002)。

表 2-31　　　　　　　　除尘器安装允许偏差和检验方法

项次	项目		允许偏差/mm	检验方法
1	平面位移		≤10	用经纬仪或拉线、尺量检查
2	标高		±10	用水准仪、直尺、拉线和尺量检查
3	垂直度	每米	≤2	吊线和尺量检查
		总偏差	≤10	

注:本表摘自《通风与空调工程施工质量验收规范》(GB 50243—2002)。

二、空调制冷系统安装

1. 制冷机组的安装质量控制

(1)活塞式制冷机组。

1)基础检查验收:会同土建、监理和建设单位共同对基础质量进行检查,确认合格后进行中间交接,检查内容主要包括外形尺寸、平面的水平度、中心线、标高、地脚螺栓孔的深度和间距、埋设件等。

2）就位找正和初平：

①根据施工图纸按照建筑物的定位轴线弹出设备基础的纵横向中心线，利用铲车、人字拔杆将设备吊至设备基础上进行就位。注意设备管口方向应符合设计要求，将设备的水平度调整到接近要求的程度。

②利用平垫铁或斜垫铁对设备进行初平，垫铁的放置位置和数量应符合设备安装要求。

3）精平和基础抹面。

🏠关键细节 13　活塞式制冷机组的精平要点

①设备初平合格后，应对地脚螺栓孔进行二次灌浆，所用的细石混凝土或水泥砂浆的强度等级，应比基础强度等级高 1 级或 2 级。灌浆前应清理孔内的污物、泥土等杂物。每个孔洞灌浆必须一次完成，分层捣实，并保持螺栓处于垂直状态。待其强度达到 70% 以上时，方能拧紧地脚螺栓。

②设备精平后，应及时点焊垫铁，设备底座与基础表面间的空隙应用混凝土填满，并将垫铁埋在混凝土内，灌浆层上表面应略有坡度，以防油、水流入设备底座，抹面砂浆应密实，表面应光滑美观。

4）拆卸和清洗：

①用油封的制冷压缩机，如在设备技术文件规定的期限内，且外观良好、无损坏和锈蚀时，仅拆洗缸盖、活塞、气缸内壁、吸排气阀及曲轴箱等，并检查所有紧固件、油路是否通畅，更换曲轴箱内的润滑油。用充有保护性气体或制冷工质的机组，如在设备技术文件规定的期限内，充气压力无变化，且外观完好，可不作压缩机的内部清洗。

②设备拆卸清洗的场地应清洁，并具有防火设备。设备拆卸时，应按照顺序进行，在每个零件上做好记号，防止组装时颠倒。

③采用汽油进行清洗时，清洗后必须涂上一层机油，防止锈蚀。

（2）螺杆式制冷机组。

1）螺杆式制冷机组的基础检查、就位找正初平的方法同活塞式制冷机组。机组安装的纵向和横向水平偏差均不应大于 1/1000，并应在底座或与底座平行的加工面上测量。

2）脱开电动机与压缩机间的联轴器，发动电动机，检查电动机的转向是否符合压缩机要求。

3）设备地脚螺栓孔的灌浆强度达到要求后，对设备进行精平，利用百分表在联轴器的端面和圆周上进行测量、找正，其允许偏差应符合设备技术文件的规定。

（3）离心式制冷机组。

1）离心式制冷机组的安装方法与活塞式制冷机组基本相同。机组安装的纵向和横向水平偏差均不应大于 $l/1000$，并应在底座或与底座平行的加工面上测量。

2）机组吊装时，钢丝绳要设在蒸发器和冷凝器的简体外侧，不要使钢丝绳在仪表盘、管路上受力，钢丝绳与设备的接触点应垫木板。

3）机组在连接压缩机进气管前，应从吸气口观察导向叶片和执行机构、叶片开度与指示位置,按设备技术文件的要求调整一致并定位,最后连接电动执行机构。

4)安装时,设备基础底板应平整,底座安装应设置隔振器,隔振器的压缩量应一致。

2. 制冷系统管道安装质量控制

(1)管道预制。

(2)阀门安装的位置、方向、高度应符合设计要求,不得反装。

(3)仪表安装。所有测量仪表按设计要求均采用专用产品,并应有合格证书和有效的检测报告。

(4)系统吹扫。整个制冷系统是一个密封而又清洁的系统,不得有任何杂物存在,必须采用洁净干燥的空气对整个系统进行吹扫,将残存在系统内部的铁屑、焊渣泥砂等杂物吹净。

(5)系统气密性试验。系统内污物吹净后,应对整个系统进行气密性试验。

(6)系统抽真空试验。在气密性试验后,采用真空泵将系统抽至剩余压力小于 53kPa (40mmHg),保持 24h,氨系统压力以不发生变化为合格,氟利昂系统压力回升不应大于 0.53kPa(4mmHg)。

(7)管道防腐与保温。乙二醇系统管道内壁需进行环氧树脂防腐处理。

(8)系统充制冷剂。制冷系统充灌制冷剂时,应将装有质量合格的制冷剂的钢瓶在磅秤上称重并做好记录,用连接管与机组注液阀接通,利用系统内真空度将制冷剂注入系统。

3. 燃油系统管路安装质量控制

(1)机房内油箱的容量不得大于 $1m^3$,油位应高于燃烧器 0.10~0.15m,油箱顶部应安装呼吸阀,油箱还应设置油位指示器。

(2)为防止油中的杂质进入燃烧器、油泵及电磁阀等部件,应在管路系统中安装过滤器。一般可设在油箱的出口处和燃烧器的入口处。油箱的出口处可采用 60 目的过滤器,而燃烧器的入口处则应采用 140 目较细的过滤器。

(3)燃油管路应采用无缝钢管,焊接前,应清除管内的铁锈和污物。焊接后,应做强度和严密性试验。

(4)燃油管道的最低点应设置排污阀,最高点应设置排气阀。

(5)装有喷油泵回油管路时,回油管路系统中应装有旋塞、阀门等部件,保证管路畅通无阻。

(6)无日用油箱的供油系统,应在储油罐与燃烧器之间安装空气分离器,并应靠近机组。

(7)管道采用无损检测时,其抽检比例和合格等级应符合设计文件要求。

(8)当管道系统采用水冲洗时,合格后还应用干燥的压缩空气将管路中的水分吹干。

4. 燃气系统管路安装质量控制

(1)管路应采用无缝钢管,并采用明装敷设。特殊情况下采用暗装敷设时,必须便于安装和检查。

(2)燃气管路的敷设,不得穿越卧室、易燃易爆品仓库、配电间、变电室等部位。

(3)当燃气管路的设计压力大于机组使用压力范围时,应在进机组之前增加减压装置。

(4)燃气管路进入机房后,应按设计要求配置球阀、压力表、过滤器及流量计等。

(5)燃气管路宜采用焊接连接,应做强度、严密性试验和气体泄漏量试验。

(6)燃气管路与设备连接前,应对系统进行吹扫,其清洁度应符合设计和有关规范的规定。

🏠关键细节 14 空调制冷系统安装主控项目的质检要求

空调制冷系统安装主控项目的质检要求见表 2-32。

表 2-32 空调制冷系统安装主控项目的质检要求

序号	分项	质检要点
1	制冷设备安装	制冷设备与制冷附属设备的安装应符合下列规定: (1)制冷设备、制冷附属设备的型号、规格和技术参数必须符合设计要求,并具有产品合格证书、产品性能检验报告。 (2)设备安装的位置、标高和管口方向必须符合设计要求。用地脚螺栓固定的制冷设备或制冷附属设备,其垫铁的放置位置应正确、接触紧密;螺栓必须拧紧,并有防松动措施。 检查数量:全数检查。 检验方法:查阅图纸核对设备型号、规格;查阅产品质量合格证书和性能检验报告
2	冷却器	直接膨胀表面式冷却器的外表应保持清洁、完整,空气与制冷剂应呈逆向流动;表面式冷却器与外壳四周的缝隙应堵严,冷凝水排放应畅通。 检查数量:全数检查。 检验方法:观察检查
3	燃油系统的设备	燃油系统的设备与管道,以及储油罐及日用油箱的安装位置和连接方法应符合设计与消防要求。 燃气系统设备的安装应符合设计和消防要求。调压装置、过滤器的安装和调节应符合设备技术文件的规定,且应可靠接地。 检查数量:全数检查。 检验方法:按图纸核对、观察、查阅接地测试记录
4	制冷设备的严密性	制冷设备的各项严密性试验和试运行的技术数据,均应符合设备技术文件的规定。对组装式的制冷机组和现场充注制冷剂的机组,必须进行吹污、气密性试验、真空试验和充注制冷剂检漏试验,其相应的技术数据必须符合产品技术文件和有关现行国家标准、规范的规定。 检查数量:全数检查。 检验方法:旁站观察、检查和查阅试运行记录

（续）

序号	分项	质检要点
5	制冷系统管道、管件安装	制冷系统管道、管件和阀门的安装应符合下列规定： （1）制冷系统的管道、管件和阀门的型号、材质及工作压力等必须符合设计要求，并应具有出厂合格证、质量证明书。 （2）法兰、螺纹等处的密封材料应与管内的介质性能相适应。 （3）制冷剂液体管不得向上装成"Ω"形。气体管道不得向下装成"Ω"形（特殊回油管除外）；液体支管引出时，必须从干管底部或侧面接出；气体支管引出时，必须从干管顶部或侧面接出；有两根以上的支管从干管引出时，连接部位应错开，间距不应小于2倍支管直径，且不小于200mm。 （4）制冷机与附属设备之间制冷剂管道的连接，其坡度与坡向应符合设计及设备技术文件要求。当设计无规定时，应符合表2-33的规定。 （5）制冷系统投入运行前，应对安全阀进行调试校核，其开启和回座压力应符合设备技术文件的要求。 检查数量：按总数抽检20%，且不得少于5件。 检验方法：核查合格证明文件、观察、水平仪测量、查阅调校记录
6	防静电接地装置	燃油管道系统必须设置可靠的防静电接地装置，其管道法兰应采用镀锌螺栓连接或在法兰处用铜导线进行跨接，且接合良好。 检查数量：系统全数检查。 检验方法：观察检查、查阅试验记录
7	吹扫和压力试验	燃气系统管道与机组的连接不得使用非金属软管。燃气管道的吹扫和压力试验应采用压缩空气或氮气，严禁用水。当燃气供气管道压力大于0.005MPa时，焊缝的无损检测的执行标准应按设计规定。当设计无规定，且采用超声波探伤时，应全数检测，以质量不低于Ⅱ级为合格。 检查数量：系统全数检查。 检验方法：观察检查、查阅探伤报告和试验记录
8	管道焊缝	氨制冷剂系统管道、附件、阀门及填料不得采用铜或铜合金材料（磷青铜除外），管内不得镀锌。氨系统的管道焊缝应进行射线照相检验，抽检率为10%，以质量不低于Ⅲ级为合格。在不易进行射线照相检验操作的场合，可用超声波检验代替，以不低于Ⅱ级为合格。 检查数量：系统全数检查。 检验方法：观察检查、查阅探伤报告和试验记录
9	输送乙二醇溶液的管道系统	输送乙二醇溶液的管道系统，不得使用内镀锌管道及配件。 检查数量：按系统的管段抽查20%，且不得少于5件。 检验方法：观察检查、查阅安装记录
10	强度、气密性试验	制冷管道系统应进行强度、气密性试验及真空试验，且必须合格。 检查数量：系统全数检查。 检验方法：旁站、观察检查和查阅试验记录

表 2-33 制冷剂管道坡度、坡向

管　道　名　称	坡　向	坡　度
压缩机吸气水平管(氟)	压缩机	≥1‰
压缩机吸气水平管(氨)	蒸发器	≥3‰
压缩机排气水平管	油分离器	≥1‰
冷凝器水平供液管	贮液器	1‰～3‰
油分离器至冷凝器水平管	油分离器	3‰～5‰

注：本表摘自《通风与空调工程施工质量验收规范》(GB 50243—2002)。

关键细节 15　空调制冷系统安装一般项目的质检要求

空调制冷系统安装一般项目的质检要求见表 2-34。

表 2-34 空调制冷系统安装一般项目的质检要求

序号	分项	质检要点
1	制冷机组安装	制冷机组与制冷附属设备的安装应符合下列规定： 　(1)制冷设备及制冷附属设备安装位置、标高的允许偏差,应符合表 2-35 的规定。 　(2)整体安装的制冷机组,其机身纵、横向水平度的允许偏差为 1/1000,并应符合设备技术文件的规定。 　(3)制冷附属设备安装的水平度或垂直度允许偏差为 1/1000,并应符合设备技术文件的规定。 　(4)采用隔振措施的制冷设备或制冷附属设备,其隔振器安装位置应正确;各个隔振器的压缩量应均匀一致,偏差不应大于 2mm。 　(5)设置弹簧隔振的制冷机组,应设有防止机组运行时水平位移的定位装置。 　检查数量：全数检查。 　检验方法：在机座或指定的基准面上用水平仪、水准仪等检测、尺量与观察检查
2	冷水机组	模块式冷水机组单元多台并联组合时,接口应牢固,且严密不漏。连接后机组的外表应平整、完好,无明显的扭曲。 　检查数量：全数检查。 　检验方法：尺量、观察检查
3	燃油系统油泵安装	燃油系统油泵和蓄冷系统载冷剂泵的安装,纵、横向水平度允许偏差为 1/1000,联轴器两轴芯轴向倾斜允许偏差为 0.2/1000,允许径向位移为 0.05mm。 　检查数量：全数检查。 　检验方法：在机座或指定的基准面上,用水平仪、水准仪等检测,尺量、观察检查

(续)

序号	分项	质检要点
4	制冷系统管道、管件安装	制冷系统管道、管件的安装应符合下列规定： 　(1)管道、管件的内外壁应清洁、干燥；铜管管道支吊架的形式、位置、间距及管道安装标高应符合设计要求，连接制冷机的吸、排气管道应设单独支架；管径小于等于20mm的铜管道，在阀门处应设置支架；管道上下平行敷设时，吸气管应在下方。 　(2)制冷剂管道弯管的弯曲半径不应小于3.5D(管道直径)，其最大外径与最小外径之差不应大于0.08D，且不应使用焊接弯管及皱褶弯管。 　(3)制冷剂管道分支管应按介质流向弯成90°弧度与主管连接，不宜使用弯曲半径小于1.5D的压制弯管。 　(4)铜管切口应平整，不得有毛刺、凹凸等缺陷，切口允许倾斜偏差为管径的1%，管口翻边后应保持同心，不得有开裂及皱褶，并应有良好的密封面。 　(5)采用承插钎焊焊接连接的铜管，其插接深度应符合表2-36的规定，承插的扩口方向应迎向介质流向。当采用套接钎焊焊接连接时，其插接深度不应小于承插连接的规定。采用对焊缝组对管道的内壁应齐平，错边量不大于0.1倍壁厚，且不大于1mm。 　(6)管道穿越墙体或楼板时，管道的支吊架和钢管的焊接应按有关规定执行。 　检查数量：按系统总数抽查20%，且不得少于5件。 　检验方法：尺量、观察检查
5	制冷系统阀门安装	制冷系统阀门的安装应符合下列规定： 　(1)位置、方向和高度应符合设计要求。 　(2)水平管道上的阀门的手柄不应朝下；垂直管道上的阀门手柄应朝向便于操作的地方。 　(3)自控阀安装的位置应符合设计要求。电磁阀、调节阀、热力膨胀阀、升降式止回阀等的阀头均应向上；热力膨胀阀的安装位置应高于感温包，感温包应装在蒸发器末端的回气管上，与管道接触良好，绑扎紧密。 　(4)安全阀应垂直安装在便于检修的位置，其排气管的出口应朝向安全地带，排液管应装在泄水管上。 　检查数量：按系统总数抽查20%，且不得少于5件。 　检验方法：尺量、观察检查、旁站或查阅试验记录
6	吹扫排污	制冷剂阀门安装前应进行强度和严密性试验。强度试验压力为阀门公称压力的1.5倍，时间不得少于5min；严密性试验压力为阀门公称压力的1.1倍，以持续时间30s不漏为合格。合格后应保持阀体内干燥。阀门进、出口封闭破损或阀体锈蚀的，还应进行解体清洗。 　检查数量：按系统总数抽查20%，且不得少于5件。 　检验方法：尺量、观察检查、旁站或查阅试验记录

表 2-35 制冷设备与制冷附属设备安装允许偏差和检验方法

项次	项　目	允许偏差/mm	检验方法
1	平面位移	10	经纬仪或拉线和尺量检查
2	标　高	±10	水准仪或经纬仪、拉线和尺量检查

注：本表摘自《通风与空调工程施工质量验收规范》(GB 50243—2002)。

表 2-36 承插式焊接的铜管承口的扩口深度表 mm

铜管规格	≤DN15	DN20	DN25	DN32	DN40	DN50	DN65
承插口的扩口深度	9～12	12～15	15～18	17～20	21～24	24～26	26～30

注：本表摘自《通风与空调工程施工质量验收规范》(GB 50243—2002)。

三、空调水系统管道与设备安装

1. 管道安装质量控制

(1)干管安装。

1)管道安装应从进户处或分支点开始,安装前,要检查管内有无杂物。在丝头处抹上铅油缠好麻丝,一人在末端找平管子,另一人在接口处把第一节管相对固定,对准丝扣,依丝扣自然锥度,慢慢转动入口,到用手转不动时,再用管钳咬住管件,用另一管钳子上管,松紧度适宜,以外露 2～3 扣为好,最后清除麻头。

2)焊接连接管道的安装程序与丝接管道相同,从第一节管开始,把管扶正找平,使甩口方向一致,对准管口,调直后即可用点焊,然后正式施焊。

3)遇有方形补偿器,应在安装前按规定做好预拉伸,用钢管支撑,点焊固定,按位置把补偿器摆好,中心加支、吊、托架,按管道坡向用水平尺逐点找好坡度,再把两边接口对正、找直、点焊、焊死。待管道调整完、固定卡焊牢后,方可把补偿器的支撑管拆掉。

4)按设计图纸或标准图中的规定位置、标高,安装阀门、集气罐等。

5)管道安装完,首先检查坐标、标高、坡度,变径、三通的位置等是否正确。用水平尺核对、复核调整坡度,合格后将管道固定牢固。

6)要装好楼板上钢套管,摆正后使套管上端高出地面面层 20mm(卫生间 30mm),下端与顶棚抹灰相平。水平穿墙套管与墙的抹灰面相平。

(2)立管安装。

1)首先检查和复核各层预留孔洞、套管是否在同一垂直线上。

2)安装前,按编号从第一节管开始安装,由上向下,一般两人操作为宜,先进行预安装,确认支管三通的标高、位置无误后,卸下管道抹油缠麻,将立管对准接口的丝扣扶正角度慢慢转动入扣,直至手拧不动为止,用管钳咬住管件,用另一把管钳上管,松紧适宜,外露 2～3 扣为宜。

3)检查立管的每个预留口的标高、角度是否准确、平正。确认后,将管子放入立管管卡内紧固,然后填塞套管缝隙或预留孔洞。预留管口暂不施工时,应做好保护措施。

(3)支管安装。

1)核对各设备的安装位置及立管预留口的标高、位置是否准确,做好记录。风机盘管、诱导器应采用柔性连接,柔性短管自带活套连接时,可采用活接头,否则应增加活接头。

2)安装活接头时,子口一头安装在来水方向,母口一头安装在去水方向。

3)丝头抹油缠麻,用手托平管子,随丝扣自然锥度入扣,手拧不动时,用管钳子将管子拧到松紧适度,丝扣外露2~3扣。然后对准活接头,把麻垫抹上铅油套在活接口上,对正子母口,带上锁母,用管钳拧到松紧适度,清净麻头。

4)用钢尺、水平尺、线坠校核支管的坡度和距墙尺寸,复查立管及设备有无移动。合格后,固定管道和堵抹墙洞缝隙。

🏠关键细节16　管道卡箍的连接要点

(1)镀锌钢管预制:用滚槽机滚槽,在需要开孔的部位用开孔机开孔。

(2)安装密封圈:把密封圈套入管道口一端,然后将另一管道口与该管口对齐,把密封圈移到两管道口密封面处,密封圈两侧不应伸入两管道的凹槽。

(3)安装接头:把接头两处螺栓松开,分成两块,先后在密封固上套上两块外壳,插入螺栓,对称上紧螺帽,确保外壳两端进入凹槽直至上紧。

(4)机械三通、机械四通:先从外壳上去掉一个螺栓,松开另一螺母直到与螺栓端头平,将下壳旋离上壳约90°,把上壳出口部分放在管口开口处对中并与孔成一直线,再沿管端旋转下壳使上下两块外壳合拢。

(5)法兰片:松开两侧螺母,将法兰两块分开,分别将两块法兰片的环形键部分装入开槽管端凹槽里,再把两侧螺栓插入拧紧,调节两侧间隙相近,安装密封垫要将"C"形开口处背对法兰。

2. 冷却塔安装质量控制

(1)安装前应对支腿基础进行检查,冷却塔的支腿基础标高应位于同一水平面上,高度允许误差为±20mm,分角中心距误差为±2mm。

(2)塔体立柱腿与基础预埋钢板和地脚螺栓连接时,应找平找正,连接稳定牢固。冷却塔各部位的连接件应采用热镀锌或不锈钢螺栓。

(3)收水器安装后片体不得有变形,集水盘的拼接缝处应严密不渗漏。

(4)冷却塔的出水口及喷嘴的方向和位置应正确

(5)风筒组装时应保证风筒的圆度,尤其是喉部尺寸。

(6)风机安装时应严格按照风机安装的标准进行,安装后风机的叶片角度应一致,叶片端部与风筒壁的间隙应均匀。

(7)冷却塔的填料安装应疏密适中、间距均匀,四周要与冷却塔内壁紧贴,块体之间无空隙。

(8)单台冷却塔安装水平度和垂直度允许偏差均为2/1000。

3. 水处理设备安装质量控制

(1)水处理设备的基础尺寸、地脚螺栓或预埋钢板的埋设应满足设备安装的要求,基础表面应平整。

(2)水处理设备的吊装应注意保护设备的仪表和玻璃观察孔的部位。设备就位找平后,拧紧地脚螺栓进行固定。

(3)与水处理设备连接的管道,应在试压、冲洗完毕后再连接。

(4)冬季安装,应将设备内的水放空,防止冻坏设备。

4. 阀门安装质量控制

(1)安装前,应仔细核对型号与规格是否符合设计要求,检查阀杆和阀盘是否灵活,有无卡住和歪斜现象,并按有关规定对阀门进行强度试验和严密性试验,试验不合格的不得进行安装。

(2)水平管道上的阀门,阀杆宜垂直向上或向左右偏 45°,也可水平安装,但不宜向下;垂直管道上的阀门阀杆,必须顺着操作巡回线方向安装。

(3)搬运阀门时,不允许随手抛掷;吊装时,绳索应拴在阀体与阀盖的法兰连接处,不得拴在手轮或阀杆上。

(4)阀门安装时应保持关闭状态,并注意阀门的特性及介质流动方向。

(5)阀门与管道连接时,不得强行拧紧其法兰上的连接螺栓。对螺纹连接的阀门,其螺纹应完整无缺,拧紧时,宜用扳手卡住阀门一端的六角体。

(6)安装螺纹连接阀门时,一般应在阀门的出口端加设一个活接头。

(7)对带操作机构和传动装置的阀门,应在阀门安装好后再安装操作机构和传动装置,且在安装前先对它们进行清洗,安装完后,还应进行调整,使其动作灵活、指示准确。

5. 水压试验

(1)打开水压试验管路中的阀门,开始向系统注水。

(2)开启系统上各高处的排气阀,使管道内的空气排尽。待灌满水后,关闭排气阀和进水阀,停止向系统注水。

(3)打开连接加压泵的阀门,用电动或手动试压泵通过管路向系统加压,同时拧开压力表上的旋塞阀,观察压力表升高情况,一般分 2 或 3 次升至试验压力。在此过程中,每加压至一定数值时,应停下来对管道进行全面检查,无异常现象方可再继续加压。

(4)系统试压达到合格验收标准后,放掉管道内的全部存水,填写试验记录。

关键细节 17　空调水系统管道与设备安装主控项目的质检要求

空调水系统管道与设备安装主控项目的质检要求见表 2-37。

表 2-37　　　　　　　　空调水系统管道与设备安装主控项目的质检要求

序号	分项	质检要点
1	空调工程水系统的设备	空调工程水系统的设备与附属设备、管道、管配件及阀门的型号、规格、材质及连接形式应符合设计规定。 检查数量:按总数抽查 10%,且不得少于 5 件。 检验方法:观察检查外观质量并检查产品质量证明文件、材料进场验收记录
2	管道安装	管道安装应符合下列规定: (1)隐蔽管道必须按《通风与空调工程施工质量验收规范》(GB 50243—2002)第 3.0.11 条的规定执行。 (2)焊接钢管、镀锌钢管不得采用热煨弯。 (3)管道与设备的连接,应在设备安装完毕后进行,与水泵、制冷机组的接管必须为柔性接口。柔性短管不得强行对口连接,与其连接的管道应设置独立支架

（续一）

序号	分项	质检要点
2	管道安装	（4）冷热水及冷却水系统应在系统冲洗、排污合格（目测：排出口的水色和透明度与入水口对比相近，无可见杂物），再循环试运行2h以上，且水质正常后才能与制冷机组、空调设备相贯通。 （5）固定在建筑结构上的管道支、吊架，不得影响结构的安全。管道穿越墙体或楼板处应设钢制套管，管道接口不得置于套管内，钢制套管应与墙体饰面或楼板底部平齐，上部应高出楼层地面20～50mm，并不得将套管作为管道支撑。 保温管道与套管四周间隙应使用不燃绝热材料填塞紧密。 检查数量：系统全数检查。每个系统管道、部件数量抽查10％，且不得少于5件。 检验方法：尺量、观察检查；旁站或查阅试验记录、隐蔽工程记录
3	水压试验	管道系统安装完毕，外观检查合格后，应按设计要求进行水压试验。当设计无规定时，应符合下列规定： （1）冷热水、冷却水系统的试验压力，当工作压力小于等于1.0MPa时，为1.5倍工作压力，但最低不小于0.6MPa；当工作压力大于1.0MPa时，为工作压力加0.5MPa。 （2）对于大型或高层建筑垂直位差较大的冷（热）媒水、冷却水管道系统宜采用分区、分层试压和系统试压相结合的方法。一般建筑可采用系统试压方法。 分区、分层试压：对相对独立的局部区域的管道进行试压。在试验压力下，稳压10min，压力不得下降，再将系统压力降至工作压力，在60min内压力不得下降、外观检查无渗漏为合格。 系统试压：在各分区管道与系统主、干管全部连通后，对整个系统的管道进行系统的试压。试验压力以最低点的压力为准，但最低点的压力不得超过管道与组成件的承受压力。压力试验升至试验压力后，稳压10min，压力下降不得大于0.02MPa，再将系统压力降至工作压力，经外观检查无渗漏为合格。 （3）各类耐压塑料管的强度试验压力为1.5倍工作压力，严密性工作压力为1.15倍的设计工作压力。 （4）凝结水系统采用充水试验时，应以不渗漏为合格。 检查数量：系统全数检查。 检验方法：旁站观察或查阅试验记录
4	阀门安装	（1）阀门的安装位置、高度、进出口方向必须符合设计要求，连接应牢固紧密。 （2）安装在保温管道上的各类手动阀门，手柄均不得向下。 （3）阀门安装前必须进行外观检查，阀门的铭牌应符合现行国家标准《通用阀门　标志》（GB/T 12220—1989）的规定。对于工作压力大于1.0MPa及在主干管上起到切断作用的阀门，应进行强度和严密性试验，合格后方准使用。其他阀门可不单独进行试验，待在系统试压中检验。 强度试验时，试验压力为公称压力的1.5倍，持续时间不少于5min，阀门的壳体、填料应无渗漏。 严密性试验时，试验压力为公称压力的1.1倍；试验压力在试验持续的时间内应保持不变，时间应符合表2-38的规定，以阀瓣密封面无渗漏为合格。 检查数量：按总数抽查5％，且不得少于1个。水压试验以每批（同牌号、同规格、同型号）数量中抽查20％，且不得少于1个。对于安装在主干管上起切断作用的闭路阀门，全数检查。 检验方法：按设计图核对、观察检查；旁站或查阅试验记录

（续二）

序号	分项	质检要点
5	补偿器安装	补偿器的补偿量和安装位置必须符合设计及产品技术文件的要求,并应根据设计计算的补偿量进行预拉伸或预压缩。 设有补偿器(膨胀节)的管道应设置固定支架,其结构形式和固定位置应符合设计要求,并应在补偿器的预拉伸(或预压缩)前固定;导向支架的设置应符合所安装产品技术文件的要求。 检查数量:按总数抽查 20%,且不得少于 1 个。 检验方法:观察检查,旁站或查阅补偿器的预拉伸或预压缩记录
6	冷却塔安装	冷却塔的型号、规格、技术参数必须符合设计要求。对含有易燃材料冷却塔的安装,必须严格执行施工防火安全的规定。 检查数量:全数检查。 检验方法:按图纸核对,监督执行防火规定
7	水泵	水泵的规格、型号、技术参数应符合设计要求和产品性能指标。水泵正常连续试运行的时间,不应少于 2h。 检查数量:全数检查。 检验方法:按图纸核对,实测或查阅水泵试运行记录
8	防腐	水箱、集水缸、分水缸、储冷罐的满水试验或水压试验必须符合设计要求。储冷罐内壁防腐涂层的材质、涂抹质量、厚度必须符合设计或产品技术文件要求,储冷罐与底座必须进行绝热处理。 检查数量:全数检查。 检验方法:尺量、观察检查,查阅试验记录

表 2-38　　　　　　　　　　　　阀门压力持续时间

公称直径 DN/mm	最短试验持续时间/s	
	严密性试验	
	金属密封	非金属密封
≤50	15	15
65~200	30	15
250~450	60	30
≥500	120	60

注:本表摘自《通风与空调工程施工质量验收规范》(GB 50243—2002)。

关键细节 18　空调水系统管道与设备安装一般项目的质检要求

空调水系统管道与设备安装一般项目的质检要求见表 2-39。

表 2-39　　　　　　　　空调水系统管道与设备安装一般项目的质检要求

序号	分项	质检要点
1	空调水系统的管道	当空调水系统的管道采用建筑用硬聚氯乙烯(PVC-U)、聚丙烯(PP-R)、聚丁烯(PB)与交联聚乙烯(PEX)等有机材料管道时,其连接方法应符合设计和产品技术要求的规定。 检查数量:按总数抽查20%,且不得少于2处。 检验方法:尺量、观察检查,验证产品合格证书和试验记录
2	金属管道焊接	(1)管道焊接材料的品种、规格、性能应符合设计要求。管道对接焊口的组对和坡口形式等应符合表2-40的规定;对口的平直度为1/100,全长不大于10mm。管道的固定焊口应远离设备,且不宜与设备接口中心线相重合。管道对接焊缝与支、吊架的距离应大于50mm。 (2)管道焊缝表面应清理干净,并进行外观质量的检查。焊缝外观质量不得低于现行国家标准《现场设备、工业管道焊接工程施工规范》(GB 50236—2011)中有关规定。 检查数量:按总数抽查20%,且不得少于1处。 检验方法:尺量、观察检查
3	螺纹连接	螺纹连接的管道,螺纹应清洁、规整,断丝或缺丝不大于螺纹全螺距数的10%;连接牢固;接口处根部外露螺纹为2~3螺距,无外露填料;镀锌管道的镀锌层应注意保护,对局部的破损处应做防腐处理。 检查数量:按总数抽查5%,且不得少于5处。 检验方法:尺量、观察检查
4	法兰连接	法兰连接的管道,法兰面应与管道中心线垂直并同心。法兰对接应平行,其偏差不应大于其外径的1.5/1000,且不得大于2mm;连接螺栓长度应一致、螺母在同侧、均匀拧紧。螺栓紧固后不应低于螺母平面。法兰的衬垫规格、品种与厚度应符合设计的要求。 检查数量:按总数抽查5%,且不得少于5处。 检验方法:尺量、观察检查
5	钢制管道安装	钢制管道的安装应符合下列规定: (1)管道和管件在安装前,应将其内、外壁的污物和锈蚀清除干净。当管道安装间断时,应及时封闭敞开的管口。 (2)管道弯制弯管的弯曲半径,热弯应不小于管道外径的3.5倍,冷弯应不小于管道外径4倍;焊接弯管不小于管道外径1.5倍;冲压弯管不应小于管道外径1倍。弯管的最大外径与最小外径的差应不大于管道外径的8/100,管壁减薄率应不大于15%。 (3)冷凝水排水管坡度应符合设计文件的规定。当设计无规定时,其坡度宜大于或等于0.8%;软管连接的长度不宜大于150mm。 (4)冷热水管道与支、吊架之间,应有绝热衬垫(承压强度能满足管道重量的不燃、难燃硬质绝热材料或经防腐处理的木衬垫),其厚度应不小于绝热层厚度,宽度应大于支、吊架支承面的宽度。衬垫的表面应平整、衬垫接合面的空隙应填实。 (5)管道安装的坐标、标高和纵、横向的弯曲度应符合表2-41的规定。在吊顶内等暗装管道的位置应正确,无明显偏差。 检查数量:按总数抽查10%,且不得少于5处。 检验方法:尺量、观察检查

（续一）

序号	分项	质检要点
6	钢塑复合管道安装	钢塑复合管道的安装,当系统工作压力不大于 1.0MPa 时,可采用涂(衬)塑焊接钢管螺纹连接,管道配件的连接深度和扭矩应符合表 2-42 的规定;当系统工作压力为 1.0~2.5MPa 时,可采用涂(衬)塑无缝钢管法兰连接或沟槽式连接,管道配件均为无缝钢管涂(衬)塑管件。 沟槽式连接的管道,其沟槽与橡胶密封圈和卡箍套必须为配套合格产品;支、吊架的间距应符合表 2-43 的规定。 检查数量:按总数抽查 10%,且不得少于 5 处。 检验方法:尺量、观察检查、查阅产品合格证明文件
7	软管连接	风机盘管机组及其他空调设备与管道的连接,宜采用弹性接管或软接管(金属或非金属软管),其耐压值应不小于 1.5 倍的工作压力。软管的连接应牢固,不应有强扭和瘪管。 检查数量:按总数抽查 10%,且不得少于 5 处。 检验方法:观察、查阅产品合格证明文件
8	金属管道的支、吊架	金属管道的支、吊架的形式、位置、间距、标高应符合设计或有关技术标准的要求。设计无规定时,应符合下列规定: (1)支、吊架的安装应平整牢固,与管道接触紧密。管道与设备连接处,应设独立支、吊架。 (2)冷(热)媒水、冷却水系统管道机房内总、干管的支、吊架,应采用承重防晃管架;与设备连接的管道管架宜有减振措施。当水平干管的管架采用单杆吊架时,应在管道起始点、阀门、三通、弯头及长度每隔 15m 设置承重防晃支、吊架。 (3)无热位移的管道吊架,其吊杆应垂直安装;有热位移的,其吊杆应向热膨胀(或冷收缩)的反方向偏移安装,偏移量按计算确定。 (4)滑动支架的滑动面应清洁、平整,其安装位置应从支承面中心向位移反方向偏移 1/2 位移值或符合设计文件规定。 (5)竖井内的立管,每隔 2 或 3 层应设导向支架。在建筑结构负重允许的情况下,水平安装管道支、吊架的间距应符合表 2-44 的规定。 (6)管道支、吊架的焊接应由合格持证焊工施焊,并不得有漏焊、欠焊或焊接裂纹等缺陷。支架与管道焊接时,管道侧的咬边量,应小于 0.1 倍管壁厚。 检查数量:按系统支架数量抽查 5%,且不得少于 5 个。 检验方法:尺量、观察检查
9	非金属管道	采用建筑用硬聚氯乙烯(PVC-U)、聚丙烯(PP-R)与交联聚乙烯(PEX)等管道时,管道与金属支、吊架之间应有隔绝措施,不可直接接触。当为热水管道时,还应加宽其接触的面积。支、吊架的间距应符合设计和产品技术要求的规定。 检查数量:按系统支架数量抽查 5%,且不得少于 5 个。 检查方法:尺量,观察检查

（续二）

序号	分项	质检要点
10	阀门、集气罐	阀门、集气罐、自动排气装置、除污器(水过滤器)等管道部件的安装应符合设计要求,并应符合下列规定: (1)阀门安装的位置、进出口方向应正确,并便于操作;连接应牢固紧密,启闭灵活;成排阀门的排列应整齐美观,在同一平面上的允许偏差为3mm。 (2)电动、气动等自控阀门在安装前应进行单体的调试,包括开启、关闭等动作试验。 (3)冷冻水和冷却水的除污器(水过滤器)应安装在进机组前的管道上,方向正确且便于清污;与管道连接牢固、严密,其安装位置应便于滤网的拆装和清洗。过滤器滤网的材质、规格和包扎方法应符合设计要求。 (4)闭式系统管路应在系统最高处及所有可能积聚空气的高点设置排气阀,在管路最低点应设置排水管及排水阀。 检查数量:按规格、型号抽查10%,且不得少于2个。 检验方法:对照设计文件尺量、观察和操作检查
11	冷却塔	冷却塔安装应符合下列规定: (1)基础标高应符合设计的规定,允许误差为±20mm。冷却塔地脚螺栓与预埋件的连接或固定应牢固,各连接部件应采用热镀锌或不锈钢螺栓,其紧固力应一致、均匀。 (2)冷却塔安装应水平,单台冷却塔安装水平度和垂直度允许偏差均为2/1000。同一冷却水系统的多台冷却塔安装时,各台冷却塔的水面高度应一致,高差应不大于30mm。 (3)冷却塔的出水口及喷嘴的方向和位置应正确,积水盘应严密无渗漏;分水器布水均匀。带转动布水器的冷却塔,其转动部分应灵活,喷水出口按设计或产品要求,方向应一致。 (4)冷却塔风机叶片端部与塔体四周的径向间隙应均匀。对于可调整角度的叶片,角度应一致。 检查数量:全数检查。 检验方法:尺量、观察检查,积水盘做充水试验或查阅试验记录
12	水泵	水泵及附属设备的安装应符合下列规定: (1)水泵的平面位置和标高允许偏差为±10mm,安装的地脚螺栓应垂直、拧紧,且与设备底座接触紧密。 (2)垫铁组放置位置正确、平稳,接触紧密,每组不超过3块。 (3)整体安装的泵,纵向水平偏差不应大于0.1/1000,横向水平偏差不应大于0.20/1000;解体安装的泵纵、横向安装水平偏差均不应大于0.05/1000。 水泵与电机采用联轴器连接时,联轴器两轴芯的允许偏差:轴向倾斜不应大于0.2/1000,径向位移不应大于0.05mm。小型整体安装的管道水泵不应有明显偏斜。 (4)减震器与水泵及水泵基础连接牢固、平稳、接触紧密。 检查数量:全数检查。 检验方法:扳手试拧、观察检查,用水平仪和塞尺测量或查阅设备安装记录

（续三）

序号	分项	质检要点
13	水箱、集水器	水箱、集水器、分水器、储冷罐等设备的安装，支架或底座的尺寸、位置符合设计要求。设备与支架或底座接触紧密，安装平正、牢固。平面位置允许偏差为15mm，标高允许偏差为±5mm，垂直度允许偏差为1/1000。 　　膨胀水箱安装的位置及接管的连接，应符合设计文件的要求。 　　检查数量：全数检查。 　　检验方法：尺量、观察检查，旁站或查阅试验记录

表 2-40　　　　　　　　管道焊接坡口形式和尺寸

项目	厚度 T/mm	坡口名称	坡口形式	坡口尺寸 间隙 C/mm	坡口尺寸 钝边 P/mm	坡口尺寸 坡口角度 α(°)	备　注
1	1～3	I 形坡口		0～1.5			内壁错边量≤0.1T，且≤2mm；外壁≤3mm
	3～6 双面焊			1～2.5			
2	6～9	V 形坡口		0～2.0	0～2	65～75	内壁错边量≤0.1T，且≤2mm；外壁≤3mm
	9～26			0～3.0	0～3	55～65	
3	2～30	T 形坡口		0～2.0	—	—	

注：本表摘自《通风与空调工程施工质量验收规范》(GB 50243—2002)。

表 2-41　　　　　　　　管道安装的允许偏差和检验方法

项　目			允许偏差/mm	检查方法
坐标	架空及地沟	室外	25	按系统检查管道的起点、终点、分支点和变向点及各点之间的直管
		室内	15	
	埋　地		60	
标高	架空及地沟	室外	±20	用经纬仪、水准仪、液体连通器、水平仪、拉线和尺量检查
		室内	±15	
	埋　地		±25	
水平管道平直度	DN≤100mm		0.2L%，最大 40	用直尺、拉线和尺量检查
	DN>100mm		0.3L%，最大 60	
立管垂直度			0.5L%，最大 25	用直尺、线锤、拉线和尺量检查

（续）

项　目	允许偏差/mm	检查方法
成排管段间距	15	用直尺、尺量检查
成排管段或成排阀门在同一平面上	3	用直尺、拉线和尺量检查

注:1. L为管道的有效长度(mm)。

　　2. 本表摘自《通风与空调工程施工质量验收规范》(GB 50243—2002)。

表 2-42　　　　　　　钢塑复合管螺纹连接深度及紧固扭矩

公称直径/mm		15	20	25	32	40	50	65	80	100
螺纹连接	深度/mm	11	13	15	17	18	20	23	27	33
	牙数	6.0	6.5	7.0	7.5	8.0	9.0	10.0	11.5	13.5
扭矩/(N·m)		40	60	100	120	150	200	250	300	400

表 2-43　　　　　　　沟槽式连接管道的沟槽及支、吊架的间距

公称直径/mm	沟槽深度/mm	允许偏差/mm	支、吊架的间距/m	端面垂直度允许偏差/mm
65~100	2.20	0~+0.3	3.5	1.0
125~150	2.20	0~+0.3	4.2	
200	2.50	0~+0.3	4.2	
225~250	2.50	0~+0.3	5.0	1.5
300	3.0	0~+0.5	5.0	

注:1. 连接管端面应平整光滑、无毛刺;沟槽过深,应作为废品,不得使用。

　　2. 支、吊架不得支承在连接头上,水平管的任意两个连接头之间必须有支、吊架。

　　3. 本表摘自《通风与空调工程施工质量验收规范》(GB 50243—2002)。

表 2-44　　　　　　　钢管道支、吊架的最大间距

公称直径/mm		15	20	25	32	40	50	70	80	100	125	150	200	250	300
支架的最大间距/m	L_1	1.5	2.0	2.5	2.5	3.0	3.5	4.0	5.0	5.0	5.5	6.5	7.5	8.5	9.5
	L_2	2.5	3.0	3.5	4.0	4.5	5.0	6.0	6.5	6.5	7.5	7.5	9.0	9.5	10.5
		对大于300mm的管道可参考300mm管道间距													

注:1. 适用于工作压力不大于2.0MPa,不保温或保温材料密度不大于200kg/m³的管道系统。

　　2. L_1用于保温管道,L_2用于不保温管道。

　　3. 本表摘自《通风与空调工程施工质量验收规范》(GB 50243—2002)。

第三章 建筑电气工程施工质量检验

第一节 建筑电气工程概述

一、建筑电气工程的基本概念

1. 布线系统

布线系统是一根电缆(电线)、多根电缆(电线)或母线以及固定它们的部件的组合。如果需要,布线系统还包括封装电缆(电线)或母线的部件。

2. 电气设备

电气设备是发电、变电、输电、配电或用电的任何物件,如电机、变压器、电器、测量仪表、保护装置、布线系统的设备、电气用具。

3. 用电设备

用电设备是将电能转换成其他形式能量的设备。

4. 电气装置

电气装置是为实现一个或几个具体目的且特性相配合的电气设备的组合。

5. 建筑电气工程

建筑电气工程是为实现一个或几个具体目的且特性相配合的,由电气装置、布线系统和用电设备电气部分的组合。这种组合能满足建筑物预期的使用功能和安全要求,也能满足使用建筑物的人的安全需要。

6. 导管

导管是在电气安装中用来保护电线或电缆的圆形或非圆形的布线系统的一部分,导管有足够的密封性,使电线电缆只能从纵向引入,而不能从横向引入。

7. 金属导管

金属导管是由金属材料制成的导管。

8. 绝缘导管

绝缘导管是没有任何导电部分(不管是内部金属衬套或是外部金属网、金属涂层等结构均不存在),由绝缘材料制成的导管。

9. 保护导体(PE)

保护导体(PE)是为防止发生电击危险而与下列部件进行电气连接的一种导体:裸露导电部件;外部导电部件;主接地端子;接地电极(接地装置);电源的接地点或人为的中性接点。

10. 中性保护导体(PEN)

中性保护导体(PEN)是一种同时具有中性导体和保护导体功能的接地导体。

11. 可接近的

用于配线方式可接近的是指在不损坏建筑物结构或装修的情况下就能移出或暴露的,或者不是永久性地封装在建筑物的结构或装修中的。

用于设备可接近的是指因为没有锁住的门、抬高或其他有效方法用来防护,而又许可十分靠近的。

12. 景观照明

景观照明是为表现建筑物造型特色、艺术特点、功能特征和周围环境布置的照明工程,这种工程通常在夜间使用。

二、建筑电气工程的基本规定

1. 电气工程一般规定

(1)建筑电气工程施工现场的质量管理,除应符合现行国家标准《建筑工程施工质量验收统一标准》(GB 50300—2001)的 3.0.1 规定外,尚应符合下列规定:

1)安装电工、焊工、起重吊装工和电气调试人员等,按有关要求持证上岗;

2)安装和调试用各类计量器具,应检定合格,使用时其应在有效期内。

(2)除设计要求外,承力建筑钢结构构件上不得采用熔焊连接固定电气线路、设备和器具的支架、螺栓等部件,且严禁热加工开孔。

(3)额定电压交流 1kV 及以下、直流 1.5kV 及以下的应为低压电器设备、器具和材料;额定电压大于交流 1kV、直流 1.5kV 的应为高压电器设备、器具和材料。

(4)电气设备上计量仪表和与电气保护有关的仪表应检定合格,当投入试运行时,应在有效期内。

(5)建筑电气动力工程的空载试运行和建筑电气照明工程的负荷试运行,应按规范规定执行;建筑电气动力工程的负荷试运行,依据电气设备及相关建筑设备的种类、特性,编制试运行方案或作业指导书,并应经施工单位审查批准、监理单位确认后执行。

(6)动力和照明工程的漏电保护装置应做模拟动作试验。

(7)接地(PE)或接零(PEN)支线必须单独与接地(PE)或接零(PEN)干线相连接,不得串联连接。

(8)高压电气设备和布线系统及继电保护系统的交接试验,必须符合现行国家标准《电气装置安装工程　电气设备交接试验标准》(GB 50150—2006)的规定。

(9)低压电气设备和布线系统的交接试验,应符合规范的规定。

(10)送至建筑智能化工程变送器的电量信号精度等级应符合设计要求,状态信号应正确;接收建筑智能化工程的指令应使建筑电气工程的自动开关动作符合指令要求,且手动、自动切换功能正常。

2. 主要设备、材料进场验收质量控制

(1)主要设备、材料、成品和半成品进场检验结论应有记录,确认符合《建筑电气工程施工质量验收规范》(GB 50303—2002)规定的,才能在施工中应用。

(2)因有异议送有资质实验室进行抽样检测,实验室应出具检测报告,确认符合《建筑电气工程施工质量验收规范》(GB 50303—2002)和相关技术标准规定,才能在施工中应用。

(3)依法定程序批准进入市场的新电气设备、器具和材料进场验收,除符合《建筑电气工程施工质量验收规范》(GB 50303—2002)规定外,尚应提供安装、使用、维修和试验要求等技术文件。

(4)进口电气设备、器具和材料进场验收,除符合《建筑电气工程施工质量验收规范》(GB 50303—2002)规定外,尚应提供商检证明和中文的质量合格证明文件、规格、型号、性能检测报告以及中文的安装、使用、维修和试验要求等技术文件。

(5)经批准的免检产品或认定的名牌产品,当进场验收时,不做抽样检测。

(6)变压器、箱式变电所、高压电器及电瓷制品应符合下列规定:

1)查验合格证和随带技术文件,变压器有出厂试验记录。

2)外观检查:有铭牌,附件齐全,绝缘件无缺损、裂纹,充油部分不渗漏,充气高压设备气压指示正常,涂层完整。

(7)高低压成套配电柜、蓄电池柜、不间断电源柜、控制柜(屏、台)及动力、照明配电箱(盘)应符合下列规定:

1)查验合格证和随带技术文件,实行生产许可证和安全认证制度的产品,有许可证编号和安全认证标志。不间断电源柜有出厂试验记录。

2)外观检查:有铭牌,柜内元器件无损坏丢失,接线无脱落脱焊,蓄电池柜内电池壳体无碎裂、漏液,充油、充气设备无泄漏,涂层完整,无明显碰撞凹陷。

(8)柴油发电机组应符合下列规定:

1)依据装箱单,核对主机、附件、专用工具、备品备件和随带技术文件,检验合格证和出厂试运行记录;发电机及其控制柜有出厂试验记录。

2)外观检查:有铭牌,机身无缺件,涂层完整。

(9)电动机、电加热器、电动执行机构和低压开关设备等应符合下列规定:

1)查验合格证和随带技术文件,实行生产许可证和安全认证制度的产品,有许可证编号和安全认证标志。

2)外观检查:有铭牌,附件齐全,电气接线端子完好,设备器件无缺损,涂层完整。

(10)照明灯具及附件应符合下列规定:

1)查验合格证,新型气体放电灯具有随带技术文件。

2)外观检查:灯具涂层完整,无损伤,附件齐全。防爆灯具铭牌上有防爆标志和防爆合格证号,普通灯具上有安全认证标志。

3)对成套灯具的绝缘电阻、内部接线等性能进行现场抽样检测。灯具的绝缘电阻值不小于 $2M\Omega$,内部接线为铜芯绝缘电线,芯线截面面积不小于 $0.5mm^2$,橡胶或聚氯乙烯(PVC)绝缘电线的绝缘层厚度不小于 0.6mm。对游泳池和类似场所灯具(水下灯及防水灯具)的密闭和绝缘性能有异议时,按批抽样送有资质的实验室检测。

(11)开关、插座、接线盒和风扇及其附件应符合下列规定:

1)查验合格证:防爆产品有防爆标志和防爆合格证号,实行安全认证制度的产品有安全认证标志。

2)外观检查:开关、插座的面板及接线盒盒体完整、无碎裂、零件齐全,风扇无损坏,涂层完整,调速器等附件适配。

3)对开关、插座的电气和机械性能进行现场抽样检测。检测规定如下:

①不同极性带电部件间的电气间隙和爬电距离不小于3mm。

②绝缘电阻值不小于5MΩ。

③用自攻锁紧螺钉或自切螺钉安装的,螺钉与软塑固定件旋合长度不小于8mm,软塑固定件在经受10次拧紧退出试验后,无松动或掉渣,螺钉及螺纹无损坏现象。

④金属间相旋合的螺钉螺母。拧紧后完全退出,反复5次后仍能正常使用。

4)对开关、插座、接线盒及其面板等塑料绝缘材料阻燃性能有异议时,按批抽样送有资质的实验室检测。

(12)电线、电缆应符合下列规定:

1)按批查验合格证,合格证有生产许可证编号,按《额定电压450/750V及以下聚氯乙烯绝缘电缆》(GB/T 5023.1～5023.7—2008)标准生产的产品有安全认证标志。

2)外观检查:包装完好,抽检的电线绝缘层完整无损,厚度均匀。电缆无压扁、扭曲,铠装不松卷。耐热、阻燃的电线、电缆外护层有明显标识和制造厂标。

3)按制造标准,现场抽样检测绝缘层厚度和圆形线芯的直径。线芯直径误差不大于标称直径的1%;常用的BV型绝缘电线的绝缘层厚度不小于表3-1的规定。

表 3-1　　　　　　　　　　　　　　BV 型绝缘电线的绝缘层厚度

序　号	1	2	3	4	5	6	7	8	9	10	11	12	13	14	15	16	17
电线芯线标称截面面积/mm²	1.5	2.5	4	6	10	16	25	35	50	70	95	120	150	185	240	300	400
绝缘层厚度规定值/mm	0.7	0.8	0.8	0.8	1.0	1.0	1.2	1.2	1.4	1.4	1.6	1.6	1.8	2.0	2.2	2.4	2.6

4)对电线、电缆绝缘性能、导电性能和阻燃性能有异议时,按批抽样送往有资质的实验室检测。

(13)导管应符合下列规定:

1)按批查验合格证。

2)外观检查:钢导管无压扁、内壁光滑。非镀锌钢导管无严重锈蚀,按制造标准油漆出厂的油漆完整;镀锌钢导管镀层覆盖完整、表面无锈斑;绝缘导管及配件不碎裂、表面有阻燃标记和制造厂标。

3)按制造标准现场抽样检测导管的管径、壁厚及均匀度。对绝缘导管及配件的阻燃性能有异议时,按批抽样送有资质的实验室检测。

(14)型钢和电焊条应符合下列规定:

1)按批查验合格证和材质证明书;有异议时,按批抽样送有资质的实验室检测。

2)外观检查:型钢表面无严重锈蚀,无过度扭曲、弯折变形;电焊条包装完整,拆包抽检。焊条尾部无锈斑。

(15)镀锌制品(支架、横担、接地极、避雷用型钢等)和外线金具应符合下列规定:

1)按批查验合格证或镀锌厂出具的镀锌质量证明书。

2)外观检查:镀锌层覆盖完整、表面无锈斑,金具配件齐全,无砂眼。

3)对镀锌质量有异议时,按批抽样送有资质的实验室检测。

(16)电缆桥架、线槽应符合下列规定:

1)查验合格证。

2)外观检查:部件齐全,表面光滑、不变形;钢制桥架涂层完整,无锈蚀;玻璃钢制桥架色泽均匀,无破损碎裂;铝合金桥架涂层完整,无扭曲变形、压扁,表面无划伤。

(17)封闭母线、插接母线应符合下列规定:

1)查验合格证和随带安装技术文件。

2)外观检查:防潮密封良好,各段编号标志清晰,附件齐全,外壳不变形,母线螺栓搭接箍平整、镀层覆盖完整、无起皮和麻面;插接母线上的静触头无缺损、表面光滑、镀层完整。

(18)裸母线、裸导线应符合下列规定。

1)查验合格证。

2)外观检查:包装完好。裸母线平直,表面无明显划痕,测量厚度和宽度符合制造标准;裸导线表面无明显损伤,无松股、扭折和断股(线)。测量线径符合制造标准。

(19)电缆头部件及接线端子应符合下列规定:

1)查验合格证。

2)外观检查:部件齐全,表面无裂纹和气孔,随带的袋装涂料或填料不泄漏。

(20)钢制灯柱应符合下列规定:

1)按批查验合格证。

2)外观检查:涂层完整,根部接线盒盒盖紧固件和内置熔断器、开关等器件齐全,盒盖密封垫片完整。钢柱内设有专用接地螺栓,地脚螺孔位置按提供的附图尺寸,允许偏差为±2mm。

(21)钢筋混凝土电杆和其他混凝土制品应符合下列规定:

1)按批查验合格证。

2)外观检查:表面平整,无缺角露筋,每个制品表面有合格印记;钢筋混凝土电杆表面光滑。无纵向、横向裂纹,杆身平直,弯曲部分不大于杆长的1/1000。

3. 工序交接确认质量控制

(1)架空线路及杆上电气设备安装应按以下程序进行:

1)线路方向和杆位及拉线坑位测量埋桩后,经检查确认,才能挖掘杆坑和拉线坑。

2)杆坑、拉线坑的深度和坑型,经检查确认,才能立杆和埋设拉线盘。

3)杆上高压电气设备交接试验合格,才能通电。

4)架空线路做绝缘检查,且经单相冲击试验合格,才能通电。

5)架空线路的相位经检查确认,才能与接户线连接。

(2)变压器、箱式变电所安装应按以下程序进行:

1)变压器、箱式变电所的基础验收合格,且对埋入基础的电线导管、电缆导管和变压器进、出线预留孔及相关预埋件进行检查合格后,才能安装变压器、箱式变电所。

2)杆上变压器的支架紧固检查后,才能吊装变压器且就位固定。

3)变压器及接地装置交接试验合格后,才能通电。

(3)成套配电框、控制柜(屏、台)和动力、照明配电箱(盘)安装应按以下程序进行:

1)埋设的基础型钢和柜、屏、台下的电缆沟等相关建筑物须检查合格,才能安装柜、屏、台。

2)室内外落地动力配电箱的基础验收合格,且对埋入基础的电线导管、电缆导管进行检查后,才能安装箱体。

3)墙上明装的动力、照明配电箱(盘)的预埋件(金属埋件、螺栓),在抹灰前预留和预埋;暗装的动力,照明配电箱的预留孔和动力、照明配线的线盒及电线导管等,经检查确认到位,才能安装配电箱(盘)。

4)接地(PE)或接零(PEN)连接完成后,须核对柜、屏、台、箱、盘内的元件规格、型号,且交接试验合格,才能投入试运行。

(4)低压电动机、电加热器及电动执行机构应与机械设备完成连接,绝缘电阻测试合格,经手动操作判定其符合工艺要求,才能接线。

(5)柴油发电机组安装应按以下程序进行:

1)基础验收合格,才能安装机组。

2)地脚螺栓固定的机组经初平、螺栓孔灌浆、精平、紧固地脚螺栓、二次灌浆等机械安装程序;安放式的机组将底部垫平、垫实。

3)油、气、水冷、风冷、烟气排放等系统和隔振防噪声设施安装完成;按设计要求配置的消防器材齐全到位;发电机静态试验、随机配电盘控制柜接线检查合格,才能空载试运行。

4)发电机空载试运行和试验调整合格后,才能负荷试运行。

5)在规定时间内,连续无故障负荷试运行合格,才能投入备用状态。

(6)不间断电源按产品技术要求试验调整,应检查确认后,才能接至馈电网路。

(7)低压电气动力设备试验和试运行应按以下程序进行:

1)设备的可接近裸露导体接地(PE)或接零(PEN)连接完成,经检查合格,才能进行试验。

2)动力成套配电(控制)柜、屏、台、箱、盘的交流工频耐压试验、保护装置的动作试验合格,才能通电。

3)控制回路模拟动作试验合格后,盘车或手动操作,电气部分与机械部分转动或动作均协调一致,经检查确认,才能空载试运行。

(8)裸母线、封闭母线、插接式母线安装应按以下程序进行:

1)变压器、高低压成套配电柜、穿墙套管及绝缘子等安装就位,经检查合格,才能安装变压器和高低压成套配电柜的母线。

2)封闭、插接式母线安装,在结构封顶、室内底层地面施工完成或已确定地面标高、场地清理、层间距离复核后,才能确定支架设置位置。

3)与封闭、插接式母线安装位置有关的管道、空调及建筑装修工程施工基本结束,确认扫尾施工不会影响已安装的母线,才能安装母线。

4)封闭、插接式母线每段母线组对接续前,绝缘电阻测试合格且电阻值大于20MΩ,才能安装组对。

5)母线支架和封闭、插接式母线的外壳接地(PE)或接零(PEN)连接完成,且母线绝缘电阻测试和交流工频耐压试验合格,才能通电。

(9)电缆桥架安装和桥架内电缆敷设应按以下程序进行:

1)测量定位,安装桥架的支架,经检查确认,才能安装桥架。

2)桥架安装检查合格,才能敷设电缆。

3)电缆敷设前绝缘测试合格,才能进行敷设。

4)电缆电气交接试验合格,且对接线去向、相位和防火隔堵措施等检查确认后,才能通电。

(10)电缆在沟内、竖井内支架上敷设应按以下程序进行:

1)电缆沟、电缆竖井内的施工临时设施、模板及建筑废料等清除,测量定位后,才能安装支架。

2)电缆沟、电缆竖井内支架安装及电缆导管敷设结束,接地(PE)或接零(PEN)连接完成,经检查确认后,才能敷设电缆。

3)电缆敷设前绝缘测试合格,才能敷设。

4)电缆交接试验合格,且对接线去向、相位和防火隔堵措施等进行检查确认,才能通电。

(11)电线导管、电缆导管和线槽敷设应按以下程序进行:

1)除埋入混凝土中的非镀锌钢导管外壁不做防腐处理外,其他场所的非镀锌钢导管内外壁均做防腐处理,经检查确认后,才能配管。

2)室外直埋导管的路径、沟槽深度、宽度及垫层处理经检查确认后,才能埋设导管。

3)现浇混凝土板内配管在底层钢筋绑扎完成,上层钢筋未绑扎前敷设,且经检查确认后,才能绑扎上层钢筋和浇捣混凝土。

4)现浇混凝土墙体内的钢筋网片绑扎完成,门、窗等位置已放线,经检查确认后,才能在墙体内配管。

5)被隐蔽的接线盒和导管在隐蔽前经检查合格,才能隐蔽。

6)在梁、板、柱等部位明配管的导管套管、埋件、支架等检查合格,才能配管。

7)吊顶上的灯位及电气器具位置先放样,且与土建及各专业施工单位商定后,才能在吊顶内配管。

8)顶棚和墙面的喷浆、油漆或壁纸等基本完成,才能敷设线槽、槽板。

(12)电线、电缆穿管及线槽敷线应按以下程序进行:

1)接地(PE)或接零(PEN)及其他焊接施工完成,经检查确认,才能穿入电线或电缆以及线槽内敷线。

2)与导管连接的柜、屏、台、箱、盘安装完成,管内积水及杂物清理干净,经检查确认,才能穿入电线、电缆。

3)电缆穿管前须绝缘测试合格,才能穿入导管。

4)电线、电缆交接试验合格,且对接线去向和相位等进行检查确认,才能通电。

(13)钢索配管的预埋件及预留孔应预埋、预留完成;装修工程除地面外基本结束,才能吊装钢索及敷设线路。

(14)电缆头制作和接线应按以下程序进行:

　　1)电缆连接位置、连接长度和绝缘测试经检查确认,才能制作电缆头。

　　2)控制电缆绝缘电阻测试和校线合格,才能接线。

　　3)电线、电缆交接试验和相位核对合格,才能接线。

　　(15)照明灯具安装应按以下程序进行:

　　1)安装灯具的预埋螺栓、吊杆和吊顶上嵌入式灯具安装专用骨架等完成,按设计要求做承载试验合格,才能安装灯具。

　　2)影响灯具安装的模板、脚手架拆除;顶棚和墙面喷浆、油漆或壁纸等及地面清理工作基本完成后,才能安装灯具。

　　3)导线绝缘测试合格,才能为灯具接线。

　　4)高空安装的灯具经地面通断电试验合格,才能安装。

　　(16)照明开关、插座,风扇安装:吊扇的吊钩预埋完成;电线绝缘测试应合格,顶棚和墙面的喷浆、油漆或壁纸等应基本完成,才能安装开关、插座和风扇。

　　(17)照明系统的测试和通电试运行应按以下程序进行:

　　1)电线绝缘电阻测试前电线的接续完成。

　　2)照明箱(盘)、灯、开关、插座的绝缘电阻测试在就位前或接线前完成。

　　3)备用电源或事故照明电源作空载自动投切试验前须拆除负荷,当空载自动投切试验合格,才能做有载自动投切试验。

　　4)电气器具及线路绝缘电阻测试合格,才能通电试验。

　　5)照明全负荷试验必须在1)、2)、4)完成后进行。

　　(18)接地装置安装应按以下程序进行:

　　1)建筑物基础接地体:底板钢筋敷设完成,按设计要求做接地施工,经检查确认,才能支模或浇捣混凝土。

　　2)人工接地体:按设计要求位置开挖沟槽,经检查确认,才能打入接地极和敷设地下接地干线。

　　3)接地模块:按设计位置开挖模块坑,并将地下接地干线引到模块上,经检查确认后,才能相互焊接。

　　4)装置隐蔽:检查验收合格,才能覆土回填。

　　(19)引下线安装应按以下程序进行:

　　1)利用建筑物柱内主筋作引下线,在柱内主筋绑扎后,按设计要求施工,经检查确认后才能支模。

　　2)直接从基础接地体或人工接地体暗敷埋入粉刷层内的引下线,经检查确认不外露,才能贴面砖或刷涂料等。

　　3)直接从基础接地体或人工接地体引出明敷的引下线,先埋设或安装支架,经检查确认后,才能敷设引下线。

　　(20)等电位联结应按以下程序进行:

　　1)总等电位联结:对可作导电接地体的金属管道入户处和供总等电位联结的接地干线的位置检查确认,才能安装焊接总等电位联结端子板,按设计要求做总等电位联结。

　　2)辅助等电位联结:对供辅助等电位联结的接地母线位置进行检查确认,才能安装焊接辅助等电位联结端子板,按设计要求做辅助等电位联结。

3)对特殊要求的建筑金属屏蔽网箱,网箱施工完成后经检查确认,才能与接地线连接。

(21)接闪器安装:接地装置和引下线应施工完成,才能安装接闪器,且与引下线连接。

(22)防雷接地系统测试:接地装置施工完成测试应合格;避雷接闪器安装完成,整个防雷接地系统连成回路后,才能系统测试。

第二节　架空线路与变配电设备安装

一、架空线路及杆上电气设备安装

1. 架空配电线路的组成

架空配电线路主要由电杆、导线、金具、绝缘子和拉线等组成。电杆装置的示意图,如图 3-1 所示。

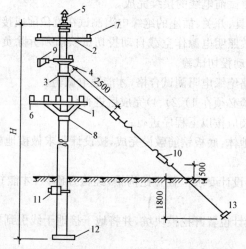

图 3-1　钢筋混凝土电杆装置示意图

1—低压五线横担;2—高压二线横担;3—拉线抱箍;4—双横担;
5—高压杆顶支座;6—低压针式绝缘子;7—高压针式绝缘子;
8—蝶式绝缘子;9—悬式绝缘子或高压蝶式绝缘子;10—花篮螺栓;
11—卡盘;12—底盘;13—拉线盘

(1)电杆。电杆是用来架设导线的,因此电杆应有足够的机械强度,同时使用寿命应较长,造价要低。电杆按其材质分,有木电杆、钢筋混凝土电杆和金属杆三种。木电杆施工方便,但容易腐烂,而且木材供应紧张,一般很少用;金属杆俗称铁塔,耗用金属多,但机械强度高,造价也较贵,一般用在线路的特殊位置;目前架空配电线路电杆用得最广的是钢筋混凝土电杆。钢筋混凝土电杆坚固耐久,使用寿命长,维护工作量也少,而且能节省木材和钢材,但较笨重,运输和施工不方便。钢筋混凝土电杆在施工前必须进行检查,不能将水泥脱落、露筋或有裂纹的电杆安装到线路上去。

(2)导线。架空线路的导线用来传输电能,因此要有足够的截面面积,以满足发热要求以及使电压损耗不超过允许规定。导线截面确定时还要考虑到机械强度,导线不能因气候条件变化或导线自重拉力而断线。架空线路导线在配电架空线上常用 LGJ 及 LJ 两种型号的导线。前者是钢芯铝绞线,这种导线中心是钢线,具有较高的机械强度,在高压输电线路上广泛使用。后者是铝绞线,适用在气候条件较好,线路挡距较小的线路上,其机械强度与前者相比要差得多,在工矿企业厂区或矿区也常采用。

(3)横担。横担装在电杆的上部,用来安装绝缘子或者固定开关设备及避雷器等,具有一定的长度和机械强度。横担按使用材质划分,有木横担、铁横担和瓷横担三种。木横担因易腐烂,使用寿命短,一般很少使用;铁横担是用镀锌角钢制成的,坚固耐用,目前用得最广;瓷横担同时起横担和绝缘子两种作用,具有较高的绝缘水平,而且在线路导线发生断线故障时,能自动转动,使电杆不致倾倒,并且节约木材、钢材,降低线路造价。

(4)绝缘子。绝缘子俗称瓷瓶,用来固定导线,并使导线与导线之间、导线与横担之间、导线与电杆之间保持绝缘,同时也承受导线的垂直荷重和水平荷重。因此要求绝缘子必须具有良好的绝缘性能和足够的机械强度。绝缘子按工作电压划分,有低压绝缘子和高压绝缘子两种;按外形划分,有针式绝缘子、蝶式绝缘子、悬式绝缘子和拉线绝缘子等。

(5)金具。架空线路中用来固定横担、绝缘子、拉线和导线的各种金属联结件称为金具。架空线路金具主要用于导线、避雷线的接续、固定和保护,绝缘子的组装、固定和保护,拉线的组装及调节。金具应镀锌防腐,质量必须符合要求,安装时必须固定牢靠。

(6)拉线。用在线路的终端杆、转角杆、耐张杆等处,主要起平衡力的作用。

2. 电杆基坑开挖

(1)基坑开挖。电杆基础坑深度允许存在一定的偏差值,其值为+100mm、-50mm。电杆基坑挖好后,同基基础坑在允许偏差范围内应按最深一坑抄平。岩石基础坑的深度不应小于设计规定的数值。双杆基础坑须保证电杆根开的中心偏差不超过±30mm,两杆坑深度应一致。

(2)拉线坑开挖。拉线坑深度应根据拉线盘埋设深度确定,拉线盘埋设深度应符合工程设计规定,工程设计无规定时,可参照表 3-2 数值确定。

表 3-2 拉线盘埋设深度

拉线棒长度/m	拉线盘(长×宽)/mm	埋深/m
2	500×300	1.3
2.5	600×400	1.6
3	800×600	2.1

(3)卡盘与底盘埋设。电杆基础坑深度符合要求,即可以安装底盘。底盘就位时,用大绳拴好底盘,立好滑板,将底盘滑入坑内。卡盘一般情况下可不用,仅在土层很不好或在较陡斜坡上立杆时,为了减少电杆埋深才考虑使用它或进行基础处理。如果装设卡盘,卡盘应设在自地面起至电杆埋设深度的 1/3 处,并须符合下列要求:

1)卡盘安装前应将其下部土层分层回填夯实。

2)卡盘安装位置、方向、深度应符合设计要求。深度允差±50mm。当设计无要求时,上平面距地面不应小于 500mm，与电杆连接应紧密。

3）直线杆的卡盘应与线路平行，有顺序地在线路左、右侧交替埋设。

4）承力杆的卡盘应埋设在承力侧。埋入地下的铁件，应涂以沥青，以防腐蚀。

关键细节 1　电杆基坑开挖的要求

（1）杆坑开挖要求。立杆需挖的坑有杆坑和拉线坑。电杆的基坑有圆形坑和梯形坑，可根据所使用的立杆工具和电杆考虑是否加装底盘，确定挖坑的形状。

1）圆形坑开挖。对于不带卡盘或底盘的电杆，可用螺旋钻洞器、夹铲等工具挖成圆形坑。挖掘时，将螺旋钻洞器的钻头对准杆位标桩，由两人推动横柄旋转，每钻进 150～200mm，拔出钻洞器，用夹铲清土，直到钻成所要求的深度为止。圆坑直径比电杆根径大 100mm 为宜。

2）梯形坑开挖。用于杆身较高、较重及带卡盘和底盘的杆坑或拉线坑。梯形坑可分为二阶坑和三阶坑两种，坑深在 1.8m 及以下者采用二阶坑；坑深在 1.8m 以上用三阶坑。

（2）杆坑开挖尺寸。坑口横断面如图 3-2 所示，坑宽 B 值根据土质情况按表 3-3 中的公式计算。

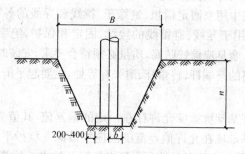

图 3-2　杆坑横断面图

表 3-3　　　　　　　　　　　坑口尺寸加大的计算公式

土质情况	坑壁坡度	坑口尺寸
一般黏土、砂质黏土	10%	$B=b+0.4+0.1h\times2$
砂砾、松土	30%	$B=b+0.4+0.3h\times2$
需用挡土板的松土	—	$B=b+0.4+0.6$
松石	15%	$B=b+0.4+0.15h\times2$
坚石		$B=b+0.4$

注：表中 B 为坑口尺寸（m）；h 为坑的深度（m）。b 为杆根宽度（不带地中横木、卡盘或底盘者，m）；地中横木或卡盘长度（带地中横木或卡盘者，m）；底盘宽度（带底盘者，m）。

3. 立杆

（1）机械立杆。吊机就位后，根据计算在杆上需要绑扎吊绳的部位挂上钢丝绳，吊索挂好缆风绳，挂好吊钩，在专人指挥下起吊就位。起吊后杆顶部离地面 1000mm 左右时应停止起吊，检查各部件、绳扣等是否安全，确认无误后再继续起吊使杆就位。电杆起立后，应立即调整好杆位,架上叉木,回填一步土,撤去吊钩及吊绳。然后用经纬仪和线坠调整好杆身的垂直度及横担方向,再回填土。每填土 500mm 厚度夯实一次,夯填土方填到卡盘安装部位为止。撤去缆风绳及叉木。

(2)人力立杆,绞磨就位。设置地锚钎子,用钢丝绳将绞磨与打好地锚钎子连接好,再组装滑轮组,穿好钢丝绳,立人字抱杆。按计算杆的适当部位牵挂钢丝绳,拴好缆风绳及前后控制横绳,挂好吊钩,在专人指挥下起吊就位。

4. 拉线

(1)拉线与电杆的夹角不宜小于 45°,当受地形限制时,其夹角不应小于 30°。

(2)终端杆的拉线及耐张杆承力拉线应与线路方向对正,分角拉线应与线路分角线方向对正,防风拉线应与线路方向垂直。

(3)拉线穿越公路时,对路面中心的垂直距离不应小于 6m。

(4)采用绑扎固定的拉线安装时,拉线两端应设置心形环。

(5)钢绞线拉线可采用直径不小于 3.2mm 的镀锌钢丝绑扎固定。绑扎应整齐、紧密,缠绕长度不能小于表 3-4 所列的最小值。

表 3-4　　　　　　　　　　钢绞线拉线绑扎时缠绕长度最小值

钢绞线截面面积/mm²	缠绕长度/mm				
	上端	中端有绝缘子的两端	与拉棒连接处		
			下端	花缠	上端
25	200	200	150	250	80
35	250	250	200	300	80
50	300	300	250	250	80

(6)合股组成的镀锌钢丝拉线可采用直径不小于 3.2mm 镀锌钢丝绑扎固定,绑扎应整齐紧密,五股以下的缠绕长度:下缠 150mm,花缠 250mm,上缠 100mm。

(7)合股组成的镀锌钢丝拉线采用自身缠绕固定时,缠绕应紧密,缠绕长度:三股线不应小于 80mm,五股线不应小于 150mm。

(8)拉线在地面上下各 300mm 部分,为了防止腐蚀,应涂刷防腐油,然后用浸过防腐油的麻布条缠卷,并用镀锌钢丝绑牢。

(9)镀锌钢丝与镀锌钢绞线换算见表 3-5。

表 3-5　　　　　　　　　　$\phi4.0$ 镀锌钢丝与镀锌钢绞线换算表

$\phi4.0$ 镀锌钢丝根数	3	5	7	9	11	13	15	17	19
镀锌钢绞线截面面积/mm²	25	25	35	50	70	70	100	100	100

(10)合股组成的镀锌钢丝用作拉线时,股数不应少于三股,其单股直径不应小于 4.0mm,绞合均匀,受力相等,不应出现抽筋现象。

(11)当一基电杆上装设多股拉线时,拉线不应有过松、过紧、受力不均匀等现象。

(12)埋设拉线盘的拉线坑应有滑坡(马道),回填土应有防沉土台,拉线棒与拉线盘的连接应使用双螺母。

(13)居民区、厂矿内的钢筋混凝土电杆的拉线从导线之间穿过时,应装设拉线绝缘子。在断线情况下,拉线绝缘子距地面不应小于 2.5m。

5. 绝缘子安装

(1)绝缘子在安装时,应清除表面灰土、附着物及不应有的涂料,还应根据要求进行外观检查和测量绝缘电阻。

(2)安装绝缘子采用的闭口销或开口销不应有断、裂缝等现象,工程中使用闭口销比开口销具有更多的优点,当装入销口后,能自动弹开,不需将销尾弯成 45°,当拔出销孔时,也比较容易。它具有销住可靠、带电装卸灵活的特点。当采用开口销时应对称开口,开口角度应为 30°～60°。工程中严禁用线材或其他材料代替闭口销、开口销。

(3)绝缘子在直立安装时,顶端顺线路歪斜不应大于 10mm;在水平安装时,顶端宜向上翘起 5°～15°,顶端顺线路歪斜不应大于 20mm。

(4)转角杆安装瓷横担绝缘子,顶端竖直安装的瓷横担支架应安装在转角的内角侧(瓷横担绝缘子应装在支架的外角侧)。

(5)全瓷式瓷横担绝缘子的固定处应加软垫。

关键细节 2　架空线路及杆上电气设备安装主控项目的质检要求

架空线路及杆上电气设备安装主控项目的质检要求见表 3-6。

表 3-6　　　　　　　架空线路及杆上电气设备安装主控项目的质检要求

序号	分项	质检要点
1	电杆坑、拉线坑	电杆坑、拉线坑的深度允许偏差,应不深于设计坑深 100mm、不浅于设计坑深 50mm。 检查数量:抽查 10%,少于 5 档,全数检查。 检验方法:用钢尺测量
2	架空导线弧垂值	架空导线的弧垂值,允许偏差为设计弧垂值的 ±5%,水平排列的同档导线间弧垂值偏差为 ±50mm。 检查数量:抽查 10%,少于 5 档,全数检查。 检验方法:用塔尺测量
3	变压器中性点	变压器中性点应与接地装置引出干线直接连接,接地装置的接地电阻值必须符合设计要求。 检查数量:全数检查。 检验方法:查阅测试记录或测试时旁站
4	杆上变压器	杆上变压器和高压绝缘子、高压隔离开关、跌落式熔断器、避雷器等必须交接试验合格。 检查数量:全数检查。 检验方法:查阅试验记录或试验时旁站

（续）

序号	分项	质检要点
5	杆上低压配电箱	杆上低压配电箱的电气装置和馈电线路交接试验应符合下列规定： (1)每路配电开关及保护装置的规格、型号,应符合设计要求。 (2)相间和相对地间的绝缘电阻值应大于 0.5MΩ。 (3)电气装置的交流工频耐压试验电压为 1kV,当绝缘电阻大于 10MΩ 时,可采用 2500V 兆欧表摇测替代,试验持续时间 1min,无击穿闪络现象。 检查数量：全数检查。 检验方法：查阅试验记录或试验时旁站

关键细节 3 架空线路及杆上电气设备安装一般项目的质检要求

架空线路及杆上电气设备安装一般项目的质检要求见表 3-7。

表 3-7　架空线路及杆上电气设备安装一般项目的质检要求

序号	分项	质检要点
1	拉线	拉线的绝缘子及金具应齐全,位置正确,承力拉线应与线路中心线方向一致,转角拉线应与线路分角线方向一致。拉线应收紧,收紧程度与杆上导线数量规格及弧垂值相适配。 检查数量：抽查 10%,少于 5 副的应全数检查。 检验方法：目测或用适配仪表测量
2	电杆组立	电杆组立应正直,直线杆横向位移不应大于 50mm,杆梢偏移应不大于梢径的 1/2,转角杆紧线后不向内角倾斜,向外角倾斜不应大于 1 个梢径。 检查数量：抽查 10%,少于 5 组时应全数检查,其中转角杆应全数检查。 检验方法：钢尺或用适配仪表测量
3	直线杆单横担	直线杆单横担应装于受电侧,终端杆、转角杆的单横担应装于拉线侧。从横担端部测量横担的上下歪斜和左右扭斜不应大于 20mm。横担等镀锌制品应热浸镀锌。 检查数量：抽查 10%,少于 5 副的应全数检查。 检验方法：用钢尺测量
4	导线	导线无断股、扭绞和死弯,与绝缘子固定可靠,金具规格应与导线规格适配。 检查数量：抽查 10%,少于 5 副的应全数检查。 检验方法：目测检查
5	线间安全距	线路的跳线、过引线、接户线的线间和线对地间的安全距离,在电压等级为 6~10kV 时,应大于 300mm;电压等级为 1kV 及以下时,应大于 150mm。用绝缘导线架设的线路,绝缘破口处应修补完整。 检查数量：全数检查。 检验方法：钢尺测量和目测

（续）

序号	分项	质检要点
6	杆上电气设备安装	杆上电气设备安装应符合下列规定： (1)固定电气设备的支架、紧固件为热浸镀锌制品，紧固件及防松零件齐全。 (2)变压器油位正常、附件齐全、无渗油现象、外壳涂层完整。 (3)跌落式熔断器安装的相间距离不小于 500mm；熔管试操动能自然打开旋下。 (4)杆上隔离开关分、合操作灵活，操作机构机械锁定可靠，分合时三相同期性好，分闸后，刀片与静触头间空气间隙距离不小于 200mm；地面操作杆的接地(PE)可靠，且有标识。 (5)杆上避雷器排列整齐，相间距离不小于 350mm，电源侧引线铜线截面面积不小于 16mm²、铝线截面面积不小于 25mm²，接地侧引线铜线截面面积不小于 25mm²，铝线截面面积不小于 35mm²。与接地装置引出线连接可靠。 检查数量：全数检查。 检验方法：钢尺测量和目测

二、变压器、箱式变电所安装

1. 变压器安装质量控制

(1)变压器配件检查。变压器本体外观检查无损伤及变形，油漆完好无损伤。按照设备清单、施工图纸及设备技术文件核对变压器本体及附件备件的规格、型号是否符合设计图纸要求，是否齐全，有无丢失及损坏。油箱封闭是否良好，有无漏油、渗油现象，油标处油面是否正常，发现问题应立即处理。绝缘瓷件及环氧树脂件有无损伤、缺陷及裂纹。设备点件检查应由安装单位、供货单位、监理单位、建设单位技术人员共同进行，并做好记录。

(2)变压器二次搬运。搬运时应由起重工作业，电工配合，最好采用汽车吊装，也可采用吊链吊装，距离较长最好用汽车运输，运输时必须用钢丝绳固定牢固，并应行车平稳，尽量减少震动；距离较短且道路良好时，可用卷扬机、滚杠运输。变压器搬运时，应注意保护瓷瓶，最好用木箱或纸箱将高低压瓷瓶罩住，使其不受损伤。

(3)变压器就位。变压器就位可用汽车吊直接甩进变压器室内，或用道木搭设临时轨道，用三脚架、捌链吊至临时轨道上，然后用倒链拉入室内合适位置。

关键细节 4　变压器就位的技术要点

(1)变压器就位时，应注意其方位和距墙尺寸应与图纸相符，允许误差为±25mm，图纸无标注时，纵向按轨道定位，横向距离不得小于 800mm，距门不得小于 1000mm，并适当照顾屋内吊环的垂线位于变压器中心，以便于吊芯，干式变压器安装图纸无注明时，安装、维修最小环境距离应符合有关要求。

(2)变压器基础的轨道应水平，轨距与轮距应配合，装有气体继电器的变压器，应使其顶盖沿气体继电器气流方向有 1%～1.5% 的升高坡度（制造厂规定不需安装坡度者除外）。

(3)变压器宽面推进时，低压侧应向外；窄面推进时，油枕侧一般应向外。在装有开关的情况下,操作方向应留有 1200mm 以上的宽度。

(4)装有滚轮的变压器,滚轮应能转动灵活,在变压器就位后,应将滚轮用能拆卸的制动装置加以固定。变压器的安装应采取抗地震措施。

(5)附件安装。

1)气体继电器安装。

①气体继电器安装前应经检验鉴定。气体继电器应水平安装,观察窗应装在便于检查的一侧,箭头方向应指向油枕,与连通管的连接应密封良好。截油阀应位于油枕和气体继电器之间。

②打开放气嘴,放出空气,直到有油溢出时将放气嘴关上,以免空气使继电保护器误动作。

③当操作电源为直流时,必须将电源正极接到水银侧的接点上,以免接点断开时产生飞弧。

④事故喷油管的安装方位,应注意到事故排油时不致危及其他电器设备;喷油管口应换为割划有"十"字线的玻璃,以便发生故障时气流能顺利冲破玻璃。

2)电压切换装置的安装。

①变压器电压切换装置各分接点与线圈的连线应紧固正确且接触紧密良好。转动点应正确停留在各个位置上,并与指示位置一致。

②电压切换装置的拉杆、分接头的凸轮、小轴销子等应完整无损;转动盘应动作灵活、密封良好。

③电压切换装置的传动机构(包括有载调压装置)的固定应牢靠,传动机构的摩擦部分应有足够的润滑油。

④有载调压切换装置的调换开关的触头及铜辫子软线应完整无损,触头间应有足够的压力(一般为 8～10kg)。

⑤有载调压切换装置转动到极限位置时,应装有机械联锁与带有限位开关的电气联锁。

⑥有载调压切换装置的控制箱一般应安装在值班室或操作台上,连线应正确无误,并应调整好,手动、自动工作正常,档位指示正确。

⑦电压切换装置吊出检查调整时,暴露在空气中的时间应符合表 3-8 的规定。

表 3-8　　　　　　　　　　　调压切换装置露空时间

环境温度/℃	>0	>0	>0	<0
空气相对湿度(%)	65 以下	65～75	75～85	不控制
持续时间/h	≤24	≤16	≤10	≤8

3)变压器连线。

①变压器的一、二次连线,地线,控制管线均应符合规范的规定。

②变压器一、二次引线的施工,不应使变压器的套管直接承受应力。

③变压器工作零线与中性点接地线,应分别敷设。工作零线宜用绝缘导线。

④变压器中性点的接地回路中,靠近变压器处,宜做一个可拆卸的连接点。

⑤油浸变压器附件的控制导线,应采用具有耐油性能的绝缘导线。靠近箱壁的导线,

应用金属软管保护,并排列整齐,接线盒应密封良好。

(6)变压器的交接试验。变压器的交接试验应由当地供电部门许可的实验室进行,试验标准应符合规范要求、当地供电部门规定及产品技术资料的要求。变压器交接试验的内容:测量绕组连同套管的直流电阻;检查所有分接头的变压比;检查变压器的三相接线组别和单相变压器引出线的极性;测量绕组连同套管的绝缘电阻、吸收比或极化指数;测量绕组连同套管的介质损耗角正切值 $\tan\delta$;测量绕组连同套管的直流泄漏电流;绕组连同套管的交流耐压试验;绕组连同套管的局部放电试验;测量与铁芯出绝缘的各紧固件及铁芯接地线引出套管对外壳的绝缘电阻绝缘油试验;有载调压切换装置的检查和试验;额定电压下的冲击合闸试验;检查相位;测量噪声。

(7)变压器试运行。试运行是指变压器开始带电,并带一定负荷即可能的最大负荷,连续运行 14h 所经历的过程。试运行是对变压器质量的直接考验。因此试运行前应对变压器进行补充注油、整体密封检查等全面试验。变压器试运行,往往采用全电压冲击合闸的方法。一般应进行 5 次空载全电压冲击合闸,无异常情况下,即可空载运行 24h,如一切正常,再带负荷运行 24h 以上,无任何异常情况,则认为试运行合格。

2. 箱式变电所安装质量控制

(1)就位。要确保作业场地洁清、通道畅通。将箱式变电所运至安装的位置,吊装时,应严格吊点,应充分利用吊环将吊索穿入吊环内,然后做试吊检查,受力吊索力的分布应均匀一致,确保箱体平稳、安全、准确就位。

(2)按设计布局的顺序组合排列箱体。找正两端的箱体,然后挂通线,找准调正,使其箱体正面平顺。

(3)组合的箱体找正、找平后,应将箱与箱用镀锌螺栓连接牢固。

(4)接地。箱式变电所接地,应以每箱独立与基础型钢连接,严禁进行串联。接地干线与箱式变电所的 N 母线和 PE 母线直接连接,变电箱体、支架或外壳的接地应用带有防松动装置的螺栓连接。所以,连接均应紧固可靠,紧固件齐全。

(5)箱式变电所的基础应高于室外地坪,周围排水通畅。

(6)箱式变电所用地脚螺栓固定的螺帽应齐全、拧紧牢固,自由安放的应垫平放正。

(7)箱壳内的高、低压室均应装设照明灯具。

(8)箱体应有防雨、防晒、防锈、防尘、防潮、防凝露的技术措施。

(9)箱式变电所安装高压或低压电度表时,接线相位必须准确,应安装在便于查看的位置。

关键细节 5　变压器、箱式变电所安装主控项目的质检要求

变压器、箱式变电所安装主控项目的质检要求见表 3-9。

表 3-9　　　　　　　　　变压器、箱式变电所安装主控项目的质检要求

序号	分项	质检要点
1	变压器安装	变压器安装位置应正确,附件齐全,油浸变压器油位正常,无渗油现象。 检查数量:全数检查。 检验方法:目测检查

（续）

序号	分项	质检要点
2	接地装置引出线	接地装置引出的接地干线与变压器的低压侧中性点直接连接；接地干线与箱式变电所的 N 母线和 PE 母线直接连接；变压器箱体、干式变压器的支架或外壳应接地(PE)。所有连接应可靠，紧固件及防松零件齐全。 检查数量：全数检查。 检验方法：目测和用适配仪表测量
3	变压器	变压器必须交接试验合格。 检查数量：全数检查。 检验方法：查阅试验记录或试验时旁站
4	箱式变电所	箱式变电所及落地式配电箱的基础应高于室外地坪，周围排水通畅。用地脚螺栓固定的螺母齐全，拧紧牢固；自由安放的应垫平放正。金属箱式变电所及落地式配电箱，箱体应接地(PE)母线或接零(PEN)母线可靠，且有标识。 检查数量：全数检查。 检验方法：用铁水平尺测量或目测
5	交接试验	箱式变电所的交接试验，必须符合下列规定： (1)由高压成套开关柜、低压成套开关柜和变压器三个独立单元组合成的箱式变电所高压电气设备部分，按交接试验合格。 (2)高压开关、熔断器等与变压器组合在同一个密闭油箱内的箱式变电所，交接试验按产品提供的技术文件要求执行。 (3)低压成套配电柜交接试验必须合格。 检查数量：全数检查。 检验方法：查阅试验记录或试验时旁站

关键细节6 变压器、箱式变电所安装一般项目的质检要求

变压器、箱式变电所安装一般项目的质检要求见表3-10。

表3-10　　　　　　　变压器、箱式变电所安装一般项目的质检要求

序号	分项	质检要点
1	有载调压开关	有载调压开关的传动部分润滑良好，动作灵活，点动给定位置与开关实际位置一致，自动调节符合产品的技术文件要求。 检查数量：全数检查。 检验方法：查阅实验记录或试验时旁站
2	绝缘件	绝缘件应无裂纹、缺损和瓷件瓷釉损坏等缺陷，外表清洁，测温仪表指示准确。 检查数量：全数检查。 检验方法：目测检查

（续）

序号	分项	质检要点
3	装有滚轮的变压器	装有滚轮的变压器就位后，应将滚轮用能拆卸的制动部件固定。 检查数量：全数检查。 检验方法：目测检查或查阅施工记录
4	检查器身	变压器应按产品技术文件要求检查器身，当满足下列条件之一时，可不检查器身。 (1)制造厂规定不检查器身。 (2)就地生产仅做短途运输的变压器，且在运输过程中有效监督，无紧急制动、剧烈振动、冲撞或严重颠簸等异常情况。 检查数量：全数检查。 检验方法：目测检查
5	防护	箱式变电所内外涂层完整、无损伤，有通风口的风口防护网完好。 检查数量：全数检查。 检验方法：目测检查
6	接线	箱式变电所的高低压柜内部接线完整、低压每个输出回路标记清晰，回路名称准确。 检查数量：全数检查 检验方法：目测检查或查阅施工记录
7	气体继电器	装有气体继电器的变压器顶盖，沿气体继电器的气流方向应有1.0%～1.5%的升高坡度。 检查数量：全数检查。 检验方法：用铁水平尺测量

三、成套配电柜安装

1. 成套配电柜

（1）成套配电柜开箱检查。柜（盘）内部检查：电气装置及元件、绝缘瓷件齐全、无损伤、裂纹等缺陷，柜（盘）本体外观检查应无损伤及变形，油漆完整无损。设备运输：由起重工作业，电工配合。根据设备重量、距离长短，可采用汽车、汽车吊配合运输、人力推车运输或卷扬机滚杠运输。安装单位、供货单位、监理单位、建设单位共同按照设备清单、施工图纸及设备技术资料，核对设备本体及附件、备件的规格型号、技术资料、产品合格证件、说明书，并做好检查记录。附件、备件应齐全。

（2）柜（盘）安装。

1)基础型钢安装。调直型钢,将有弯的型钢调直,按图纸要求预制加工基础型钢架,并刷好防锈漆。按施工图纸所标位置,将预制好的基础型钢架放在预留铁件上,用水准仪或水平尺找平、找正。找平过程中,需用垫片的地方最多不能超过三片。然后,将基础型钢架、预埋铁件、垫片用电焊焊牢。最终基础型钢顶部宜高出抹平地面10mm,手车柜按产品技术要求执行。基础型钢与地线连接:基础型钢安装完毕后,将室外地线扁钢分别引入室内(与变压器安装地线配合)与基础型钢的两端焊牢,焊接面为扁钢宽度的两倍,然后将基础型钢刷两遍灰漆。

2)柜(盘)稳装。

①柜(盘)安装:应按施工图纸的布置,按顺序将柜放在基础型钢上。单独柜(盘)只找柜面和侧面的垂直度。成列柜(盘)各台就位后,先找正两端的柜,再从柜下至上2/3高的位置绷上小线,逐台找正,柜不标准以柜面为准。找正时采用0.55mm钢片进行调整,每处垫片最多不能超过三片。然后按柜固定螺孔尺寸,在基础型钢架上用手电钻钻孔。一般无要求时,低压柜钻ϕ12.2孔,高压柜钻ϕ16.2孔,分别用M12、M16镀锌螺栓固定。柜(盘)安装的允许偏差,见表3-11。

表 3-11   盘、柜安装的允许偏差

项 次	项 目		允许偏差/mm
1	垂直度(每米)		<1.5
2	水平偏差	相邻两盘顶部	<2
		成列盘顶部	<5
3	盘面偏差	相邻两盘边	<5
		成列盘面	<5
4	盘间接缝		<2

②柜(盘)就位:找正、找平后,除柜体与基础型钢固定,柜体与柜体、柜体与侧挡板均用镀锌螺栓连接。

③柜(盘)接地:每台柜(盘)单独与基础型钢连接。每台柜从后面左下部的基础型钢侧面上焊上鼻子,用6mm²铜线与柜上的接地端子连接牢固。

(3)柜(盘)二次小线连接。

1)按原理图逐台检查柜(盘)上的全部电气元件是否相符,其额定电压和控制、操作电源电压必须一致。

2)按图敷设柜与柜之间的控制电缆连接线。敷设电缆要求见"电缆敷设"。

3)控制线校线后,将每根芯线煨成圆圈,用镀锌螺栓、弹簧垫连接在每个端子板上。端子板每侧一般一个端子压一根线,最多不能超过两根,并且两根线间加眼圈。多股线应刷锡,且不准有断股。

(4)柜(盘)试验调整。调整内容:过流继电器调整,时间继电器、信号继电器调整以及机械连锁调整。

关键细节 7　二次控制小线调整要点

(1)将所有的接线端子螺栓再紧一次。

(2)绝缘摇测：用 500V 摇表在端子板处测试每条回路的电阻，电阻必须大于 0.5MΩ。

(3)二次小线回路如有晶体管、集成电路、电子元件，该部位的检查不准使用摇表和试铃测试，应使用万用表测试回路是否接通。

(4)接通临时的控制电源和操作电源，将柜(盘)内的控制操作电源回路熔断器上端相线拆掉，接上临时电源。

(5)模拟试验：按图纸要求，分别模拟试验控制连锁、操作继电保护和信号动作，正确无误，灵敏可靠。

(6)拆除临时电源，将被拆除的电源线复位。

(7)送电试运行。

1)由供电部门检查合格后，将电源送进室内，经过验电、校相无误。

2)由安装单位合进线柜开关，检查 PT 柜上电压表三相是否电压正常。

3)合变压器柜子开关，检查变压器是否有电。

4)合低压柜进线开关，查看电压表三相是否电压正常。

5)按 2)至 4)项，对其他柜送电。

6)在低压联络柜内，在开关的上下侧(开关未合状态)进行同相校核。用电压表或万用表电压挡 500V，用表的两个测针分别接触两路的同相，此时电压表无读数，表示两路电同一相。用同样方法检查其他两相。

7)验收。送电空载运行 24h，无异常现象，办理验收手续，交建设单位使用。同时提交变更洽商记录、产品合格证、说明书、试验报告单等技术资料。

2. 照明配电箱

(1)照明配电箱安装基本要求。

1)安装配电箱所需的木砖及铁件等均应预埋。挂式配电箱应采用金属膨胀螺栓固定。

2)铁制配电箱均需做好明显可靠的接地。带有器具的铁制盘面和装有器具的门及电器的金属外壳均应有明显可靠的 PE 线接地。PE 线不允许利用箱、盒体串接。

3)配电箱上配线需排列整齐，并绑扎成束，在活动部位应该两端固定。盘面引出及引进的导线应留有适当余度，以便于检修。

4)导线剥削处不应伤及线芯或线芯过长，导线压头应牢固可靠，多股导线不应盘圈压接，应加装压线端子。如必须穿孔用顶丝压接，多股线应刷锡后再压接，不得减少导线股数。

5)配电箱的盘面上安装的各种刀闸及自动开关等，当处于断路状态时，刀片可动部分均不应带电。

6)垂直装设的刀闸及熔断器等电器上端接电源，下端接负荷。

7)配电箱上的电源指示灯，其电源应接至总开关的外侧，并应装单独熔断器(电源侧)。

8)零母线在配电箱上应用专用零线端子板分路,其端子板应按零线截面布置,零线入端子板不能断股,多股线入端子板还应做处理后再入端子。零线端子板分支路排列布置并应与图纸中各种开关相对应。

9)磁插式熔断器底座中心明露螺钉孔应填充绝缘物。磁插保险不得裸露金属螺钉,应填满火漆,以防止对地放电。

10)配电箱上的小母线应按要求涂色,A相(黄)、B相(绿)、C相(红)、工作零线(淡蓝),PE线(保护线)为黄绿相间双色线。

(2)照明配电箱接地截面的选择。

1)建筑电气工程中安装的低压配电设备(盘、柜、台、箱)等的接地应牢固良好。

2)低压成套开关设备及动力箱、盘等的保护接地线截面按设计要求规格的规定选择,并应与接地端子可靠连接。

3)照明配电箱体及二层金属覆板的保护接地线截面按设计规定选择,并应与其专用的接地螺钉有效连接。

4)低压照明配电盘、板的金属盘面的保护接地线应与盘面上不可拆卸的螺钉有效连接,其截面按设计规定的规格选择。

5)低压成套开关设备及独立的低压配电柜台、箱等装有超过50V电器设置可开启的门、活动面板、活动台面时,必须用裸铜软线与接地保护线做可靠电气连接,其截面面积不小于从电源到所属电器最大引线的截面面积。

(3)其他规定。照明配电箱安装还应符合下列规定:

1)箱不得采用可燃材料制作。

2)箱体开孔与导管管径适配,边缘整齐,开孔位置正确,电源管应在左边,负荷管在右边。照明配电箱底边距地面为1.5m,照明配电板底边距地面不小于1.8m。

3)箱内部件齐全,配线整齐,接线正确无绞接现象。回路编号齐全,标识正确。导线连接紧密,不伤芯线,不断股。垫圈下螺钉两侧压的导线的截面面积相同,同一端子上导线连接不多于2根,防松垫圈等零件齐全。箱内接线整齐,回路编号、标识正确是为方便使用和维修,防止因误操作而发生人身触电事故。

4)配电箱上电器、仪表应牢固、平正、整洁、间距均匀。铜端子无松动,启闭灵活,零部件齐全。其排列间距应符合表3-12的要求。

表3-12　　　　　　　　　电器、仪表排列间距要求

间　距		最小尺寸/mm	
仪表侧面之间或侧面与盘边		60	
仪表顶面或出线孔与盘边		50	
闸具侧面之间或侧面与盘边		30	
上下出线孔之间		40(隔有卡片柜)或20(不隔卡片柜)	
插入式熔断器顶面或底面与出线孔	插入式熔断器规格(A)	10~15	20
		20~30	30
		60	50

（续）

间　　距	最小尺寸/mm		
仪表、胶盖闸顶间或底面与出线孔	导线截面面积 /mm²	10	80
		16～25	100

5）箱内开关动作灵活可靠，带有漏电保护的回路，漏电保护装置的设置和选型由设计确定，保护装置动作电流不大于 30mA，动作时间不大于 0.1s。

6）照明箱内，分别设置中性线（N）和保护线（PE）汇流排，N 线和 PE 线经汇流排配出。因照明配电箱额定容量有大小，小容量的出线回路少，仅 2 或 3 个回路，可以用数个接线柱分别组合成 PE 和 N 接线排，但决不允许两者混合连接。

7）箱安装牢固，安装配电箱箱盖紧贴墙面，箱涂层完整，配电箱垂直度允许偏差为 1.5‰。

关键细节 8　成套配电柜、控制柜和动力、照明配电箱安装主控项目的质检要求

成套配电柜、控制柜和动力、照明配电箱安装主控项目的质检要求见表 3-13。

表 3-13　　成套配电柜、控制柜和动力、照明配电箱安装主控项目的质检要求

序号	分项	质检要点
1	金属框架接地、接零	柜、屏、台、箱、盘的金属框架及基础型钢必须接地（PE）或接零（PEN）可靠；装有电器的可开启门，门和框架的接地端子间应用裸编织铜线连接，且有标识。 检查数量：全数检查。 检验方法：查阅测试记录或测试时旁站或用适配仪表进行抽测
2	电击保护	低压成套配电柜、控制柜（屏、台）和动力、照明配电箱（盘）应有可靠的电击保护。柜（屏、台、箱、盘）内保护导体应有裸露的连接外部保护导体的端子，当设计无要求时，柜（屏、台、箱、盘）内保护导体最小截面积 S 不应小于表 3-14 的规定。 检查数量：全数检查。 检验方法：查阅试验记录或试验时旁站
3	手车、抽出式成套配电柜	手车、抽出式成套配电柜推拉应灵活，无卡阻碰撞现象。动触头与静触头的中心线应一致，且触头接触紧密，投入时，接地触头先于主触头接触；退出时，接地触头后于主触头脱开。 检查数量：抽查 10%，少于 5 台时应全数检查。 检验方法：查阅测试记录或测试时旁站
4	高压成套配电柜	高压成套配电柜必须交接试验合格，且应符合下列规定： （1）继电保护元器件、逻辑元件、变送器和控制用计算机等单体校验合格，整组试验动作正确，整定参数符合设计要求。 （2）凡经法定程序批准，进入市场投入使用的新高压电气设备和继电保护装置，按产品技术文件要求交接试验。 检查数量：全数检查。 检验方法：查阅试验记录或试验时旁站

（续）

序号	分项	质检要点
5	低压成套配电柜	低压成套配电柜交接试验,必须符合相关规范的规定。 检查数量:全数检查。 检验方法:查阅试验记录或试验时旁站
6	线间绝缘电阻值	柜、屏、台、箱、盘间线路的线间和线对地间绝缘电阻值,馈电线路必须大于0.5MΩ;二次回路必须大于1MΩ。 检查数量:抽查10%,少于5台时应全数检查。 检验方法:查阅测试记录或测试时旁站或用适配仪表进行抽测
7	耐压试验	柜、屏、台、箱、盘间二次回路交流工频耐压试验,当绝缘电阻值大于10MΩ时,用2500V兆欧表摇测1min,应无闪络击穿现象;当绝缘电阻值在1～10MΩ时,做1000V交流工频耐压试验,时间1min,应无闪络击穿现象。 检查数量:抽查10%,少于5台时应全数检查。 检验方法:查阅试验记录或试验时旁站
8	直流屏试验	直流屏试验,应将屏内电子器件从线路上退出,检测主回路线间和线对地间绝缘电阻值应大于0.5MΩ,直流屏所附蓄电池组的充、放电应符合产品技术文件要求:整流器的控制调整和输出特性试验应符合产品技术文件要求。 检查数量:全数检查。 检验方法:查阅试验记录或试验时旁站
9	照明配电箱安装	照明配电箱(盘)安装应符合下列规定: (1)箱(盘)内配线整齐,无绞接现象。导线连接紧密,不伤芯线,不断股。垫圈下螺丝两侧压的导线截面面积相同,同一端子上导线连接不多于2根,防松垫圈等零件齐全。 (2)箱(盘)内开关动作灵活可靠,带有漏电保护的回路,漏电保护装置动作电流不大于30mA,动作时间不大于0.1s。 (3)照明箱(盘)内,分别设置零线(N)和保护地线(PE线)汇流排,零线和保护地线经汇流排配出。 检查数量:全数检查。 检验方法:查阅试验记录或试验时旁站

表 3-14　　　　　　　　　　　　　保护导体的截面面积

相线的截面面积 S/mm^2	相应保护体的最小截面面积 S/mm^2
$S \leqslant 16$	S
$16 < S \leqslant 35$	16
$35 < S \leqslant 400$	$S/2$
$400 < S \leqslant 800$	200
$S > 800$	$S/4$

注:S 指柜(屏、台、箱、盘)电源进线柜线截面面积,且两者(S、S_v)材质相同。

关键细节 9 成套配电柜、控制柜和动力、照明配电箱安装一般项目的质检要求

成套配电柜、控制柜和动力、照明配电箱安装一般项目的质检要求见表 3-15。

表 3-15   成套配电柜、控制柜和动力、照明配电箱安装一般项目的质检要求

序号	分项	质检要点
1	基础型钢安装	基础型钢安装应符合表 3-16 的规定。 检查数量:全数检查。 检验方法:用线锤吊线尺和铁水平尺量测
2	镀锌螺栓连接	柜、屏、台、箱、盘相互间或与基础型钢应用镀锌螺栓连接且防松零件齐全。 检查数量:抽查 10%,少于 5 处时应全数检查。 检验方法:目测检查
3	垂直度	柜、屏、台、箱、盘安装垂直度允许偏差为 1.5‰,相互间接缝不应大于 2mm,成列盘面偏差不应大于 5mm。 检查数量:抽查 10%,少于 5 处(台)时应全数检查。 检验方法:用钢尺和线锤吊线尺量,用塞尺、钢尺并结合拉线检查
4	检查试验	柜、屏、台、箱、盘内检查试验应符合下列规定: (1)控制开关及保护装置的规格、型号符合设计要求。 (2)闭锁装置动作准确、可靠。 (3)主开关的辅助开关切换动作与主开关动作一致。 (4)柜、屏、台、箱、盘上的标识器件标明被控设备编号及名称,或操作位置,接线端子有编号,且清晰、工整、不易脱色。 (5)回路中的电子元件不应参加交流工频耐压试验;48V 及以下回路可不做交流工频耐压试验。 检查数量:抽查 10%,少于 5 台时应全数检查。 检验方法:目测检查,并查阅试验记录或试验时旁站
5	低压电器组合	低压电器组合应符合下列规定: (1)发热元件安装在散热良好的位置。 (2)熔断器的熔体规格、自动开关的整定值符合设计要求。 (3)切换压板接触良好,相邻压板间有安全距离,切换时,不触及相邻的压板。 (4)信号回路的信号灯、按钮、光字牌、电铃、电笛、事故电钟等动作和信号显示准确。 (5)外壳需接地(PE)或接零(PEN)的,连接须可靠。 (6)端子排安装牢固,端子有序号,强电、弱电端子隔离布置,端子规格与芯线截面面积大小适配。 检查数量:抽查 10%,少于 5 组(台)的全数检查。 检验方法:目测检查,并查阅设计图纸或文件
6	配线	柜、屏、台、箱、盘间配线:电流回路应采用额定电压不低于 750V,芯线截面面积不小于 2.5mm² 的铜芯绝缘电线或电缆;除电子元件回路或类似回路外,其他回路的电线应采用额定电压不低于 750V,芯线截面面积不小于 1.5mm² 的铜芯绝缘电线或电缆。 二次回路连线应成束绑扎,不同电压等级、交流、直流线路及计算机控制线路应分别绑扎,且有标识;固定后不应妨碍手车开关或抽出式部件的拉出或推入。 检查数量:抽查 10%,少于 5 台的全数检查。 检验方法:目测检查,并查阅试验记录或试验时旁站

（续）

序号	分项	质检要点
7	电线	连接柜、屏、台、箱、盘面板上的电器及控制台、板等可动部位的电线应符合下列规定： (1)采用多股铜芯软电线，敷设长度留有适当裕量。 (2)线束有外套塑料管等加强绝缘保护层。 (3)与电器连接时，端部绞紧，且有不开口的终端端子或搪锡，不松散、断股。 (4)可转动部位的两端用卡子固定。 检查数量：抽查10%，少于5台的全数检查。 检验方法：目测检查，并查阅试验记录或试验时旁站
8	照明配电箱安装	照明配电箱(盘)安装应符合下列规定： (1)位置正确，部件齐全，箱体开孔与导管管径适配，暗装配电箱箱盖紧贴墙面，箱(盘)涂层完整。 (2)箱(盘)内接线整齐，回路编号齐全，标识正确。 (3)箱(盘)不采用可燃材料制作。 (4)箱(盘)安装牢固，垂直度允许偏差为1.5‰；底边距地面为1.5m，照明配电板底边距地面不小于1.8m。 检查数量：抽查10%，少于5台的全数检查。 检验方法：目测检查，并查阅试验记录或试验时旁站

基础型钢安装允许偏差见表 3-16。

表 3-16   **基础型钢安装允许偏差**

项 目	允许偏差	
	mm/m	mm/全长
不直度	1	5
水平度	1	5
不平行度	—	5

注：本表摘自《建筑电气工程施工质量验收规范》(GB 50303—2002)。

第三节　电源安装

一、低压电机安装

1. 电机安装质量控制

(1)机座安装。

1)先应按机座设计要求或电动机外形的平面几何尺寸、底盘尺寸、基础轴线、标高、地脚螺栓(螺孔)位置等，弹出宽度中心控制线和纵横中心线，并根据这些中心线放出地脚螺栓中心线。

2)按电动机底座和地脚螺栓的位置,确定垫铁放置的位置,在机座表面画出垫铁尺寸范围,并在垫铁尺寸范围内砸出麻面,麻面面积必须大于垫铁面积;麻面呈麻点状,凹凸要分布均匀,表面应水平,最后应用水平尺检查。

3)垫铁应按砸完的麻面标高配制,每组垫铁总数常规不应超过三块,其中包含一组斜垫铁。

①垫铁加工。垫铁表面应平整,无氧化皮,斜度一般为 1/10、1/12、1/15、1/20。

②垫铁位置及放法。垫铁布置的原则为:在地脚螺栓两侧各放一组,并尽量使垫铁靠近螺栓。斜垫铁必须斜度相同才能配合成对。将垫铁配制完后要编组作标记,以便对号入座。

③垫铁与机座、电动机之间的接触面积不得小于垫铁面积的 50%;斜铁应配对使用,一组只有一对。配对斜铁的搭接长度不应小于全长的 3/4,相互之间的倾斜角不大于 30°。垫铁的放置应先放厚铁,后放薄铁。

4)地脚螺栓的长度及螺纹质量必须符合设计要求,螺帽与螺栓必须匹配。每个螺栓不得垫两个以上的垫圈,或用大螺母代替垫圈,并应采用防松动垫圈。螺栓拧紧后,外露丝扣不应少于 2~3 扣,并应防止螺帽松动。

5)中小型电动机用螺栓安装在金属结构架的底板或导轨上。金属结构架、底板及导轨的材料的品种、规格、型号及其结构形式均应符合设计要求。金属构架、底板、导轨上螺栓孔的中心必须与电动机机座螺栓孔中心相符。螺栓孔必须是机制孔,严禁采用气焊割孔。

(2)电动机整体安装。

1)基础检查:外部观察,应没有裂纹、气泡、外露钢筋以及其他外部缺陷,然后用铁锤敲打,声音应清脆,不应瘖哑,不发"叮铛"声。再经试凿检查,水泥应无崩塌或散落现象。然后检查基础中心线的正确性,地脚螺栓孔的位置、大小及深度,孔内是否清洁,基础标高、装定子用凹坑尺寸等是否正确。

2)在基础上放上楔形垫铁和平垫铁,安放位置应沿地脚螺栓的边沿和集中负载的地方,应尽可能放在电动机底板支撑筋的下面。

3)将电动机吊至垫铁上,并调节楔形垫铁使电动机达到所需的位置、标高及水平度。电动机水平面的找正可用水平仪。

4)调整电动机与连接机器的轴线,此两轴的中心线必须严格在一条直线上。

5)通过上述 3)、4)项内容的反复调整后,将其与传动装置连接起来。

6)二次灌浆,5~6d 后拧紧地脚螺栓。

(3)电动机本体的安装。

1)定子为两半者,其结合面应研磨、合拢并用螺栓拧紧,其结合处用塞尺检查应无间隙。

2)定子定位后,应装定位销钉,与孔壁的接触面面积不应小于 65%。

3)穿转子时,定子内孔应加垫保护。

4)联轴节的安装应符合下列要求:

①联轴节应加热装配,其内径受热膨胀比轴径大 0.5~1.0mm 为宜,位置应准确。

②弹性连接的联轴节,其橡皮栓应能顺利地插入联轴节的孔内,并不得妨碍轴的轴向

窜动。

③刚性连接的联轴节，互相连接的联轴节各螺栓孔应一致，并使孔与连接螺栓精确配合，螺帽上应有防松动装置。

④齿轮传动的联轴节，其轴心距离为 50～100mm 时，其咬合间隙不大于 0.10～0.30mm；齿的接触部分不应小于齿宽的 2/3。

⑤联轴节端面的跳动允许值一般应为：刚性联轴节：0.02～0.03mm；半刚性联轴节：0.04～0.05mm。

关键细节 10　电动机的接线要点

(1)电动机配管与穿线。电动机配管管口应在电动机接线盒附近，从管口到电动机接线盒的导线应用塑料管或金属软管保护；在易受机械损伤及高温车间，导线必须用金属软管保护，软管可用尼龙接头连接；室外露天电动机进线，管子要做防水弯头，进电动机导线应由下向上翻，要做滴水弯；三相电源线要穿在一根保护管内，同一电动机的电源线、控制线、信号线可穿在同一根保护管内；多股铜芯线在 $10mm^2$ 以上应焊铜接头或冷压焊接头，多股铝芯线 $10mm^2$ 以上应用铝接头与电动机端头连接，电动机引出线编号应齐全。裸露的不同相导线间和导线对地间最小距离应符合下列规定：

1)额定电压在 500～1200V 之间时，最小净距应为 14mm。

2)额定电压小于 500V 时，最小净距应为 10mm。

(2)电动机接地。电动机外壳应可靠接地(接零)，接地线应接在电动机指定标志处；接地线截面面积通常按电源线截面面积的 1/3 选择，但最小铜芯线不小于 $1.5mm^2$，最小铝芯线不小于 $2.5mm^2$，最大铜芯线不大于 $25mm^2$，最大铝芯线不大于 $35mm^2$。

2. 控制、保护和启动设备安装质量控制

(1)电动机的控制和保护设备安装前应检查其型号、规格、性能是否与电动机容量相匹配。

(2)控制和保护设备的安装应按设计要求和相关技术标准的规定进行。一般应装在电动机附近便于操作的位置。

(3)电动机、控制设备和所拖动的设备应对应编号就位。

(4)引至电动机接线盒的明敷导线长度应小于 0.3m，并应加强绝缘，易受机械损伤的地方应套保护管。高压电动机的电缆终端头应直接引进电动机的接线盒内。达不到上述要求时，应在接线盒处加装保护措施。

(5)直流电动机、同步电动机与调节电阻回路及励磁回路的连接，应采用铜导线。导线不应有接头。调节电阻器应接触良好，调节均匀。

(6)电动机应装设过流和短路保护装置，并应根据设备需要装设相序断相和低电压保护装置。

(7)电动机保护元件的选择：

1)采用热元件时，热元件一般按电动机额定电流的 1.1～1.25 倍来选择。

2)采用熔丝时，熔丝一般按电动机额定电流的 1.5～2.5 倍来选择。

关键细节 11　低压电动机、电加热器及电动执行机构检查接线主控项目的质检要求

低压电动机、电加热器及电动执行机构检查接线主控项目的质检要求见表 3-17。

表 3-17　低压电动机、电加热器及电动执行机构检查接线主控项目的质检要求

序号	分项	质检要点
1	接地或接零	电动机、电加热器及电动执行机构的可接近裸露导体必须接地（PE）或接零（PEN）。 检查数量：全数检查。 检验方法：目测检查
2	绝缘电阻值	电动机、电加热器及电动执行机构绝缘电阻值应大于 0.5MΩ。 检查数量：抽查 30％，少于 5 台时应全数检查。 检验方法：用适配仪表抽测
3	直流电阻值	100kW 以上的电动机，应测量各相直流电阻值，相互差不应大于最小值的 2％；无中性点引出的电动机，测量线间直流电阻值，相互差不应大于最小值的 1％。 检查数量：全数检查。 检验方法：查阅测试记录或测试时旁站或用适配仪表抽测

关键细节 12　低压电动机、电加热器及电动执行机构检查接线一般项目的质检要求

低压电动机、电加热器及电动执行机构检查接线一般项目的质检要求见表 3-18。

表 3-18　低压电动机、电加热器及电动执行机构检查接线一般项目的质检要求

序号	分项	质检要点
1	电器设备安装	电气设备安装应牢固，螺栓及防松零件齐全，不松动。防水防潮电气设备的接线入口及接线盒盖等应做密封处理。 检查数量：抽查 30％，少于 5 处的全数检查。 检验方法：目测检查或用适配工具做拧动试验
2	抽芯检查的情况	除电动机随带技术文件说明不允许在施工现场抽芯检查外，有下列情况之一的电动机，应抽芯检查： (1)出厂时间已超过制造厂保证期限，无保证期限的已超过出厂时间一年以上。 (2)外观检查、电气试验、手动盘转和试运转，有异常情况。 检查数量：全数检查。 检验方法：查阅试验记录和电动机出厂合格证
3	电动机抽芯检查	电动机抽芯检查应符合下列规定： (1)线圈绝缘层完好、无伤痕，端部绑线不松动，槽楔固定、无断裂，引线焊接饱满，内部清洁，通风孔道无堵塞。 (2)轴承无锈斑，注油(脂)的型号、规格和数量正确，转子平衡块紧固，平衡螺钉锁紧，风扇叶片无裂纹。 (3)连接用紧固件的防松动零件齐全完整。 (4)其他指标符合产品技术文件的特有要求。 检查数量：抽查 30％，少于 5 台(处)的全数检查。 检验方法：抽芯旁站或查阅抽芯检查记录

（续）

序号	分项	质检要点
4	绝缘防护	在设备接线盒内裸露的不同相导线间和导线与地面间最小距离应大于8mm,否则应采取绝缘防护措施。 检查数量:全数检查。 检验方法:目测检查,并查阅试验记录或试验时旁站

二、柴油发电机组安装

1. 柴油发电机组基础验收

柴油发电机组本体安装前应根据设计图纸、产品样本或柴油发电机组本体实物对设备基础进行全面检查,确保符合安装尺寸要求。

2. 柴油发电机组检查

(1)设备开箱点件,应由安装单位、供货单位、建设单位、工程监理单位共同进行,并做好记录。

(2)依据装箱单,核对主机、附件、专用工具、备品备件和随带技术文件,查验合格证和出厂试运行记录,发电机及其控制柜应有出厂试验记录。

(3)外观检查,有铭牌,机身无缺件,涂层完整。

(4)柴油发电机组及其附属设备均应符合设计要求。

(5)发电机组随带的控制柜接线应正确,紧固件紧固状态良好,无遗漏脱落。开关、保护装置的型号、规格正确,验证出厂试验的锁定标记应无位移,有位移应重新按制造厂要求试验标定。

3. 柴油发电机组就位

(1)柴油发电机组就位之前,应对机组进行复查、调整和准备。

(2)检查发电机组各联轴节的连接螺栓、机座地脚螺栓和底脚栓的紧固情况。

(3)所设置的仪表应完好齐全,位置应正确。操纵系统的动作灵活可靠。

4. 柴油发电机组调校

(1)机组就位后,应调整机组的水平度,找正找平,紧固地脚螺栓牢固、可靠,并应设有防松措施。

(2)调校油路、传动系统、发电系统、控制系统等。

(3)发电机、发电机的励磁系统、发电机控制箱调试数据,应符合设计要求和技术标准的规定。

5. 发电机组接地线连接

(1)发电机中性线应与接地母线引出线直线连接,螺栓防松动装置齐全,应有接地标识。

(2)发电机本体和机械部分的可接近导体均应保护接地(PE)或接地线(PEN),且有标识。

6. 发电机组附属设备安装质量控制

发电机控制箱(屏)是同步发电机组的配套设备,主要是控制发电机送电及调压。小容量发电机的控制箱一般(经减震器)直接安装在机组上,大容量发电机的控制屏,则固定在机房的地面上,或安装在与机组隔离的控制室内。开关箱(屏)或励磁箱:各生产厂家的开关箱(屏)种类较多,型号不一,一般 500kW 以下的机组有柴油发电机组相应的配套控制箱(屏),500kW 以上机组,可向机组厂家提出控制箱(屏)的特殊订货要求。

7. 机组主体安装质量控制

(1)如果安装现场允许吊车作业,用吊车将机组整体吊起,把随机配备的减震器装在机组的底下。

(2)在柴油发电机组施工完成的基础上,放置好机组。一般情况下,减震器无须固定,只需在减震器下垫一层薄薄的橡胶板。如果需要固定,应确定减震器的地脚孔的位置,吊起机组,埋好螺栓后,放好机组,最后拧紧螺栓。

(3)现场不允许吊车作业时,可将机组放在滚杠上,滚至选定位置。

(4)用千斤顶将机组一端抬高,注意机组两边的升高一致,直至底座下的间隙能安装抬高一端的减震器。

(5)释放千斤顶,再抬机组另一端,装好剩余的减震器,撤出滚杠,释放千斤顶。

关键细节 13　柴油发电机组的接线要点

柴油发电机组的接线,核对相序是两个电源向同一供电系统供电的必经手续,虽然不出现并列运行,但相序一致才能确保用电设备的性能和安全。

(1)柴油发电机馈电线路连接后,两端的相序必须与原供电系统的相序一致。

(2)发电机中性线应与接地干线直接连接,螺栓防松动零件齐全,且有标识。

(3)发电机本体和机械部分的可接近裸露导体应与 PE 线或 PEN 线可靠连接,且应有标识。

(4)根据厂家提供的随机资料,检查和校验随机控制屏的接线是否与图纸一致。

关键细节 14　柴油发电机组安装主控项目的质检要求

柴油发电机组安装主控项目的质检要求见表 3-19。

表 3-19　　　　　　　　　　柴油发电机组安装主控项目的质检要求

序号	分项	质检要点
1	发动机的试验	发电机的试验必须符合《建筑电气工程施工质量验收规范》(GB 50303—2002)附录 A 的规定。 检查数量:全数检查。 检验方法:查阅试验记录或试验时旁站
2	绝缘电阻值	发电机组至低压配电柜馈电线路的相间、相对地间的绝缘电阻值应大于 0.5MΩ;塑料绝缘电缆馈电线路直流耐压试验为 2.4kV,持续时间 15min,泄漏电流稳定,无击穿现象。 检查数量:全数检查。 检验方法:查阅试验记录或试验时旁站

（续）

序号	分项	质检要点
3	柴油发电机馈电线路连接	柴油发电机馈电线路连接后,两端的相序必须与原供电系统的相序一致。 检查数量:全数检查。 检验方法:目测检查
4	线连接	发电机中性线(工作零线)应与接地干线直接连接,螺栓防松零件齐全,且有标识。 检查数量:全数检查。 检验方法:目测检查

关键细节 15 柴油发电机组安装一般项目的质检要求

柴油发电机组安装一般项目的质检要求见表 3-20。

表 3-20　　　　　　柴油发电机组安装一般项目的质检要求

序号	分项	质检要点
1	接线	发电机组随带的控制柜接线应正确,紧固件紧固状态良好,无遗漏脱落。开关、保护装置的型号、规格正确,验证出厂试验的锁定标记应无位移,有位移应重新按制造厂要求试验标定。 检查数量:全数检查。 检验方法:目测检查
2	接地或接零	发电机本体和机械部分的可接近裸露导体应接地(PE)或接零(PEN)可靠,且有标识。 检查数量:全数检查。 检验方法:目测或查阅测试记录
3	负荷试验	受电侧低压配电柜的开关设备、自动或手动切换装置和保护装置等试验合格,应按设计的自备电源使用分配预案进行负荷试验,机组连续运行 12h 无故障。 检查数量:全数检查。 检验方法:查阅试验记录或试验时旁站

三、不间断电源安装

1. 不间断电源组成

（1）输入整流滤波电路:将交流电变换为直流电,并能保持输出电压和抑制电网干扰。

（2）功率因数校正电路:用来提高功率因数、降低谐波干扰,并使电网的输入电流成为与输入电压接近同相位的正弦波。

（3）蓄电池:蓄电池组是 UPS 的心脏,是 UPS 的蓄能装置。

（4）充电电路:充电电路独立于逆变器工作,在充电阶段向蓄电池组恒流充电,随着电压的上升,当达到其浮充电压时,充电器改为恒压工作,直到充电完成。

(5)逆变器:逆变器将来自整流器的直流电转变成交流电,通常其波形为准方波,在线式 UPS 采用正弦脉宽调制(SPWM)波,经 LC 滤波后得到标准正弦波。

(6)静态开关电路:静态开关电路作为保护设备和供电转换器件,用来保护 UPS 的负载,同时是将市电供电变为逆变器供电的转换器件。

(7)其附属装置包括控制、检测、显示及保护电路。

2. 不间断电源安装要求

(1)施工图技术文件:安装平面布置图;电气接线图;UPS 容量、蓄电池容量、持续供电时间计算书;设备清单;备件及专用工具清单;工厂测试报告;U/LEMC 认证、原产地证明等。

(2)检查 UPS 的整流器、充电器、逆变器、静态开关,其规格性能必须符合设计要求。内部接线连接正确、紧固件齐全、接线和紧固可靠不松动,标记正确清晰,焊接连接无脱落现象。

(3)安放 UPS 的机架组装应横平竖直,其水平度、垂直度的允许偏差不大于 1.5%,紧固件齐全,紧固完好。

(4)引入和引出 UPS 的主回路电线或电缆与控制系统的信号线和控制通信电缆应分别穿保护管敷设,当在电缆支架上平行敷设时应保持至少 150mm 的间距,电线、电缆的屏蔽接地应连接可靠,并与接地干线的最近接地极连接,且紧固件齐全。

(5)UPS 的可接近裸露导体应接地(PE),连接可靠且有标识。

(6)UPS 输出端的中性线(N 极)必须与由接地装置直接引来的接地干线相连接,作重复接地。

(7)由于 UPS 运行时其输入输出线路的中线电流大,安装时应检查中线截面,如发现中线截面面积小于相线截面,应并联一条中线,防止因中线电流过大引起事故。

(8)UPS 本机电源应采用专用插座,插座必须使用说明书中指定的保护断路器或熔断丝。

(9)蓄电池组的安装。

关键细节 16　蓄电池的安装要点

(1)采用架装的蓄电池。

(2)新旧蓄电池不得混用;存放超过 3 个月的蓄电池必须补充充电。

(3)安装时必须避免短路,并使用绝缘工具、戴绝缘手套,严防电击。

(4)按规定的串、并连线路连接列间、层间、面板端子的电池连线,应注意正负极性,在满足截面要求的前提下,引出线应尽量短;并联的电池组各组到负载的电缆应等长,使电池充放电时各组电池的电流均衡。

(5)电池的连接螺栓必须紧固,但应防止拧紧力过大损坏极柱。

(6)再次检查系统电压和电池的正负极方向,确保安装正确,并用肥皂水和软布清洁蓄电池表面和接线。

(7)UPS 与蓄电池之间应设手动开关。

3. 不间断电源调试和检测

(1)对 UPS 的各功能单元进行试验测试,全部合格后方可进行 UPS 的试验和检测。

(2)采用后备式和方波输出的 UPS 电源时,其负载不能是容感性负载(变频器、交流电机、风扇、吸尘器等);不允许在 UPS 工作时用与 UPS 相连的插座接通容感性负载。

(3)UPS 的输入输出连线的线间、线对地间的绝缘电阻值必须大于 $0.5M\Omega$;接地电阻符合要求。

(4)按要求正确设定蓄电池的浮充电压和均充电压,对 UPS 进行通电带负载测试。

(5)按 UPS 使用说明书的要求,按顺序启动 UPS 和关闭 UPS。

(6)对 UPS 进行稳态测试和动态测试。稳态测试时主要应检测 UPS 的输入、输出、各级保护系统;测量输出电压的稳定性、波形畸变系数、频率、相位、效率、静态开关的动作是否符合技术文件和设计要求;动态测试应测试系统接上或断开负载时的瞬间工作状态,包括突加或突减负载、转移特性测试;其他的常规测试还应包括过载测试、输入电压的过压和欠压保护测试、蓄电池放电测试等。

(7)通过 SCADA/BAS 系统检测 UPS 的功能:

1)按接口规范检测接口的通信功能。

检查连锁控制,确保因故障引起的断路器跳闸不会导致备用断路器闭合(对断路器手动恢复除外),反之亦然。

2)采用试验用开关模拟电网故障,测验转换顺序。

3)模拟故障,检测系统的自动转换动作和转移特性。

4)正常电源与备用电源的转换测试:通过带有可调时间延迟装置的三相感应电路实现正常和备用电源电压的监控,当正常电源故障或其电压降到额定值的 70% 以下时,计量器开始时,若超过设定的延长时间(0～15s)故障仍存在,则备用电源电压已达到其额定值的 90% 的前提下,转换开关开始动作,由备用电源供电;一旦正常电源恢复,经延时后确认电压已稳定,转换开关必须能够自动切换到正常电源供电,同时也必须具备通过手动切换恢复正常供电的功能。

5)检查声光报警装置的报警功能。

6)检查系统对 UPS 运行状况的监测和显示情况。

7)检测 UPS 的噪声。输出额定电流为 5A 及以下的小型 UPS,其噪声不应大于 30dB(A),大型 UPS 的噪声不应大于 45dB(A)。

关键细节 17　不间断电源安装主控项目的质检要求

不间断电源安装主控项目的质检要求见表 3-21。

表 3-21　　　　　　　　　　不间断电源安装主控项目的质检要求

序号	分项	质检要点
1	核对电源及附件规格、型号和接线检查	不间断电源的整流装置、逆变装置和静态开关装置的规格、型号必须符合设计要求。内部结线连接正确,紧固件齐全,可靠不松动,焊接连接无脱落现象。 检查数量:全数检查。 检验方法:目测检查和查阅出厂合格证、装箱单及设计文件

（续）

序号	分项	质检要点
2	电气交接试验及调整	不间断电源的输入、输出各级保护系统和输出的电压稳定性、波形畸变系数、频率、相位、静态开关的动作等各项技术性能指标试验调整必须符合产品技术文件要求，且符合设计文件要求。 检查数量：全数检查。 检验方法：查阅试验记录或试验时旁站
3	电源装置间连线的绝缘电阻值测试	不间断电源装置间连线的线间、线对地间绝缘电阻值应大于 0.5MΩ。 检查数量：全数检查。 检验方法：查阅试验记录或试验时旁站或用适配仪表抽测
4	输出端中性线的重复接地	不间断电源输出端的中性线(N极)，必须与由接地装置直接引来的接地干线相连接，做重复接地。 检查数量：全数检查。 检验方法：目测或查阅导通性测试记录

关键细节 18　不间断电源安装一般项目的质检要求

不间断电源安装一般项目的质检要求见表 3-22。

表 3-22　　　　　　　　不间断电源安装一般项目的质检要求

序号	分项	质检要点
1	主回路和控制电线、电缆敷设及连接	引入或引出不间断电源装置的主回路电线、电缆和控制电线、电缆应分别穿保护管敷设，在电缆支架上平行敷设应保持 150mm 的距离；电线、电缆的屏蔽护套接地连接可靠，与接地干线就近连接，紧固件齐全。 检查数量：抽查 10%，少于 5 条回路的全数检查。 检验方法：目测或用钢尺测量或用适配工具做拧动试验
2	可接近裸露导体的接地或接零	不间断电源装置的可接近裸露导体应接地(PE)或接零(PEN)可靠，且有标识。 检查数量：全数检查。 检验方法：目测或查阅测试记录
3	运行时噪声的检查	不间断电源正常运行时产生的 A 声级噪声，不应大于 45dB；输出额定电流为 5A 及以下的小型不间断电源噪声，不应大于 30dB。 检查数量：全数检查。 检验方法：查阅测试记录或用适配仪表测量
4	机架组装要求及水平度、垂直度偏差	安放不间断电源的机架组装应横平竖直，水平度、垂直度允许偏差不应大于 0.15%，紧固件安全。 检查数量：全数检查。 检验方法：用铁水平尺和线锤拉线检查

第四节　电气配线安装

一、母线安装

1. 裸母线安装质量控制

(1)放线测量。

1)进入现场后根据母线及支架敷设的不同情况,核对是否与图纸相符。

2)核对沿母线敷设全长方向有无障碍物,有无与建筑结构或设备管道、通风等安装部件交叉现象。配电柜内安装母线,测量与设备上其他部件安全距离是否符合要求。放线测量出各段母装加工尺寸、支架尺寸,并画出支架安装距离及剔洞或固定件安交位置。

(2)母线支架用角钢固定在墙上。

(3)绝缘子安装。

1)绝缘子安装前要摇测绝缘,绝缘电阻值大于 1MΩ 为合格。检查绝缘子外观无裂纹、缺损现象,绝缘子固定牢固后方可使用。6～10kV 支柱绝缘子安装前应做耐压试验。

2)绝缘子上下要各垫一个石棉垫。

3)绝缘子夹板、卡板的制作规格要与母线的规格相适应。绝缘子夹板、卡板的安装要牢固。

(4)母线的加工。

1)母线的调直与切断。母线调直采用母带调直器,手工调直时必须用木锤,下面垫道木进行作业,不得用铁锤。母线切断可使用手锯或砂轮锯作业,不得用电气焊进行切断。

2)母线的弯曲。母线的弯曲应用专用工具冷煨,弯曲处不得有裂纹及显著的皱折。不得进行热弯。母线扭弯、扭转部分的长度不得小于母线宽度的 2.5～5 倍。

(5)母线的连接:母线的焊接连接、母线的螺栓连接等。

(6)母线安装。

关键细节 19　母线的安装要点

(1)母线安装,其支持点的距离要求如下:低压母线不得大于 900mm,高压母线不得大于 700mm。低压母线垂直安装,且支持点间距无法满足要求时,应加装母线绝缘夹板。母线的连接有焊接和螺栓连接两种方式。

(2)母线的安装不包括支持绝缘子安装和母线伸缩接头的制作、安装。封闭母线的搬运考虑用汽车吊车及桥式起重机,室内安装段使用链式起重机,室外安装使用汽车吊车,焊接采用氩弧焊。

(3)凡是高压线穿墙敷设,必须应用穿墙套管。穿墙套管分室内和室外两种,也有叫户内和户外穿墙套管。安装时先将穿墙套管的框架预先安装在土建施工预留的墙洞内。待土建工程完工后再将穿墙套管(3个为一组)穿入框架内的钢板孔内,用螺栓固定(每组用 6 套螺栓)。穿墙套管铜板在框架上的固定采用沿钢板四角周边焊接。

(4)低压母线穿墙板时,先将角钢预埋在配合土建施工预留洞的四个角上,然后将角主支架焊接在洞口的预埋件上,再将绝缘板(上、下两块)用螺栓固定在角钢支架上。

(5)由于变压器低压套管引出的低压母线支架上的距离大都在 1m 以上,超过了规范规定的 900mm 的距离,故应在母线中间加中间绝缘板。

(6)检查送电。

1)母线安装完后,要进行全面的检查,清理工作现场的工具、杂物,并与有关单位人员协商好,请无关人员离开现场。

2)母线送电前应进行耐压试验,500V 以下母线可用 500V 摇表摇测,绝缘电阻不小于 0.5MΩ。

3)送电要有专人负责,送电顺序应为先高压、后低压;先干线、后支线;先隔离开关、后负荷开关。停电时与上述顺序相反。

4)车间母线送电前应先挂好有电标志牌,并通知有关单位及人员,送电后应有指示灯。

2. 封闭母线、插接式母线安装质量控制

(1)支架安装。

1)封闭插接母线的拐弯处以及与箱(盘)连接处必须加支架。直段插接母线支架的距离不应大于 2m。

2)埋注支架用水泥砂浆固定,灰砂比为 1∶3,采用 2.5 级以上水泥,直注浆饱满、严实,不高出墙面,埋深不小于 80mm。

3)膨胀螺栓固定支架不少于两条。一个吊架应用两根吊杆,固定牢固,螺扣外露 2~4 扣,膨胀螺栓应加平垫和弹簧垫,吊架应用双螺母夹紧。

4)支架与埋件焊接处刷防腐油漆应均匀,无漏刷,不污染建筑物。

(2)封闭插接式母线安装。

1)封闭插接式母线配线。做水平敷设时,离地距离不得小于 2.2m;做垂直敷设时,离地距离不得小于 1.8m。但敷设在电气专用房间内时可不受此限制。

2)母线安装时,必须按分段图、相序、编号、方向和标志予以正确放置,不得随意互换。每项外壳的纵向间隙,应分配均匀。

3)母线与外壳间必须同心,其误差不得超过 5mm。段与段连接时,两相邻段母线及外壳应对准,连接后不得使母线及外壳受到机械应力。

4)封闭插接式母线不得用钢丝绳起吊和绑扎,母线不得任意堆物,不得在地面上拖拉,不得在外壳上进行其他任何作业,外壳内不得有遗留物,外壳内及绝缘子必须擦拭干净。因为封闭式母线的外壳是由铝板焊接而成的,在运行中会有电流通过,因此决不允许将外壳损伤或变形。

5)封闭插接式母线的终端。当无引出、引入线时,端头应封闭。

6)封闭插接式母线,当直接辐射长度超过制造厂给定的数值时,宜设置伸缩节。当它水平跨越建筑物的伸缩缝或沉降缝时,也应采取适当的措施。橡胶伸缩套的连接头、穿墙处的连接法兰、外壳与底座之间、外壳各连接部位的螺栓应采用力矩拔手紧固,各接合面应密封良好。

7)封闭插接式母线的插接分支点,应设在安全及安装维护方便的地方。封闭式母线

的连接,不应在穿过楼板或墙壁处进行。当其穿越防火墙及防火楼板时,应采取防火隔离措施。

8)外壳的相间短路板应位置正确,连接良好,否则将改变封闭母线的原来磁路而引起封闭式母线外壳的严重发热。相间支撑板应安装牢固,分段绝缘的外壳应做好绝缘。

9)母线焊接,必须在封闭式母线各段全部就位,并经调整合格,绝缘子、盘形绝缘子和电流互感器经试验合格后才进行。

10)呈微正压的封闭式母线,在安装完毕后,还应检查其密封性是否良好。

关键细节 20 裸母线、封闭母线、插接式母线安装主控项目的质检要求

裸母线、封闭母线、插接式母线安装主控项目的质检要求见表 3-23。

表 3-23　　　　裸母线、封闭母线、插接式母线安装主控项目的质检要求

序号	分项	质检要点
1	接地或接零	绝缘子的底座、套管的法兰、保护网(罩)及母线支架等可接近裸露导体应接地(PE)或接零(PEN)可靠。不应作为接地(PE)或接零(PEN)的接续导体。 检查数量:抽查 10 处,少于 10 处时应全数检查。 检验方法:目测检查
2	螺栓搭接	母线与母线或母线与电器接线端子,当采用螺栓搭接连接时,应符合下列规定: (1)母线的各类搭接连接的钻孔直径和搭接长度符合《建筑电气工程施工质量验收规范》(GB 50303—2002)附录 C 的规定,用力矩扳手拧紧钢制连接螺栓的力矩值符合《建筑电气工程施工质量验收规范》(GB 50303—2002)附录 D 的规定。 (2)母线接触面保持清洁,涂电力复合脂,螺栓孔周边无毛刺。 (3)连接螺栓两侧有平垫圈,相邻垫圈间有大于 3mm 的间隙,螺母侧装有弹簧垫圈或锁紧螺母。 (4)螺栓受力均匀,不使电器的接线端子受额外应力。 检查数量:抽查 10 处,少于 10 处的全数检查。 检验方法:目测检查或用适配工具做拧动试验
3	封闭、插接式母线安装	封闭、插接式母线安装应符合下列规定: (1)封闭、插接式母线与外壳同心,允许偏差为±5mm。 (2)当段与段连接时,两相邻段母线及外壳对准,连接后不使母线及外壳受额外应力。 (3)母线的连接方法符合产品技术文件要求。 检查数量:抽查 10 处,少于 10 处的全数检查。 检验方法:目测检查或查阅施工记录
4	最小安全净距	室内裸母线的最小安全净距应符合《建筑电气工程施工质量验收规范》(GB 50303—2002)附录 E 的规定。 检查数量:抽查 10 处,少于 10 处的全数检查。 检验方法:拉线尺量

（续）

序号	分项	质检要点
5	耐压试验	高压母线交流工频耐压试验必须按交接试验合格。 检查数量：全数检查。 检验方法：查阅试验记录或试验时旁站
6	交接试验	低压母线交接试验应合格。 检查数量：全数检查。 检验方法：查阅试验记录或试验时旁站

🏠✋ **关键细节 21　裸母线、封闭母线、插接式母线安装一般项目的质检要求**

裸母线、封闭母线、插接式母线安装一般项目的质检要求见表 3-24。

表 3-24　　　　裸母线、封闭母线、插接式母线安装一般项目的质检要求

序号	分项	质检要点
1	母线支架与 预埋铁件连接	母线的支架与预埋铁件采用焊接固定时，焊缝应饱满；采用膨胀螺栓固定时，选用的螺栓应适配，连接应牢固。 检查数量：抽查 10%，少于 5 处的全数检查。 检验方法：目测或用适配工具做拧动试验
2	搭接面	母线与母线、母线与电器接线端子搭接，搭接面的处理应符合下列规定： (1)铜与铜：室外、高温且潮湿的室内，搭接面搪锡；干燥的室内，搭接面不搪锡。 (2)铝与铝：搭接面不做涂层处理。 (3)钢与钢：搭接面搪锡或镀锌。 (4)铜与铝：在干燥的室内，铜导体搭接面搪锡；在潮湿场所，铜导体搭接面搪锡，且采用铜铝过渡板与铝导体连接。 (5)钢与铜或铝：钢搭接面搪锡。 检查数量：抽查 10%，少于 5 处的全数检查。 检验方法：目测检查
3	母线的 相序排列	母线的相序排列及涂色，当设计无要求时应符合下列规定： (1)上、下布置的交流母线，由上至下排列为 A、B、C 相；直流母线正极在上，负极在下。 (2)水平布置的交流母线，由盘后向盘前排列为 A、B、C 相；直流母线正极在后，负极在前。 (3)面对引下线的交流母线，由左至右排列为 A、B、C 相；直流母线正极在左，负极在右。 (4)母线的涂色：交流，A 相为黄色，B 相为绿色，C 相为红色；直流，正极为赭色，负极为蓝色；在连接处或支持件边缘两侧 10mm 以内不涂色。 检查数量：抽查 5 处，少于 5 处的全数检查。 检验方法：目测检查

（续）

序号	分项	质检要点
4	母线在绝缘子上安装	母线在绝缘子上安装应符合下列规定： (1)金具与绝缘子间固定平整牢固，不使母线受额外应力。 (2)交流母线的固定金具或其他支持金具不形成闭合铁磁回路。 (3)除固定点外，当母线平置时，母线支持夹板的上部压板与母线间有1～1.5mm的间隙；当母线立置时，上部压板与母线间有1.5～2mm的间隙。 (4)母线的固定点，每段设置1个，设置于全长或两母线伸缩节的中点。 (5)母线采用螺栓搭接时，连接处距绝缘子的支持夹板边缘不小于50mm。 检查数量：抽查10%，少于5处的全数检查。 检验方法：目测或用适配工具抽检
5	母线组装	封闭、插接式母线组装和固定位置应正确，外壳与底座间、外壳各连接部位和母线的连接螺栓应按产品技术文件要求选择正确，连接紧固。 检查数量：抽查10%，少于5处的全数检查。 检验方法：目测或查阅施工记录或用适配工具做拧动试验

二、电缆桥架和电缆安装

1. 电缆桥架安装质量控制

（1）根据电缆桥架布置安装图，对预埋件或固定点进行定位，沿建筑物敷设吊架或支架。

（2）直线段电缆桥架安装，在直线端的桥架相互接槎处，可用专用的连接板进行连接，接槎处要求缝隙平密平齐，在电缆桥架两边外侧面用螺母固定。

（3）电缆桥架在十字交叉、丁字交叉处施工时，可采用定型产品水平四通、水平三通、垂直四通、垂直三通进行连接，应以接槎边为中心向两端各不小于300mm处，增加吊架或支架进行加固处理。

（4）电缆桥架在上、下、左、右转弯处，应使用定型的水平弯通、转动弯通、垂直凹（凸）弯通。上、下弯通进行连接时，其接槎边为中心两边各不小于300mm处，连接时须增加吊架或支架进行加固。

（5）对于表面有坡度的建筑物，桥架敷设应随其坡度变化。可采用倾斜底座，或调角片进行倾斜调节。

（6）电缆桥架与盒、箱、柜、设备接口，应采用定型产品的引下装置进行连接，要求接口处平齐，缝隙均匀严密。

（7）电缆桥架的始端与终端应封牢。

（8）电缆桥架安装时必须待整体电缆桥架调整符合设计图和规范规定后，再进行固定。

（9）电缆桥架整体与吊（支）架的垂直度与横档的水平度，应符合规范要求；待垂直度与水平度合格，电缆桥架上、下各层都对齐后，将吊（支）架固定牢固。

（10）电缆桥架敷设安装完毕后，经检查确认合格，将电缆桥架内外清扫后，进行电缆线路敷设。

(11)在竖井中敷设合格电缆时,应安装防坠落卡,用来保护线路下坠。

(12)敷设在电缆桥架内的电缆不应有接头,接头应设置在接线箱内。

2. 桥架内电缆敷设质量控制

(1)电缆沿桥架敷设前,应防止电缆排列不整齐,出现严重交叉现象,必须事先就将电缆敷设位置排列好,规划出排列图表,按图表进行施工。

(2)拖放电缆时,对于单端固定的托臂可以在地面上设置滑轮拖放,放好后拿到托盘或梯架内;双吊杆固定的托盘或梯架内敷设电缆,应将电缆直接在托盘或梯架内安放滑轮拖放,电缆不得直接在托盘或梯架内拖拉。

(3)电缆出入电缆沟、竖井、建筑物、柜(盘)、台处及导管管口处等做密封处理。出入口、导管管口的封堵目的是防火、防小动物入侵、防异物跌入,均是为安全供电而设置的技术防范措施。

(4)电缆沿桥架敷设时,应单层敷设,电缆与电缆之间可以无间距敷设,电缆在桥架内应排列整齐,不应交叉,并敷设一根,整理一根,卡固一根。

(5)垂直敷设的电缆每隔 1.5～2m 处应加以固定;水平敷设的电缆,在电缆的首尾两端、转弯及每隔 5～10m 处进行固定,对电缆在不同标高的端部也应进行固定。大于 45°倾斜敷设的电缆每隔 2m 处设固定点。

(6)电缆固定可以用尼龙卡带、绑线或电缆卡子进行固定。为运行中巡视和方便维护检修,在桥架内电缆的首端、末端和分支处应设标志牌。

关键细节 22　电缆桥架安装和桥架内电缆敷设主控项目的质检要求

电缆桥架安装和桥架内电缆敷设主控项目的质检要求见表 3-25。

表 3-25　　　　　电缆桥架安装和桥架内电缆敷设主控项目的质检要求

序号	分项	质检要点
1	接地或接零	金属电缆桥架及其支架和引入或引出的金属电缆导管必须接地(PE)或接零(PEN)可靠,且必须符合下列规定: (1)金属电缆桥架及其支架全长不应少于 2 处与接地(PE)或接零(PEN)干线相连接。 (2)非镀锌电缆桥架间连接板的两端跨接铜芯接地线,接地线最小允许截面面积不小于 4mm²。 (3)镀锌电缆桥架间连接板的两端不跨接接地线,但连接板两端不少于 2 个有防松螺母或防松垫圈的连接固定螺栓。 检查数量:与接地干线连接处全数检查,其余抽查 20%,少于 5 处的全数检查 检验方法:目测检查或查阅测试记录
2	电缆敷设	电缆敷设严禁有绞拧、铠装压扁、护层断裂和表面严重划伤等缺陷。 检查数量:抽查全长的 10%。 检验方法:目测检查

关键细节 23 电缆桥架安装和桥架内电缆敷设一般项目的质检要求

电缆桥架安装和桥架内电缆敷设一般项目的质检要求见表 3-26。

表 3-26　　　　电缆桥架安装和桥架内电缆敷设一般项目的质检要求

序号	分项	质检要点
1	电缆桥架安装	电缆桥架安装应符合下列规定： (1)直线段钢制电缆桥架长度超过 30m、铝合金或玻璃钢制电缆桥架长度超过 15m 设有伸缩节；电缆桥架跨越建筑物变形缝处设置补偿装置。 (2)电缆桥架转弯处的弯曲半径，不小于桥架内电缆最小允许弯曲半径，电缆最小允许弯曲半径，见表 3-27。 (3)当设计无要求时，电缆桥架水平安装的支架间距为 1.5～3m；垂直安装的支架间距不大于 2m。 (4)桥架与支架间螺栓、桥架连接板螺栓固定紧固无遗漏，螺母位于桥架外侧；当铝合金桥架与钢支架固定时，有相互间绝缘的防电化腐蚀措施。 (5)电缆桥架敷设在易燃易爆气体管道和热力管道的下方，当设计无要求时，与管道的最小净距，符合表 3-28 的规定。 (6)敷设在竖井内和穿越不同防火区的桥架，按设计要求位置敷设，有防火隔堵措施。 (7)支架与预埋件焊接固定时，焊缝饱满；膨胀螺栓固定时，选用螺栓适配，连接紧固，防松零件齐全。 检查数量：抽查 10%，少于 5 处的全数检查。 检验方法：目测检查和拉线尺量或用适配工具做拧动试验
2	桥架内电缆敷设	桥架内电缆敷设应符合下列规定： (1)大于 45°倾斜敷设的电缆每隔 2m 处设固定点。 (2)电缆出入电缆沟、竖井、建筑物、柜(盘)、台处以及管子管口处等做密封处理。 (3)电缆敷设排列整齐，水平敷设的电缆，首尾两端、转弯两侧及每隔 5～10m 处设固定点；敷设于垂直桥架内的电缆固定点间距，不大于表 3-29 的规定。 检查数量：抽查 10%，少于 5 处的全数检查。 检验方法：目测检查或查阅施工记录
3	标志牌	电缆的首端、末端和分支处应设标志牌。 检查数量：抽查 10%，少于 5 处的全数检查。 检验方法：目测检查

表 3-27　　　　　　　　　　电缆最小允许弯曲半径

序号	电缆种类	最小允许弯曲半径
1	无铅包钢铠护套的橡皮绝缘电力电缆	$10D$
2	有钢铠护套的橡皮绝缘电力电缆	$20D$
3	聚氯乙烯绝缘电力电缆	$10D$

（续）

序号	电缆种类	最小允许弯曲半径
4	交联聚氯乙烯绝缘电力电缆	15D
5	多芯控制电缆	10D

注：1. D 为电缆外径。

　　2. 本表摘自《建筑电气工程施工质量验收规范》(GB 50303—2002)。

表 3-28　　　　　　　　　　　与管道的最小净距　　　　　　　　　　　　　m

管道类别		平行净距	交叉净距
一般工艺管道		0.4	0.3
易燃易爆气体管道		0.5	0.5
热力管道	有保温层	0.5	0.3
	无保温层	1.0	0.5

注：本表摘自《建筑电气工程施工质量验收规范》(GB 50303—2002)。

表 3-29　　　　　　　　　　　电缆固定点的间距　　　　　　　　　　　　mm

电缆种类		固定点的间距
电力电缆	全塑型	1000
	除全塑型外的电缆	1500
控制电缆		1000

注：本表摘自《建筑电气工程施工质量验收规范》(GB 50303—2002)。

三、电缆敷设

1. 电缆沟内电缆支架安装

（1）电缆在沟内敷设，要用支架支持或固定，因而支架的安装是关键，其相互间距离是否恰当，将决定通电后电缆的散热状况是否良好、对电缆的日常巡视和维护检修是否方便，以及在电缆弯曲处的弯曲半径是否合理。

（2）电缆支架自行加工时，钢材应平直，无显著扭曲。下料后长短差应在 5mm 范围内，切口无卷边、毛刺。钢支架采用焊接时，不要有显著的变形。支架上各横撑的垂直距离，其偏差不应大于 2mm。支架应安装牢固，横平竖直，同一层的横撑应在同一水平面上，其高低偏差不应大于 5mm。在有坡度的电缆沟内，其电缆支架也要保持同一坡度（此项也适用于有坡度的建筑物上的电缆支架）。

（3）当设计无要求时，电缆支架最上层至沟顶的距离不小于 150～200mm；电缆支架最下层至沟底的距离不小于 50～100mm。

（4）当设计无要求时，电缆支架层间最小允许距离应符合表 3-30 的规定。

（5）支架与预埋件焊接固定时，焊缝应饱满；用膨胀螺栓固定时，选用螺栓要适配，连接紧固，防松零件齐全。

表 3-30　　　　　　　　　电缆支架层间最小允许距离　　　　　　　　mm

电缆种类	支架层间最小距离
控制电缆	120
10kV 及以下电力电缆	150～200

注:本表摘自《建筑电气工程施工质量验收规范》(GB 50303—2002)。

（6）当设计无要求时，电缆支持点间距不小于表 3-31 的规定间距。

表 3-31　　　　　　　　　　　电缆支持点间距　　　　　　　　　　mm

电缆种类		敷设方式	
		水平	垂直
电力电缆	全塑型	400	1000
	除全塑型外的电缆	800	1500
控制电缆		800	1000

注:本表摘自《建筑电气工程施工质量验收规范》(GB 50303—2002)。

2. 电气竖井支架安装

电缆在竖井内沿支架垂直敷设，可采用扁钢支架，如图 3-3 所示。支架的长度 W 应根据电缆直径的大小和根数的多少而定。扁钢支架与建筑物的固定应采用 M10×80 的膨胀螺栓紧固。支架每隔 1.5m 设置一个，竖井内支架最上层距竖井顶部或楼板的距离不小于 150～200mm，底部与楼（地）面的距离不宜小于 300mm。

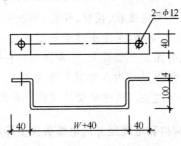

图 3-3　竖井内电缆扁钢支架

🏠关键细节 24　电缆的安装方法

（1）电缆在室外直埋地敷设。所谓埋设，就是将电缆直接埋设在挖好的电缆沟内。埋设深度一般为 0.8m，经过农田的电缆埋设深度不应小于 1m，埋地敷设的电缆必须是铠装且有防腐保护层，裸钢带铠装电缆不允许埋地敷设。直埋电缆时，先将埋设电缆土沟挖好，在沟底铺 100mm 厚的细砂。敷好电缆后，在电缆上再铺 100mm 厚细砂，然后盖砖或盖保护板。上面回填土略高于原有地面。多根电缆同沟敷设时，10kV 以下电缆平行距离为 170mm；10kV 以上电缆平行距离为 350mm。

（2）电缆在室内、外电缆沟内敷设。分无支架敷设和有支架敷设。无支架敷设是将电缆直接敷设在电缆沟底上，沟顶盖水泥盖板。在两种不同等级电压下利用接地线屏蔽，接地线焊在预埋件上,预埋件间距为 1000mm。有支架敷设是将电缆支架安装在电缆沟内的两侧或一侧,然后将电缆托在支架上。支架又分角钢支架、槽钢支架、预制钢筋混凝土支架等三种。

(3)电缆沿支架敷设。先将支架螺栓预埋在墙上,并把在施工现场制作好的支架固定在预埋螺栓上,然后将电缆固定在电缆支架上。电缆直接固定在墙上的,也应先将螺栓预埋在墙上,然后用卡子将电缆与螺栓固定。

(4)电缆沿墙吊挂敷设和卡设。电缆沿墙吊挂敷设是先将挂钉预埋在墙内,然后将挂钩挂在挂钉上,电缆放入挂钩即可。挂钩间距:电力电缆为 1m。控制电缆为 0.8m。挂钩不超过 3 层。电缆沿墙卡设是先将预制好的电缆支架预埋在墙内,然后把电缆用卡子固定在预埋支架上。

(5)电缆沿柱卡设。先将抱箍支架卡设在柱子上,再将保护钢管卡设在支架上。此法适用于电缆穿入钢管沿柱垂直敷设。

(6)电缆穿入导管敷设。电缆穿入导管敷设是指整条电缆穿钢管敷设。先将管子敷设好,再将电缆穿入管内,每一根管内只允许穿一根电缆。要求管道的内径等于电缆外径的 1.5～2 倍。管子的两端应做喇叭口。单芯电缆不允许穿入钢管内。敷设电缆管时应有 0.1％的排水坡度。

(7)电缆沿钢索卡设。先将钢索两端固定好,其中一端装有花篮螺栓,用以调节钢索松紧程度,并用卡子将电缆固定在钢丝绳上。固定电缆卡子的距离:水平敷设时,电力电缆为 750mm,控制电缆为 600mm;垂直敷设时,电力电缆为 1500mm,控制电缆为 750mm。此法一般用于软电缆。

(8)电缆桥架敷设。电缆桥架由立柱、托臂、托盘、隔板和盖板等组成。电缆一般敷设在托盘内。电缆桥架悬吊式立柱安装,是由土建专业预埋铁件,安装时用膨胀螺栓将立柱固定在预埋铁件上,然后将托臂固定于立柱上,托盘固定在托臂上,电缆放在托盘内。

(9)电缆顶管。当埋地电缆横过厂内马路或厂外公路且不允许挖开马路或公路路面时,采用钢管从马路的底部顶穿过去。这种将管子顶穿过马路的方法叫做顶管。

关键细节 25　电缆沟内和电缆竖井内电缆敷设主控项目的质检要求

电缆沟内和电缆竖井内电缆敷设主控项目的质检要求见表 3-32。

表 3-32　　　　　电缆沟内和电缆竖井内电缆敷设主控项目的质检要求

序号	分项	质检要点
1	接地或接零	金属电缆支架、电缆导管必须接地(PE)或接零(PEN)可靠。 检查数量:抽查 20％,少于 10 处的全数检查。 检验方法:目测检查或查阅导通测试记录
2	电缆敷设	电缆敷设严禁有绞拧、铠装压扁、护层断裂和表面严重划伤等缺陷。 检查数量:抽查 20％,少于 10 处的全数检查。 检验方法:目测检查

关键细节 26　电缆沟内和电缆竖井内电缆敷设一般项目的质检要求

电缆沟内和电缆竖井内电缆敷设一般项目的质检要求见表 3-33。

表 3-33　　　　　　　电缆沟内和电缆竖井内电缆敷设一般项目的质检要求

序号	分项	质检要点
1	电缆支架安装	电缆支架安装应符合下列规定： (1)当设计无要求时，电缆支架最上层至竖井顶部或楼板的距离不小于150～200mm；电缆支架最下层至沟底或地面的距离不小于 50～100mm。 (2)当设计无要求时，电缆支架层间最小允许距离应符合表 3-30 的规定。 (3)支架与预埋件焊接固定时，焊缝饱满；用膨胀螺栓固定时，选用螺栓应适配，连接紧固，防松零件齐全。 检查数量：抽查 10%，少于 5 处的全数检查。 检验方法：拉线尺量或用适配工具做拧动试验
2	电缆在支架上敷设	电缆在支架上敷设，转弯处的最小允许弯曲半径应符合表 3-27 的规定。 检查数量：抽查 10%，少于 5 处的全数检查。 检验方法：拉线尺量或用适配工具抽测
3	电缆敷设固定	电缆敷设固定应符合下列规定： (1)垂直敷设或大于 45°倾斜敷设的电缆在每个支架上固定。 (2)交流单芯电缆或分相后的每相电缆固定用的夹具和支架，不形成闭合铁磁回路。 (3)电缆排列整齐，少交叉；当设计无要求时，电缆支持点间距，不大于表 3-31 的规定间距。 (4)当设计无要求时，电缆与管道的最小净距，符合表 3-28 的规定，且敷设在易燃易爆气体管道和热力管道的下方。 (5)敷设电缆的电缆沟和竖井，按设计要求位置敷设，有防火隔堵措施。 检查数量：抽查 10%，少于 5 处的全数检查。 检验方法：目测及尺量检查
4	标志牌	电缆的首端、末端和分支处应设标志牌。 检查数量：抽查 10%，少于 5 处的全数检查。 检验方法：目测检查

四、导管和线槽敷设

1. 电线、电缆钢导管敷设

(1)钢导管明敷设。明管用吊装、支架敷设或沿墙安装时，固定点的距离应均匀，管卡与终端、转弯中点、电气器具或按线盒边缘的距离为 150～500mm。中间固定点间的最大允许距离应符合表 3-34 的规定。

表 3-34 钢管固定点间最大间距

敷 设 方 式	钢管名称	钢 管 直 径/mm			
		15～20	25～30	40～50	65～100
		最大允许距离/m			
吊架、支架或沿墙敷设	厚壁钢管	1.5	2.0	2.5	3.5
	薄壁钢管	1.0	1.5	2.0	—

1)钢管进入灯头盒、开关盒、接线盒及配电箱时,露出锁紧螺母的丝扣为 2～4 扣。在室外或潮湿房屋内采用防潮接线盒、配电箱时,配管与接线盒、配电箱的连接应加橡皮垫。

2)钢管配线与设备连接时,应将钢管敷设到设备内,如不能直接进入时,可按下列方法进行连接:

①在干燥房间内,可在钢管出口处加保护软管引入设备。

②在室外潮湿房间内,可采用防湿软管或在管口处装设防水弯头。

③当由防水弯头引出的导线接至设备时,导线套应有绝缘软管保护,并由防水弯头引入设备。

④金属软管引入设备时,软管与钢管、软管与设备间的连接应用软管接头连接。软管在设备上应用管卡固定,其固定点间距不应大于 1m,金属软管不能作为接地导体。

⑤钢管露出地面的管口距地面高度不应小于 200mm。

3)钢导管明敷设在建筑物变形缝处,应设补偿装置。

(2)钢导管暗敷设。钢导管暗敷设,首先要确定好导管进入设备及器具盒的位置,在计算好管路敷设长度,进行导管加工后,再配合土建施工,将管与盒按已确定的安装位置连接起来。暗配的电线管路宜沿最近的路线敷设并应减少弯曲;埋入墙或混凝土内的管子,离表面的净距不应小于 15mm。

关键细节 27 钢导管暗敷设的要点

(1)暗管在现浇混凝土楼板内的敷设。在浇灌混凝土前,先将管子用垫块(石块)垫高 15mm 以上,使管子与混凝土模板间保持足够距离,再将管子用铁丝绑扎在钢筋上,或用钉子卡在模板上。

(2)暗管在预制板中的敷设方法。暗管在预制板中的敷设方法同"暗管在现浇混凝土楼板内的敷设",但灯头盒的安装需在楼板上定位凿孔。

(3)暗管通过建筑物伸缩缝的补偿装置。一般在伸缩缝(沉降缝)处设接线箱,钢管必须断开。

(4)埋地钢管技术要求。埋地钢管管径不应小于 20mm,埋入地下的电线管路不宜穿过设备基础;在穿过建筑物基础时,应再加保护管保护。必须穿过大片设备基础时,管径不小于 25mm。

2. 绝缘导管敷设

(1)固定间距:明配硬塑料管应排列整齐,固定点的距离应均匀;管卡与终端、转弯中点、电气器具或接线盒边缘的距离为 150～500mm;中间的管卡最大间距应符合表 3-35 的规定。

表 3-35 硬塑料管中间管卡最大间距

敷设方法	内 径/mm		
	20 以下	25～40	50 以上
吊架、支架或沿墙敷设的最大允许距离/m	1.0	1.5	2.0

(2)易受机械损伤的地方:明管在穿过楼板易受机械损伤的地方应用钢管保护,其保护高度距楼板面不应低于 500mm。

(3)与蒸汽管距离:硬塑料管与蒸汽管平行敷设时,管间净距不应小于 500mm。

(4)热膨胀系数:硬塑料管的热膨胀系数要比钢管大 5～7 倍。如 30m 长的塑料管,温度升高 40℃,则长度增加 96mm。因此,塑料管沿建筑物表面敷设时,直线部分每隔 30m 要装设补偿装置(在支架上架空敷设除外)。

(5)配线:塑料管配线,必须采用塑料制品的配件,禁止使用金属盒。塑料线入盒时,可不装锁紧螺母和管螺母,但暗配时须用水泥注牢。在轻质壁板上采用塑料管配线时,管入盒处应采用胀扎管头绑扎。

(6)使用保护管:硬塑料管埋地敷设(在受力较大处,宜采用重型管)引向设备时,露出地面 200mm 段,应用钢管或高强度塑料管保护。保护管埋地深度不小于 50mm。

3. 线槽敷设

(1)线槽安装要求。

1)线槽应平整,无扭曲变形,内壁无毛刺,各种附件齐全。

2)线槽的接口应平整,接缝处应紧密平直;槽盖装上后应平整,无翘角,出线口的位置应准确。

3)在吊顶内敷设时,吊顶无法上人时应留有检修孔。

4)不允许将穿过墙壁的线槽与墙上的孔洞一起抹死。

5)线槽的所有非导电部分铁件均应相互连接和跨接,使之成为一连续导体,并做好整体接地。

6)当线槽的底板对地距离低于 2.4m 时,线槽板和线槽盖板均必须加装保护地线。2.4m 以上的线槽盖板可不加保护地线。

7)线槽经过建筑物的变形缝(伸缩缝、沉降缝)时,线槽本身应断开,槽内用内连接板搭接,固定。保护地线和槽内导线均应留有补偿余量。

(2)线槽敷设安装。

1)线槽直线段连接应采用连接板,用垫圈、弹簧垫圈、螺母紧固,接槎处缝隙应严密平齐。

2)线槽进行交叉、转弯、丁字连接时,应采用单通、二通、三通、四通或平面二通、平面三通等进行变通连接,导线接头处设置接线盒或将导线接头放在电气器具内。

3)线槽与箱、盒、柜等连接时,进出线口等处应采用抱脚连接,并用螺钉紧固,末端应加装封堵。

4)建筑物的表面如有坡度,线槽应随其变化坡度。待线槽全部敷设完毕后,应在配线之前进行调整检查。确认合格后,再进行槽内配线。

关键细节 28 电线导管、电缆导管和线槽敷设主控项目的质检要求

电线导管、电缆导管和线槽敷设主控项目的质检要求见表 3-36。

表 3-36 电线导管、电缆导管和线槽敷设主控项目的质检要求

序号	分项	质检要点
1	接地或接零	金属的导管和线槽必须接地(PE)或接零(PEN)可靠,并符合下列规定: (1)镀锌的钢导管、可挠性导管和金属线槽不得熔焊跨接接地线,以专用接地卡跨接的两卡间连线为铜心软导线,截面面积不小于 4mm²。 (2)当非镀锌钢导管采用螺纹连接时,连接处的两端焊跨接接地线;当镀锌钢导管采用螺纹连接时,连接处的两端用专用接地卡固定跨接接地线。 (3)金属线槽不作设备的接地导体,当设计无要求时,金属线槽全长不少于 2 处与接地(PE)或接零(PEN)干线连接。 (4)非镀锌金属线槽间连接板的两端跨接铜芯接地线,镀锌线槽间连接板的两端不跨接接地线,但连接板两端不少于 2 个有防松螺母或防松垫圈的连接固定螺栓。 检查数量:抽查 10%,少于 10 处的全数检查。 检验方法:目测检查或查阅导通测试记录
2	金属导管连接	金属导管严禁对口熔焊连接;镀锌和壁厚不大于 2mm 的钢导管不得套管熔焊连接。 检查数量:抽查 10%,少于 10 处的全数检查。 检验方法:目测检查或查阅施工记录
3	防爆导管连接	防爆导管不应采用倒扣连接;当连接有困难时,应采用防爆活接头,其接合面应严密。 检查数量:抽查 10%,少于 10 处的全数检查。 检验方法:目测检查或者查阅施工记录
4	保护	当绝缘导管在砌体上剔槽埋设时,应采用强度等级不小于 M10 的水泥砂浆抹面保护,保护层厚度大于 15mm。 检查数量:抽查 10%,少于 10 处的全数检查。 检验方法:查阅施工记录或用适配工具抽测

关键细节 29 电线导管、电缆导管和线槽敷设一般项目的质检要求

电线导管、电缆导管和线槽敷设一般项目的质检要求见表 3-37。

表 3-37 电线导管、电缆导管和线槽敷设一般项目的质检要求

序号	分项	质检要点
1	电缆导管	室外埋地敷设的电缆导管,埋深不应小于0.7m。壁厚不大于2mm的钢电线导管不应埋设于室外土壤内。 检查数量:按导管类型、敷设方式各抽查10%,少于5处的全数检查。 检验方法:查阅施工记录或用适配仪表抽测
2	室外导管的管口	室外导管的管口应设置在盒、箱内。在落地式配电箱内的管口,箱底光封板的,管口应离基础50~80mm。所有管口在穿入电线、电缆后应做密封处理。由箱式变电所或落地式配电箱引向建筑物的导管,建筑物一侧的导管管口应设在建筑物内。 检查数量:抽查10%,少于5处的全数检查。 检验方法:拉线尺量
3	电缆导管的弯曲半径	电缆导管的弯曲半径不应小于电缆最小允许弯曲半径,电缆最小允许弯曲半径应符合相关的规定。 检查数量:按导管类型、敷设方式各抽查10%,少于5处的全数检查。 检验方法:查阅施工记录或用适配仪表抽测
4	防腐	金属导管内外壁应做防腐处理;埋设于混凝土内的导管内壁应做防腐处理,外壁可不做防腐处理。 检查数量:按导管类型、敷设方式各抽查10%,少于5处的全数检查。 检验方法:目测检查或查阅施工记录
5	导管管口	室内进入落地式柜、台、箱、盘内的导管管口,应高出柜、台、箱、盘的基础面50~80mm。 检查数量:抽查10%,少于5处的全数检查。 检验方法:拉线尺量
6	管间距	暗配的导管,埋设深度与建筑物、构筑物表面的距离不应小于15mm;明配的导管应排列整齐,固定点间距均匀,安装牢固;在终端、弯头中点或柜、台、箱、盘等边缘的距离150~500mm范围内设有管卡,中间直线段管卡间的最大距离应符合表3-38的规定。 检查数量:按导管类型、敷设方式各抽查10%,少于5处的全数检查。 检验方法:目测检查或查阅施工记录
7	线槽安装	线槽应安装牢固,无扭曲变形,紧固件的螺母应在线槽外侧。 检查数量:抽查10%,少于5处的全数检查。 检验方法:目测检查
8	防爆导管敷设	防爆导管敷设应符合下列规定: (1)导管间及与灯具、开关、线盒等的螺纹连接处紧密牢固,除设计有特殊要求外,连接处不跨接接地线,在螺纹上涂以电力复合酯或导电性防锈酯。 (2)安装牢固顺直,镀锌层锈蚀或剥落处做防腐处理。 检查数量:按导管类型、敷设方式各抽查10%,少于5处的全数检查。 检验方法:目测检查或查阅施工记录

（续）

序号	分项	质检要点
9	绝缘导管敷设	绝缘导管敷设应符合下列规定： （1）管口平整光滑；管与管、管与盒（箱）等器件采用插入法连接时，连接处结合面涂专用胶合剂，接口牢固密封。 （2）直埋于地下或楼板内的刚性绝缘导管，在穿出地面或楼板易受机械损伤的一段，采取保护措施。 （3）当设计无要求时，埋设在墙内或混凝土内的绝缘导管，采用中型以上的导管。 （4）沿建筑物、构筑物表面和在支架上敷设的刚性绝缘导管，按设计要求装设温度补偿装置。 检查数量：按导管类型、敷设方式各抽查 10%，少于 5 处的全数检查。 检验方法：目测检查或查阅施工记录
10	柔性导管敷设	金属、非金属柔性导管敷设应符合下列规定： （1）刚性导管经柔性导管与电气设备、器具连接时，柔性导管的长度在动力工程中不大于 0.8m，在照明工程中不大于 1.2m。 （2）可挠金属管或其他柔性导管与刚性导管或电气设备、器具间的连接采用专用接头；复合型可挠金属管或其他柔性导管的连接处应密封良好，防液覆盖层应完整无损。 （3）可挠性金属导管和金属柔性导管不能做接地（PE）或接零（PEN）的接续导体。 检查数量：按导管类型、敷设方式各抽查 10%，少于 5 处的全数检查。 检验方法：尺量和目测检查
11	变形缝	导管和线槽，在建筑物变形缝处，应设补偿装置。 检查数量：全数检查。 检验方法：目测检查

表 3-38　　　　　　　　　　　　管卡间最大距离

敷设方式	导管种类	导管直径/mm				
		15～20	25～32	32～40	50～65	65 以上
		管卡间最大距离/m				
支架或沿墙明敷	壁厚＞2mm 刚性钢导管	1.5	2.0	2.5	2.5	3.5
	壁厚≤2mm 刚性钢导管	1.0	1.5	2.0	—	—
	刚性绝缘导管	1.0	1.5	1.5	2.0	2.0

注：本表摘自《建筑电气工程施工质量验收规范》（GB 50303—2002）。

五、穿管与线槽敷线

1. 电线、电缆穿管

（1）画线定位。用粉线袋按照导线敷设方向弹出水平或垂直线路基准线，同时标出所有线路装置和用电设备的安装位置,均匀地画出导线的支持点。导线沿门头线和线脚敷设时,可不必弹线,但线卡必须紧靠门头线和线脚边缘线上。支持点间的距离应根据导线截面面积大小而定,一般为150~200mm。在接近电气设备或接近墙角处间距有偏差时,应逐步调整均匀,以保持美观。

(2)固定线卡。在安装好的木砖上,将线卡用铁钉钉在弹线上,勿使钉帽凸出,以免划伤导线的外护套。在木结构上,可直接用钉子钉牢。在混凝土梁或预制板上敷设时,可用粘结剂粘贴在建筑物表面上。粘结时,一定要用钢丝刷将建筑物上粘结面上的粉刷层刷净,使线卡底座与水泥直接粘结。

(3)放线。放线是保证护套线敷设质量的重要一步。整盘护套线不能搞乱,不可使线产生扭曲。所以放线时,需要操作者配合,一人把整盘线套入双手中,另一人握住线头向前拉。放出的线不可在地上拖拉,以免擦破或弄脏电线的护套层。线放完后先放在地上,量好长度,并留出一定余量后剪断。如果将电线弄乱或扭弯,要设法校直。

(4)直敷导线。为使线路整齐美观,必须将导线敷设得横平竖直。几条护套线成排平行敷设时,应上下左右排列紧密,不能有明显空隙。敷线时,应将线收紧。短距离的直线部分先把导线一端夹紧,然后再夹紧另一端,最后再把中间各点逐一固定。长距离的直线部分可在其两端的建筑构件的表面上临时各装一幅瓷夹板,把收紧的导线先夹入瓷夹中,然后逐一夹上线卡。在转角部分,戴上手套用手指顺弯按压,使导线挺直平顺后夹上线卡。中间接头和分支连接处应装置接线盒,接线盒固定应牢固。在多尘和潮湿的场所时应使用密闭式接线盒。

(5)弯敷导线。塑料护套线在同一墙面上转弯时,必须保持垂直。导线弯曲半径不应小于护套线外径的3倍。弯曲时不应损伤护套和芯线外的绝缘层。铅皮护套线弯曲半径不得小于其外径的10倍。

2. 线槽敷设

(1)弹线定位。线槽配线在穿过楼板及墙壁时,应用保护管,而且穿楼板处必须用钢管保护,其保护高度距地面不应低于1.8m。过变形缝时应做补偿处理。

(2)线槽固定。

🏠关键细节30　线槽固定的形式

(1)木砖固定线槽。配合土建结构施工时预埋木砖;加气砖墙或砖墙剔洞后再埋木砖,梯形木砖较大的一面应朝洞里,外表面与建筑物的表面齐,然后用水泥砂浆抹平,待凝固后,再把线槽底板用木螺丝固定在木砖上。

(2)塑料胀管固定线槽。混凝土墙、砖墙可采用塑料胀管固定塑料线槽。根据胀管直径和长度选择钻头,在标出的固定点位置上钻孔,不应歪斜、豁口,应垂直钻好孔后,将孔内残存的杂物清净,用木锤把塑料胀管垂直敲入孔中,直至与建筑物表面平齐,再用石膏将缝隙填实抹平。

(3)伞形螺栓固定线槽。在石膏板墙或其他护板墙上,可用伞形螺栓固定塑料线槽,根据弹线定位的标记,找好固定点位置,把线槽的底板横平竖直地紧贴建筑物的表面,钻好孔后将伞形螺栓的两伞叶捏紧合拢插入孔中,待合拢伞叶自行张开后,再用螺母紧固即可,露出线槽内的部分应加套塑料管。固定线槽时,应先固定两端再固定中间。

(4)线槽连接。线槽及附件连接处应严密平整,无缝隙。

1)槽底和槽盖直线段对接。槽底固定点间距不应小于 500mm,盖板不应小于 300mm,底板离终点 50mm 及盖板离终端点 30mm 处均应固定。三线槽的槽底应用双钉固定。槽底对接缝与槽盖对接缝应错开并不小于 100mm。

2)线槽分支接头。线槽附件如直通、三通转角、接头、插口、盒和箱应采用相同材质的定型产品。槽底、槽盖与各种附件相对接时,接缝处应严实平整。

(5)线槽各种附件安装。盒子均应两点固定,各种附件角、转角、三通等固定点不应少于两点(卡装式除外)。接线盒、灯头盒应采用相应插口连接。线槽的终端应采用终端头封堵。在线路分支接头处应采用相应接线箱。安装铝合金装饰板时,应牢固、平整、严实。

(6)线槽配线。

1)电线在线槽内有一定余量,线槽内电线或电缆的总截面面积(包括外护层)不应超过线槽内截面面积的 20%,载流导线不宜超过 30 根。控制、信号或与其相类似的线路,电线或电缆的总截面不应超过线槽内截面的 50%,电线或电缆根数不限。电线在线槽内不得有接头。为方便识别和检修,电线按回路编号在线槽内进行分段绑扎,绑扎点间距不应大于 2m。

2)同一回路的相线和中性线,应敷设于同一金属线槽内。

3)同一电源的不同回路无抗干扰要求的线路可敷设于同一线槽内;由于线槽内电线有相互交叉和平行紧换现象,敷设于同一线槽内有抗干扰要求的线路要用隔板隔离,或采用屏蔽电线且将屏蔽护套一端接地等隔离和屏蔽措施。

关键细节 31　电线、电缆穿管和线槽敷设主控项目的质检要求

电线、电缆穿管和线槽敷设主控项目的质检要求见表 3-39。

表 3-39　　　　　　　电线、电缆穿管和线槽敷设主控项目的质检要求

序号	分项	质检要点
1	单芯电缆	三相或单相的交流单芯电缆,不得单独穿于钢导管内。 检查数量:抽查 10%,少于 10 处的全数检查。 检验方法:目测检查
2	电线	不同回路、不同电压等级和交流与直流的电线,不应穿于同一导管内;同一交流回路的电线应穿于同一金属导管内,且管内电线不得有接头。 检查数量:抽查 10%,少于 10 处的全数检查。 检验方法:目测检查或查阅施工记录,对照工程设计图纸及其变更文件检查
3	电线和电缆	爆炸危险环境照明线路的电线和电缆额定电压不得低于 750V,且电线必须穿于钢导管内。 检查数量:抽查 10%,少于 10 处的全数检查。 检验方法:目测检查或查阅施工记录

关键细节 32 电线、电缆穿管和线槽敷设一般项目的质检要求

电线、电缆穿管和线槽敷设一般项目的质检要求见表 3-40。

表 3-40 电线、电缆穿管和线槽敷设一般项目的质检要求

序号	分项	质检要点
1	清除管内杂物	电线、电缆穿管前,应清除管内杂物和积水。管口应有保护措施,不进入接线盒(箱)的垂直管口穿入电线、电缆后,管口应密封。 检查数量:抽查 10%,少于 5 处(回路)的全数检查。 检验方法:目测检查。
2	电线绝缘层	当采用多相供电时,同一建筑物、构筑物的电线绝缘层颜色选择应一致,即保护地线(PE 线)应是绿相间色,零线用淡蓝色;相用:A 相——黄色、B 相——绿色、C 相——红色。 检查数量:抽查 10%,少于 5 处(回路)的全数检查。 检验方法:目测检查
3	线槽敷线	线槽敷线应符合下列规定: (1)电线在线槽内有一定余量,不得有接头。电线按回路编号分段绑扎,绑扎点间距不应大于 2m。 (2)同一回路的相线和零线,敷设于同一金属线槽内。 (3)同一电源的不同回路无抗干扰要求的线路可敷设于同一线槽内;敷设于同一线槽内有抗干扰要求的线路用隔板隔离,或采用屏蔽电线且将屏蔽护套一端接地。 检查数量:抽查 10%,少于 5 处(回路)的全数检查。 检验方法:目测检查

六、槽板配线

1. 槽板定位画线

槽板布线施工应在室内抹灰及装饰工程结束后进行,在槽板安装前也应进行定位画线。

槽板布线不允许埋入或穿过墙壁,也不允许直接穿过楼板。但在主体施工阶段,应配合土建施工进行保护管的预埋,防止后期施工打洞。槽板布线在穿地楼板时必须用钢管保护。

槽板布线的定位画线,要根据设计图纸,结合规范的规定,确定较为理想的线路布局。槽板布线宜敷设于隐蔽的地方。应尽量沿建筑物的线脚、横梁、墙角等处敷设,与建筑物的线条平行或垂直布置。槽板布线在水平敷设时至地面的最小距离,不应小于 2.5mm;垂直敷设时不应小于 1.8m。为使槽板布线线路安装的整齐、美观,可用粉线袋沿槽板水平和垂直地在敷设路径的一侧弹浅色粉线。

2. 槽板配线

槽板配线包括木槽板配线和塑料槽板配线两种。木槽板和塑料槽板又分为二线式和三线式。槽板配线是先将槽板的底板用木螺丝固定于棚、墙壁上,将电线放入底板的槽内,然后将盖板盖在底板上并用木螺丝固定。

关键细节 33　槽板配线的要点

(1)木槽板的内外壁应光滑、无棱刺,并刷有绝缘漆。

(2)导线在槽板内不得有接头或受挤压,接头应设在接线盒内。

(3)导线接头应使用塑料接线盒进行封盖。

(4)单芯铝导线冷压接操作:

1)将需要连接的单芯铝导线绝缘层用电工刀或剥线钳削去,削去的长度视配用的铝套管长度而定,一般约为 30mm。

2)清除削出的裸铝导线上的污物及氧化铝,使其露出金属光泽。

3)按预先规定的标记分清相线、零线、各回路,将所需连接的导线拼拢并绞扭成合股线,但不能扭结过度。

4)将扭成合股后的多股裸导线头涂一层防腐油膏,并且要涂抹及时,以免裸线头再度氧化。

5)将合股的线头插入检验合格的铝套管,使铝线穿出铝套管端头 1～3mm。

6)根据套管的规格,使用相应压口的压接钳对铝套管施压。每个接头可在铝套管同一边压三道坑,一压到位,如 $\phi 8$ 铝套管施压后窄向为 6～6.2mm。压坑中心线必须在纵向同一直线上。一般情况下,尽量采用正反向压接法,且正反向相差 180°,不得随意错向压接。

7)根据压坑数目及深度判断铝导线压接合格后,恢复裸露部分绝缘,包缠绝缘带两层,绝缘带包缠应均匀、紧密,不露裸线及铝套管。

8)在绝缘层外面再包缠黑胶布(或聚乙烯薄膜粘带等)两层,采取半叠包法,并应将绝缘层完全遮盖,黑胶布的缠绕方向与绝缘带缠绕方向一致。整个绝缘层的耐压强度不得低于绝缘导线本身绝缘层的耐压强度。

9)将压接接头用塑料接线盒封盖。

(5)钢导线连接:单芯铜导线的连接可采用绞接法,绞接长度不小于 5 圈。连接前先将铜线拉直,用砂布将接头表面的氧化层打磨干净,用克丝钳拧在一起,以便连接后涮锡。连接完后应包缠绝缘胶布。

(6)导线在槽板内不得有接头或受挤压,接头应设在槽板外面的接线盒内或电器内。

(7)槽板配线不要直接与各种电器相接,而是通过底座再与电器设备相接。底座应压住槽板端部。

(8)导线在灯具、开关、插座及接头处,应留有余量,一般以 100mm 为宜。配电箱、开关板等处,则可按实际需要留出足够的长度。

(9)槽板在封端处的安装是将底部锯成斜口,盖板按底板斜度折覆固定。

(10)槽板跨越建筑物变形缝处应断开,导线应加套软管,并留有适当余裕,保护软管与槽板结合应严密。

关键细节 34　槽板配线主控项目的质检要求

槽板配线主控项目的质检要求见表 3-41。

表 3-41　　　　　　　　　　槽板配线主控项目的质检要求

序号	分项	质检要点
1	槽板内电线	槽板内电线无接头,电线连接设在器具处;槽板与各种器具连接时,电线应留有余量,器具底座应压住槽板端部。 检查数量:抽查 10 处,少于 10 处的全数检查。 检验方法:目测检查
2	槽板敷设	槽板敷设应紧贴建筑物表面,且横平竖直、固定可靠,严禁用木楔固定;木槽板应经阻燃处理,塑料槽板表面应有阻燃标识。 检查数量:抽查 10 处,少于 10 处的全数检查。 检验方法:目测检查

关键细节 35　槽板配线一般项目的质检要求

槽板配线一般项目的质检要求见表 3-42。

表 3-42　　　　　　　　　　槽板配线一般项目的质检要求

序号	分项	质检要点
1	槽板	木槽板无劈裂,塑料槽板无扭曲变形。槽板底板固定点间距应小于 500mm;槽板盖板固定点间距应小于 300mm;底板距终端 50mm 处盖板距终端 30mm 处应固定。 检查数量:抽查 10 处,少于 10 处的全数检查。 检验方法:目测检查和拉线尺量
2	槽板地板接口	槽板的底板接口与盖板接口应错开 20mm,盖板在直线段和 90°转角处应成 45°斜口对接,T 形分支处应成三角叉接,盖板应无翘角,接口应严密整齐。 检查数量:抽查 10 处,少于 10 处的全数检查。 检验方法:目测检查和拉线尺量
3	保护套管	槽板穿过梁、墙和楼处应有保护套管,跨越建筑物变形缝处槽板应设补偿装置,且与槽板结合应严密。 检查数量:抽查 10 处,少于 10 处的全数检查。 检验方法:目测检查

七、钢索配线

1. 钢索吊装绝缘子配线

这种配线方式采用扁钢吊架将绝缘子和灯具吊装在钢索上。安装步骤如下:

(1)按要求找好灯位,组装好绝缘子的扁钢吊架(图 3-4),固定卡子,按量好的间距固定在钢索上。在终端处,扁钢吊架与固定卡子之间,用镀锌铁丝拉紧;扁钢吊架必须安装垂直、牢固、间距均匀。扁钢厚度不应小于 1.0mm,吊架间距不应大于 1.5m,吊架与灯头盒的最大间距为 100mm,导线间距不应小于 35mm。

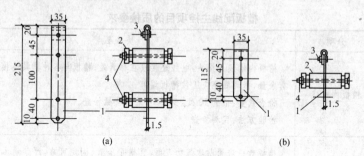

图 3-4　扁钢吊架

(a)双绝缘子;(b)单绝缘子;

1—扁钢支架;2—绝缘子;3—固定螺栓(M5);4—绝缘子螺栓

(2)将导线放开抻直,准备好绑线后,由一端开始将导线绑牢,另一端拉紧绑扎后,再绑扎中间各支持点,钢索吊装绝缘子配线组装如图 3-5 所示。

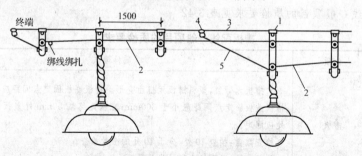

图 3-5　钢索吊装绝缘子配线组装图

1—扁钢吊架;2—绝缘导线;3—钢索;

4—固定卡子;5—φ3.2 镀锌铁线

2. 钢索吊装管配线

这种配线方法是采用扁钢吊卡将钢管或塑料管以及灯具吊装在钢索上。安装步骤如下:

(1)按要求找好灯位,装上吊灯头盒卡子,再装上扁钢吊卡,然后开始敷设配管。扁钢吊卡的安装应垂直、牢固、间距均匀;扁钢厚度不应小于 1mm。对于钢管配线,吊卡距灯头盒距离不应大于 200mm,吊卡之间距离不大于 1.5m;对塑料管配线,吊卡距灯头盒距离不大于 150mm,吊卡之间距离不大于 1m。线间最小距离为 1mm。

(2)从电源侧开始,量好每段管长,加工(断管、套扣、煨弯等)完毕后,装好灯头盒,再将配管逐段固定在扁钢吊卡上,并做好整体接地(在灯头盒两端的钢管,要用跨接地线焊牢)。当在钢索上吊装硬塑料管配线时,灯头盒应用塑料灯头盒。

钢索吊装管配线的组装如图3-6所示,图中 L 的取值:钢管1.5m,塑料管1.0m。

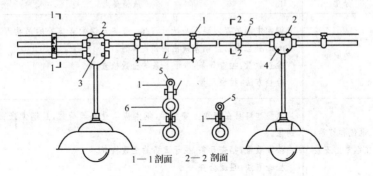

图3-6　钢索吊装管配线组装图

1—扁钢吊卡;2—吊灯头盒卡子;3—五通灯头;

4—三通灯头盒;5—钢索;6—钢管或塑料管

关键细节 36　钢索配线主控项目的质检要求

钢索配线主控项目的质检要求见表3-43。

表3-43　　　　　　　　　　钢索配线主控项目的质检要求

序号	分项	质检要点
1	钢索	应采用镀锌钢索,不应采用含油芯的钢索。钢索的钢丝直径应小于0.5mm,钢索不应有扭曲和断股等缺陷。 检查数量:抽查5条(终端),少于5条(终端)的全数检查。 检验方法:目测检查
2	钢索与终端拉环套接	钢索的终端拉环埋件应牢固可靠,钢索与终端拉环套接处应采用心形环,固定钢索的线卡不应少于2个,钢索端头应用镀锌铁线绑扎紧密,且应接地(PE)或接零(PEN)可靠。 检查数量:抽查5条(终端),少于5条(终端)的全数检查。 检验方法:目测检查
3	花篮螺旋紧固	当钢索长度在50m及以下时,应在钢索一端装设花篮螺栓紧固;当钢索长度大于50m时,应在钢索两端装设花篮螺栓紧固。 检查数量:抽查5条(终端),少于5条(终端)的全数检查。 检验方法:目测检查

关键细节 37　钢索配线一般项目的质检要求

钢索配线一般项目的质检要求见表3-44。

表 3-44   钢索配线一般项目的质检要求

序号	分项	质检要点
1	吊架间距	钢索中间吊架间距不应大于 12m,吊架与钢索连接处的吊钩深度不应小于 20mm,并应有防止钢索跳出的锁定零件。 检查数量:抽查 5 条,少于 5 条的全数检查。 检验方法:拉线尺量
2	电线和灯具在钢索上安装	电线和灯具在钢索上安装后,钢索应承受全部荷载,且钢索表面应整洁、无锈蚀。 检查数量:抽查 5 条,少于 5 条的全数检查。 检验方法:目测检查
3	零件间距和线间距	钢索配线的零件间和线间距离应符合表 3-45 的规定。 检查数量:按不同配线规格各抽查 10 处,少于 10 处的全数检查。 检验方法:拉线尺量

表 3-45   钢索配线的零件间和线间距离   mm

配线类别	支持件之间最大距离	支持件与灯头盒之间最大距离
钢 管	1500	200
刚性绝缘导管	1000	150
塑料护套线	200	100

注:本表摘自《建筑电气工程施工质量验收规范》(GB 50303—2002)。

八、线路绝缘测试

1. 电缆头制作

(1)电缆终端头或电缆接头制作工作,应由经过培训有熟练技巧的技工担任;或在该技术人员的指导下进行工作。

(2)电缆终端头及电缆接头制作时,应严格遵守制作工艺规程;充油电缆还应遵守油务及真空工艺等有关规程。

(3)室外制作电缆终端头及电缆中间接头时,应在气候良好的条件下进行,并应有防止尘土和外来污染的措施。在制作充油电缆终端头及电缆中间接头时,对周围空气的相对湿度条件应严格控制。

(4)在制作电缆终端头与电缆中间接头前应做好检查工作,并符合下列要求:

1)相位正确。

2)绝缘纸应未受潮,充油电缆的油样应合格。

3)所用绝缘材料应符合要求。

4)电缆终端头与电缆中间接头的配件应齐全,并符合要求。

(5)不同牌号的高压绝缘胶或电缆油,不宜混合使用。如需混合使用,应经过理化及电气性能试验,符合使用要求后方可混合。

(6)电力电缆的终端头、电缆中间接头的外壳与该处的电缆金属护套及铠装层均应良好接地。接地线应采用铜绞线,其截面面积不宜小于 10mm²。单芯电力电缆金属护层的接地应按设计规定进行。

2. 电线、电缆连接接线

(1)接触紧密,接触电阻小,稳定性好;与同长度同截面导线的电阻比应大于1。

(2)接头的机械强度不应小于导线机械强度的80%。

(3)对于铝与铝连接,如采用熔焊法,应防止残余熔剂或熔渣的化学腐蚀;对于铜与铝连接,主要防止电化腐蚀,在接头前后,要采取措施,避免这类腐蚀的存在。否则,在长期运行中,接头有发生故障的可能。

(4)接头的绝缘强度应与导线的绝缘强度一样。

3. 线路绝缘测试

(1)电缆绝缘电阻测量。该试验是指电缆芯线与外皮或多芯电缆中的一个芯与其他芯线和外皮间的绝缘电阻。电力电缆绝缘电阻的测量方法如图 3-7 所示。

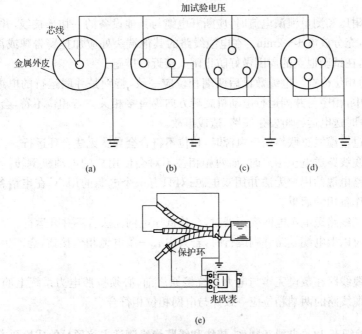

图 3-7　电力电缆绝缘电阻的测量方法

(a)单芯;(b)两芯;(c)三芯;(d)四芯;(e)测量示意图

绝缘电阻值不作规定,可与以前的测试结果比较,但不能有明显的降低。手中无资料时,可参考表 3-46 的数值。

表 3-46　　　　　　　　　　　　绝缘电阻试验参考值

额定电压/kV	1	3	6～10
绝缘电阻值/MΩ	10	200	400

该项试验在交接时或在耐压试验前后进行。

(2)电缆直流耐压试验和直流泄漏试验。除了在交接验收或重包电缆头时进行该项试验外,运行中的电缆,对发、变、配电所的出线电缆段每年进行 1 次,其他三年进行 1 次。试验接线如图 3-8 所示。

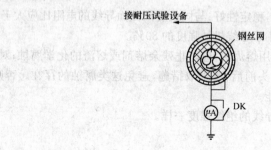

图 3-8　电力电缆直流耐压和
直流泄漏试验接线

做直流耐压和测量泄漏电流时,应断开电缆与其他设备的一切连接线,并将各电缆线芯短路接地,充分放电 1~2min。在电缆线路的其他端头处应加挂警告牌或派人看守,以防他人接近,在试验地点的周围做好防止闲人接近的措施。

(3)电缆相位检查。电缆敷设后两端相位应一致,特别是并联运行的电缆更为重要。在电力系统中,相序与并列运行电动机旋转方向等直接相关。若相位不符,会产生以下几种结果,严重时送电运行将发生短路,造成事故。

1)当通过电缆线路联络两个电源时,相位不符合会导致无法合环运行。

2)由电缆线路送电至用户时,如两相相位不对会使用户的电动机倒转。三相相位接错会使有双路电源的用户无法并用双电源;对只有一个电源的用户,在申请备用电源后,会产生无法作备用的后果。

3)用电缆线路送电至电网变压器时,会使低压电网无法合环并列运行。

4)两条及以上电缆线路并列运行时,若其中有一条电缆相位接错,会产生推不上开关的后果。

电力电缆线路在敷设完毕与电力系统接通之前,必须按照电力系统上的相位标志进行核对。电缆线路的两端相位应一致并与电网相位相符合。

关键细节 38　电缆头制作、接线和线路绝缘测试主控项目的质检要求

电缆头制作、接线和线路绝缘测试主控项目的质检要求见表 3-47。

表 3-47　　　　电缆头制作、接线和线路绝缘测试主控项目的质检要求

序号	分项	质检要点
1	耐压试验	高压电力电缆直流耐压试验必须符合现行国家标准《电气装置安装工程电气设备交接试验标准》(GB 50150—2006)的规定。 检查数量:全数检查。 检验方法:查阅试验记录或试验时旁站

（续）

序号	分项	质检要点
2	绝缘电阻值	低压电线和电缆，线间和线对地间的绝缘电阻值必须大于 $0.5M\Omega$。 检查数量：抽查 10%，少于 5 个回路的全数检查。 检验方法：查阅试验记录或试验时旁站
3	接地线	铠装电力电缆头的接地线应采用铜绞线或镀锡铜编织线，截面面积不应小于表 3-48 的规定。 检查数量：抽查 10%，少于 5 个回路的全数检查。 检验方法：目测检查或查阅施工记录
4	接线	电线、电缆接线必须准确，并联运行电线或电缆的型号、规格、长度、相位应一致。 检查数量：抽查 10 个回路。 检验方法：目测检查

表 3-48　　　　　　　　　　电缆芯线和接地线截面面积　　　　　　　　　　mm^2

电缆芯线截面面积	接地线截面面积
120 及以下	16
150 及以上	25

注：1. 电缆芯线截面面积在 $16mm^2$ 及以下，接地线截面面积与电缆芯线截面面积相等。

　　2. 本表摘自《建筑电气工程施工质量验收规范》（GB 50303—2002）。

关键细节 39　电缆头制作、接线和线路绝缘测试一般项目的质检要求

电缆头制作、接线和线路绝缘测试一般项目的质检要求见表 3-49。

表 3-49　　　　　电缆头制作、接线和线路绝缘测试一般项目的质检要求

序号	分项	质检要点
1	芯线与电器设备连接	芯线与电器设备的连接应符合下列规定： (1) 截面面积在 $10mm^2$ 及以下的单股铜芯线和单股铝芯线直接与设备、器具的端子连接。 (2) 截面面积在 $2.5mm^2$ 及以下的多股铜芯线拧紧搪锡或接续端子后与设备、器具的端子连接。 (3) 截面面积大于 $2.5mm^2$ 的多股铜芯线，除设备自带插接式端子外，接续端子后与设备或器具的端子连接；多股铜芯线与插接式端子连接前，端部拧紧搪锡。 (4) 多股铝芯线接续端子后与设备、器具的端子连接。 (5) 每个设备和器具的端子接线不多于 2 根电线。 检查数量：抽查 10%，少于 10 处的全数检查。 检验方法：目测检查并核对设计文件及其变更文件或查阅施工记录

（续）

序号	分项	质检要点
2	芯线连接金具	电线、电缆的芯线连接金具(连接管和端子)，规格应与芯线的规格适配，且不得采用开口端子。 检查数量：抽查 10％，少于 10 处的全数检查。 检验方法：目测检查
3	回路标记	电线、电缆的回路标记应清晰，编号准确。 检查数量：抽查 5 个回路。 检验方法：目测检查

第五节　照明设备安装

一、普通灯具安装

1. 塑料灯安装质量控制

（1）塑料台的安装：将接灯线从塑料台的出线孔中穿出，将塑料台紧贴建筑物表面，塑料台的安装孔对准灯头盒螺孔，用机螺钉将塑料台固定牢固。

（2）从塑料台甩出的导线留出适当维修长度，削出线芯，然后推入灯头盒内，线芯应高出塑料台的台面。用软线在接灯线芯上缠绕 5～7 圈后，将灯线芯折回压紧。用粘塑料带和黑胶布分层包扎紧密。将包扎好的接头调顺，扣于法兰盘内，法兰盘(吊盒、平灯口)应与塑料台的中心找正，用长度小于 20mm 的木螺钉固定。

2. 日光灯安装质量控制

（1）吸顶日光灯安装：根据设计图确定出日光灯的位置，将日光灯贴紧建筑物表面，日光灯的灯箱应完全遮盖住灯头盒，对着灯头盒的位置打好进线孔，将电源线甩入灯箱，在进线孔处应套上塑料管以保护导线。找好灯头盒螺孔的位置，在灯箱的底板上用电钻打好孔，用机螺钉拧牢固，在灯箱的另一端应使用胀管螺栓加以固定。如果日光灯是安装在吊顶上的，应该用自攻螺钉将灯箱固定在龙骨上。灯箱固定好后，将电源线压入灯箱内的端子板(瓷接头)上。把灯具的反光板固定在灯箱上，并将灯箱调整顺直，最后把日光灯管装好。

（2）吊链日光灯安装：根据灯具的安装高度，将全部吊链结好，把吊链挂在灯箱挂钩上，并且在建筑物顶棚上安装好塑料台，将导线依顺序编叉在吊链内，并引入灯箱，在灯箱的进线孔处应套上软塑料管以保护导线，压入灯箱内的端子板(瓷接头)内。将灯具导线和灯头盒中甩出的电源线连接，并用粘塑料带和黑胶布分层包扎紧密。理顺接头扣于法兰盘内，法兰盘(吊盒)的中心应与塑料台的中心对正，用木螺钉将其拧牢固。将灯具的反光板用机螺钉固定在灯箱上，调整好灯脚，最后将灯管装好。

3. 装饰灯具安装质量控制

（1）花灯安装。

1)组合式吸顶花灯安装:根据预埋的螺栓和灯头盒的位置,在灯具的托板上用电钻开好安装孔和出线孔,安装时将托板托起,将电源线和从灯具甩出的导线相连接并包扎严密。应尽可能地把导线塞入灯头盒内,然后把托板的安装孔对准预埋螺栓,使托板四周和顶棚贴紧,用螺母将其拧紧,调整好各个灯口,悬挂好灯具的各种装饰物,并上好灯管和灯泡。

2)吊式花灯安装:将灯具托起,并把预埋好的吊杆插入灯具内,把吊挂销钉插入后要将其尾部掰开成燕尾状,并且将其压平。导线接好头,包扎严实,理顺后向上推起灯具上部的扣碗,将接头扣于其内,且将扣碗紧贴顶棚,拧紧固定螺钉。调整好各个灯口,上好灯泡,最后再配上灯罩。

(2)光带安装:根据灯具的外形尺寸确定其支架的支撑点,再根据灯具的具体重量经过认真核算,选用支架的型材制作支架,做好后,根据灯具的安装位置,用预埋件或用胀管螺栓把支架固定牢固。轻型光带的支架可以直接固定在主龙骨上;大型光带必须先下好预埋件,将光带的支架用螺钉固定在预埋件上,固定好支架,将光带的灯箱用机螺钉固定在支架上,再将电源线引入灯箱与灯具的导线连接并包扎紧密。调整各个灯口和灯脚,装上灯泡和灯管,上好灯罩,最后调整灯具的边框与顶棚面的装修直线平行。如果灯具对称安装,其纵向中心轴线应在同一直线上,偏斜不应大于5mm。

(3)壁灯安装:先根据灯具的外形选择合适的木台或灯具底托把灯具摆放在上面,四周留出的余量要对称,然后用电钻在木板上开好出线孔和安装孔,在灯具的底板上也开好安装孔,将灯具的灯头线从木台的出线孔中甩出,在墙壁上的灯头盒内接头,并包扎严密,将接头塞入盒内。把木台或木板对正灯头盒,贴紧墙面,可用机螺钉将木台直接固定在盒子耳朵上,如为木板就应该用胀管固定。调整木台或灯具底托使其平正不歪斜,再用机螺钉将灯具拧在木台或灯具底托上,最好配好灯泡、灯伞或灯罩。安装在室外的壁灯,其台板或灯具底托与墙面之间应加防水胶垫,并应打好泄水孔。

关键细节40 普通灯具安装主控项目的质检要求

普通灯具安装主控项目的质检要求见表3-50。

表3-50 普通灯具安装主控项目的质检要求

序号	分项	质检要点
1	灯具的固定	灯具的固定应符合下列规定: (1)灯具重量大于3kg时,固定在螺栓或预埋吊钩上。 (2)软线吊灯,灯具重量在0.5kg及以下时,采用软电线自身吊装;大于0.5kg的灯具采用吊链,且软电线编叉在吊链内,使电线不受力。 (3)灯具固定牢靠,不使用木楔。每个灯具固定用螺钉或螺栓不少于2个;当绝缘台直径在75mm及以下时,采用1个螺钉或螺栓固定。 检查数量:抽查10%,少于10套的全数检查。 检验方法:目测检查或查阅施工记录
2	花灯	花灯吊钩圆钢直径应不小于灯具挂销直径,且不应小于6mm。大型花灯的固定及悬吊装置,应按灯具重量的2倍做过载试验。 检查数量:全数检查。 检验方法:目测和尺量检查或查阅过载试验记录

（续）

序号	分项	质检要点
3	灯杆	当钢管做灯杆时,钢管内径不应小于 10mm,钢管厚度不应小于 1.5mm。 检查数量:抽查 10%,少于 10 套的全数检查。 检验方法:尺量检查
4	绝缘	固定灯具带电部件的绝缘材料以及提供防触电保护的绝缘材料,应耐燃烧和防明火。 检查数量:抽查 10%,少于 10 套的全数检查。 检验方法:查阅材料和施工记录
5	安装高度和电压	当设计无要求时,,灯具的安装高度和使用电压等级应符合下列规定: (1)一般敞开式灯具,灯头对地面距离不小于下列数值(采用安全电压时除外)。 1)室外:2.5m(室外墙上安装)。 2)厂房:2.5m。 3)室内:2m。 4)软吊线带升降器的灯具在吊线展开后:0.8m。 (2)危险性较大及特殊危险场所,当灯具距地面高度小于 2.4m 时,使用额定电压为 36V 及以下的照明灯具,或有专用保护措施。 检查数量:全数检查。 检验方法:拉线尺量
6	接地或接零	当灯具距地面高度小于 2.4m 时,灯具的可接近裸露导体必须接地(PE)或接零(PEN)可靠,并应有专用接地螺栓,且应有标识。 检查数量:全数检查。 检验方法:目测检查

关键细节 41　普通灯具安装一般项目的质检要求

普通灯具安装一般项目的质检要求见表 3-51。

表 3-51　　　　　　　　　普通灯具安装一般项目的质检要求

序号	分项	质检要点
1	导线线芯	引向每个灯具的导线线芯最小截面面积应符合表 3-52 的规定。 检查数量:抽查 10%,少于 10 套的全数检查。 检验方法:查阅施工记录
2	灯具的外形	灯具的外形、灯头及其接线应符合下列规定: (1)灯具及其配件齐全,无机械损伤、变形、涂层剥落和灯罩破裂等缺陷。 (2)软线吊灯的软线两端做保护扣,两端芯线搪锡;当装升降器时,套塑料软管,采用安全灯头。 (3)除敞开式灯具外,其他各类灯具灯泡容量在 100W 及以上者采用瓷质灯头。 (4)连接灯具的软线盘扣、搪锡压线,当采用螺口灯头时,相线接于螺口灯头中间的端子上。 (5)灯头的绝缘外壳不破损和漏电;带有开关的灯头,开关手柄无裸露的金属部分。 检查数量:抽查 10%,少于 10 套的全数检查。 检验方法:目测检查

（续）

序号	分项	质检要点
3	变电所内	变电所内,高低压配电设备及裸母线的正上方不应安装灯具。 检查数量:全数检查。 检验方法:目测
4	灯泡与绝缘台间距	装有白炽灯泡的吸顶灯具,灯泡不应紧贴灯罩;当灯泡与绝缘台间距离小于5mm时,灯泡与绝缘台间应采取隔热措施。 检查数量:抽查10%,少于10套的全数检查。 检验方法:目测及尺量
5	玻璃罩	安装在重要场所的大型灯具的玻璃罩,应采取防止玻璃罩碎裂后向下溅落的措施。 检查数量:全数检查。 检验方法:目测并查阅施工记录
6	投光灯的底座	投光灯的底座及支架应固定牢固,枢轴应沿需要的光轴方向拧紧固定。 检查数量:全数检查。 检验方法:用适配工具做拧动试验
7	壁灯	安装在室外的壁灯应有泄水孔,绝缘台与墙面之间应有防水措施。 检查数量:抽查10%,少于10套的全数检查。 检验方法:目测检查

表 3-52　　　　　　　　　　　　导线线芯最小截面面积　　　　　　　　　　　　mm²

灯具安装的场所及用途		线芯最小截面面积		
		铜芯软线	铜 线	铝 线
灯头线	民用建筑室内	0.5	0.5	2.5
	工业建筑室内	0.5	1.0	2.5
	室 外	1.0	1.0	2.5

注:本表摘自《建筑电气工程施工质量验收规范》(GB 50303—2002)。

二、专用灯具安装

1. 行灯安装质量控制

(1)电压不得超过36V。

(2)灯体及手柄应绝缘良好,坚固耐热,耐潮湿。

(3)灯头与灯体结合紧固,灯头应无开关。

(4)灯泡外部应有金属保护网。

(5)金属网、反光罩及悬吊挂钩,均应固定在灯具的绝缘部分上。

在特别潮湿场所或导电良好的地面上,或工作地点狭窄,行动不便的场所(如在锅炉内、金属容器内工作),行灯电压不得超过12V。

2. 低压照明灯安装质量控制

电源必须用专用的照明变压器供给，并且必须是双绕组变压器，不能使用自耦变压器进行降压。变压器的高压侧必须接近变压器的额定电流。低压侧也应有熔丝保护，并且低压一端需接地或接零。

关键细节 42　手提式低压安全灯的技术要求

(1)灯体及手柄必须用坚固的耐热及耐湿绝缘材料制成。

(2)灯座应牢固地装在灯体上，不能让灯座转动。灯泡的金属部分不应外露。

(3)为防止机械损伤，灯泡应有可靠的机械保护。当采用保护网时，其上端应固定在灯具的绝缘部分上，保护网不应有小门或开口，保护网应使用专用工具就能取下。

(4)不许使用带开关灯头。

(5)安装灯体引入线时，不应过于拉紧，同时应避免导线在引出处被磨伤。

(6)金属保护网、反光罩及悬吊用的挂钩应固定于灯具的绝缘部分。

(7)电源导线应采用软线，并应使用插销控制。

3. 应急照明灯安装质量控制

(1)应急照明灯的电源除正常电源外，应另有一路电源供电，或由独立于正常电源的柴油发电机组供电，或由蓄电池柜供电或选用自带电源型应急灯具。

(2)应急照明在正常电源断电后，电源转换时间为：疏散照明不大于15s；备用照明不大于15s；安全照明不大于0.5s。

(3)疏散照明由安全出口标志灯和疏散标志灯组成。安全出口标志灯距地高度不低于2m，且安装在疏散出口和楼梯口里侧的上方。

(4)疏散标志灯安装在安全出口的顶部，楼梯间、疏散走道及其转角处应安装在1m以下的墙面上。不易安装的部位可安装在上部。疏散通道上的标志灯间距不大于20m(人防工程不大于10m)。

(5)疏散标志灯的设置应不影响正常通行，且不在其周围设置容易混同疏散标志灯的其他标志牌等。

(6)应急照明灯具、运行中温度大于60℃的灯具，当靠近可燃物时，应采取隔热、散热等防火措施。当采用白炽灯、卤钨灯等光源时，不直接安装在可燃装修材料或可燃物件上。

(7)应急照明线路在每个防火分区有独立的应急照明回路，穿越不同防火分区的线路有防火隔堵措施。

(8)疏散照明线路采用耐火电线、电缆，穿管明敷或在非燃烧体内穿刚性导管暗敷，暗敷保护层厚度不小于30mm。电线采用额定电压不低于750V的铜芯绝缘电线。

4. 手术台无影灯安装质量控制

(1)固定螺钉(栓)的数量，不得少于灯具法兰盘上的固定孔数，且螺栓直径应与孔径配套；

(2)在混凝土结构上，预埋螺栓应与主筋相焊接，或将挂钩末端弯曲与主筋绑扎锚固；

(3)固定无影灯底座时，均须采用双螺母。

关键细节 43　专用灯具安装主控项目的质检要求

专用灯具安装主控项目的质检要求见表 3-53。

表 3-53　专用灯具安装主控项目的质检要求

序号	分项	质检要点
1	36V 及以下行灯安装	36V 及以下行灯变压器和行灯安装必须符合下列规定： (1)行灯电压不大于 36V,在特殊潮湿场所或导电良好的地面上以及工作地点狭窄、行动不便的场所行灯电压不大于 12V。 (2)变压器外壳、铁芯和低压侧的任意一端或中性点,接地(PE)或接零(PEN)可靠。 (3)行灯变压器为双圈变压器,其电源侧和负荷侧有熔断器保护,熔丝额定电流应分别不应大于变压器一次、二次的额定电流。 (4)行灯灯体及手柄绝缘良好,坚固、耐热、耐潮湿;灯头与灯体结合紧固,灯头无开关,灯泡外部有金属保护网、反光罩及悬吊挂钩,挂钩固定在灯具的绝缘手柄上。 检查数量：全数检查。 检验方法：目测和查阅施工记录并用互感式电流表量测
2	游泳池灯具安装	游泳池和类似场所灯具(水下灯及防水灯具)的等电位联结应可靠,且有明显标识,其电源的专用漏电保护装置应全部检测合格。自电源引入灯具的导管必须采用绝缘导管,严禁采用金属或有金属护层的导管。 检查数量：全数检查。 检验方法：目测并进行漏电动作试验旁站或查阅试验记录
3	手术台无影灯安装	手术台无影灯安装应符合下列规定： (1)固定灯座的螺栓数量不少于灯具法兰底座上的固定孔数,且螺栓直径与底座孔径相适配;螺栓采用双螺母锁固。 (2)在混凝土结构上螺栓与主筋相焊接或将螺栓末端弯曲与主筋绑扎锚固。 (3)配电箱内装有专用的总开关及分路开关,电源分别接在两条专用的回路上,开关至灯具的电线采用额定电压不低于 750V 的铜芯多股绝缘电线。 检查数量：全数检查。 检验方法：目测或检查施工记录
4	应急照明灯安装	应急照明灯具安装应符合下列规定： (1)应急照明灯的电源除正常电源外,另有一路电源供电;或者由独立于正常电源的柴油发电机组供电;或由蓄电池柜供电或选用自带电源型应急灯具。 (2)应急照明在正常电源断电后,电源转换时间为：疏散照明不大于 15s;备用照明不大于 15s(金融商店交易所不大于 1.5s);安全照明不大于 0.5s。 (3)疏散照明由安全出口标志灯和疏散标志灯组成。安全出口标志灯距地高度不低于 2m,且安装在疏散出口和楼梯口里侧的上方。 (4)疏散标志灯安装在安全出口的顶部,楼梯间、疏散走道及其转角处应安装在 1m 以下的墙上。不易安装的部位可安装在上部。疏散通道上的标志灯间距不大于 20m(人防工程不大于 10m)

（续）

序号	分项	质检要点
4	应急照明灯安装	（5）疏散标志灯的设置，不影响正常通行，且不在其周围设置容易混同疏散标志灯的其他标志牌等。 （6）应急照明灯具，运行中温度大于 60℃ 的灯具，当靠近可燃物时，应采取隔热、散热等防火措施。当采用白炽灯、卤钨灯等光源时，不能直接安装在可燃装修材料或可燃物件上。 （7）应急照明线路在每个防火分区有独立的应急照明回路，穿越不同防火分区的线路有防火隔堵措施。 （8）疏散照明线路采用耐火电线、电缆，穿管明敷或在非燃烧体内穿刚性导管暗敷，暗敷保护层厚度不小于 30mm。电线采用额定电压不低于 750V 的铜芯绝缘电线。 检查数量：电源持续供电时间、电源切换时间全数检查，其余抽查 10%。 检验方法：目测检查并查阅施工记录
5	防爆灯具安装	防爆灯具安装应符合下列规定： （1）灯具的防爆标志、外壳防护等级和温度组别与爆炸危险环境相适配。当设计无要求时，灯具种类和防爆结构的选型应符合表 3-54 的规定。 （2）灯具配套齐全，不用非防爆零件替代灯具配件（金属护网、灯罩、接线盒等）。 （3）灯具的安装位置离开释放源，且不在各种管道的泄压口及排放口上下方安装灯具。 （4）灯具及开关安装牢固可靠，灯具吊管及开关与接线盒螺纹啮合扣数不少于 5 扣，螺纹加工应光滑、完整、无锈蚀，并在螺纹上涂以电力复合酯或导电性防锈酯。 （5）开关安装位置便于操作，安装高度 1.3m。 检查数量：抽查 10 套，少于 10 套的全数检查。 检验方法：目测并检查施工记录

表 3-54　　　　　　　　　　　灯具种类和防爆结构的选型

照明设备种类 ＼ 爆炸危险区域防爆结构	Ⅰ 区		Ⅱ 区	
	隔爆型 d	增安型 e	隔爆型 d	增安型 e
固定式灯	○	×	○	○
移动式灯	△	—	○	—
携带式电池灯	○	—	○	—
镇流器	○	△	○	○

注：1. ○为适用；△为慎用；×为不适用。

　　2. 本表摘自《建筑电气工程施工质量验收规范》（GB 50303—2002）。

关键细节 44　专用灯具安装一般项目的质检要求

专用灯具安装一般项目的质检要求见表 3-55。

表 3-55　　　　　　　　　　专用灯具安装一般项目的质检要求

序号	分项	质检要点
1	36V 及以下行灯安装	36V 及以下行灯变压器和行灯安装应符合下列规定： (1)行灯变压器的固定支架牢固，油漆完整。 (2)携带式局部照明灯电线采用橡套软线。 检查数量：全数检查。 检验方法：目测检查
2	手术台无影灯安装	手术台无影灯安装应符合下列规定： (1)底座紧贴顶板，四周无缝隙。 (2)表面保持整洁，无污染，灯具镀、涂层完整无划伤。 检查数量：全数检查。 检验方法：目测检查
3	应急照明灯安装	应急照明灯具安装应符合下列规定： (1)疏散照明采用荧光灯或白炽灯；安全照明采用卤钨灯，或采用瞬时可靠点燃的荧光灯。 (2)安全出口标志灯和疏散标志灯装有玻璃或非燃材料的保护罩，面板亮度均匀度为 1∶10(最低∶最高)，保护罩应完整、无裂纹。 检查数量：抽查 10%，少于 10 套的全数检查。 检验方法：目测检查
4	防爆灯具安装	防爆灯具安装应符合下列规定： (1)灯具及开关的外壳完整，无损伤、无凹陷或沟槽，灯罩无裂纹，金属护网无扭曲变形，防爆标志清晰。 (2)灯具及开关的紧固螺栓无松动、锈蚀，密封垫圈完好。 检查数量：抽查 10%，少于 10 套的全数检查。 检验方法：目测检查

三、建筑物景观灯安装

1. 变压器安装质量控制

(1)变压器在安装前应查阅其有关说明、铭牌数据，并应有合格证，此外还应测试变压器绝缘强度。

(2)被安装的变压器高压端出线瓷套管要擦拭干净。瓷套管如有掉碴、裂纹等损坏情况应停止使用。

2. 景观灯安装质量控制

(1)霓虹灯托架及其附着基面要用难燃或不燃物质制作，如型钢、不锈钢、铝材、玻璃钢等。安装应牢靠，尤其室外大型牌匾、广告等应耐风压和其他外力，不得脱落。

(2)障碍灯一般应装设在建筑物或构筑物凸起的顶端(避雷针除外)。当制高点平面面积较大或是建筑群时,除在最高端处装设障碍灯以外,还应在其外侧转角的顶端分别装设。

(3)烟囱高度在 100m 以上者在装设障碍灯时,为减少其对灯具的污染,宜装设在低于烟囱口 4～6m 的部位。同时还应在其高度的 1/2 处装设障碍灯。烟囱上的障碍灯宜装设 3 盏并呈三角形排列。

(4)在顶端设置的高空障碍灯,应将其设在避雷针的保护范围内,灯具的金属部分要与钢构架等施行电气连接。

(5)高层建筑航空障碍灯设置的位置,不但要考虑不被其他物体遮挡,使远处能够容易看见,而且要考虑维修方便。

(6)建筑物或构筑物中间部位安装的高空障碍灯,需采用金属网罩加以保护,并与灯具的金属部分作接地处理。

(7)在距地面 60m 以上装设标志灯时,应采用恒定光强的红色低光强障碍标志灯。距地面 90m 以上装设时,应采用红色光的中光强障碍标志灯,其有效光强应大于 1600cd。距地面 150m 以上应为白色光的高光强障碍标志灯,其有效光强随背景亮度而定。

(8)障碍标志灯电源应按主体建筑中最高负荷等级要求供电,且宜采用自动通断其电源的控制装置。

(9)障碍标志灯的启闭一般可使用露天安放的光电自动控制器进行控制,它以室外自然环境照度为参量来控制光电元件的动作启闭障碍标志灯,也可以通过建筑物的管理电脑,以时间程序来启闭障碍标志灯。为了有可靠的供电电源,两路电源的切换最好在障碍标志灯控制盘处进行。

关键细节 45　建筑物景观灯安装主控项目的质检要求

建筑物景观灯安装主控项目的质检要求见表 3-56。

表 3-56　　　　　　　　建筑物景观灯安装主控项目的质检要求

序号	分项	质检要点
1	建筑物彩灯安装	建筑物彩灯安装应符合下列规定: (1)建筑物顶部彩灯采用有防雨性能的专用灯具,灯罩要拧紧。 (2)彩灯配线管路按明配管敷设,且有防雨功能。管路间、管路与灯头盒间螺纹连接,金属导管及彩灯的构架、钢索等可接近裸露导体接地(PE)或接零(PEN)可靠。 (3)垂直彩灯悬挂挑臂采用不小于 10 的槽钢。端部吊挂钢索用的吊钩螺栓直径不小于 10mm,螺栓在槽钢上固定,两侧有螺母,且加平垫及弹簧垫圈紧固。 (4)悬挂钢丝绳直径不小于 4.5mm,底部圆钢直径不小于 16mm,地锚采用架空外线用拉线盘,埋设深度大于 1.5m。 (5)垂直彩灯采用防水吊线灯头,下端灯头高于地面 3m。 检查数量:钢索等悬挂结构及接地全数检查;灯具和线路抽查 10%,少于 10 套的全数检查。 检验方法:目测和查阅施工记录并拉线尺量

（续）

序号	分项	质检要点
2	霓虹灯安装	霓虹灯安装应符合下列规定： （1）霓虹灯管完好，无破裂。 （2）灯管采用专用的绝缘支架固定，且牢固可靠。灯管固定后，与建筑物、构筑物表面的距离不小于20mm。 （3）霓虹灯专用变压器采用双圈式，所供灯管长度不大于允许荷载长度，露天安装的变压器应有防雨措施。 （4）霓虹灯专用变压器的二次电线和灯管间的连接线采用额定电压大于15kV的高压绝缘电线。二次电线与建筑物、构筑物表面的距离不小于20mm。 检查数量：全数检查。 检验方法：目测检查和查阅施工记录并拉线尺量
3	景观照明灯安装	建筑物景观照明灯具安装应符合下列规定： （1）每套灯具的导电部分对地绝缘电阻值大于2MΩ。 （2）在人行道等人员来往密集场所安装的落地式灯具，无围栏防护，安装高度距地面2.5m以上。 （3）金属构架和灯具的可接近裸露导体及金属软管的接地（PE）或接零（PEN）可靠，且有标识。 检查数量：全数检查。 检验方法：摇表测量并拉线尺量
4	航空障碍标志灯安装	航空障碍标志灯安装应符合下列规定： （1）灯具装设在建筑物或构筑物的最高部位。当最高部位平面面积较大或为建筑群时，除在最高端装设外，还在其外侧转角的顶端分别装设灯具。 （2）当灯具在烟囱顶上装设时，安装在低于烟囱口1.5～3m的部位且呈正三角形水平排列。 （3）灯具的选型根据安装高度决定，低光强的（距地面60m以下装设时采用）为红色光，其有效光强大于1600cd；高光强的（距地面150m以上装设时采用）为白色光，有效光强随背景亮度而定。 （4）灯具的电源按主体建筑中最高负荷等级要求供电。 （5）灯具安装牢固可靠，且设置维修和更换光源的措施。 检查数量：全数检查。 检验方法：目测、拉线尺量
5	庭院灯安装	庭院灯安装应符合下列规定： （1）每套灯具的导电部分对地绝缘电阻值大于2MΩ。 （2）立柱式路灯、落地式路灯、特种园艺灯等灯具与基础固定可靠，地脚螺栓备帽齐全。灯具的接线盒或熔断器盒、盒盖的防水密封垫完整。 （3）金属立柱及灯具可接近裸露导体接地（PE）或接零（PEN）可靠。接地线单设干线，干线沿庭院灯布置位置形成环网状，且不少于2处与接地装置引出线连接。由干线引出支线与金属灯柱及灯具的接地端子连接，且有标识。 检查数量：抽查10%，少于5套的全数检查。 检验方法：摇表测量和目测或查阅施工记录

🏠 关键细节 46　建筑物景观灯安装一般项目的质检要求

建筑物景观灯安装一般项目的质检要求见表 3-57。

表 3-57　　　　　　　　建筑物景观灯安装一般项目的质检要求

序号	分项	质检要点
1	建筑物彩灯安装	建筑物彩灯安装应符合下列规定： (1)建筑物顶部彩灯灯罩完整，无碎裂。 (2)彩灯电线导管防腐完好，敷设平整、顺直。 检查数量：抽查 10%，少于 5 套的全数检查。 检验方法：目测
2	霓虹灯安装	霓虹灯安装应符合下列规定： (1)当霓虹灯变压器明装时，高度不小于 3m；低于 3m 的应采取防护措施。 (2)霓虹灯变压器的安装位置应方便检修，且隐蔽在不易被非检修人触及的场所，不装在吊平顶内。 (3)当橱窗内装有霓虹灯时，橱窗门与霓虹灯变压器一次侧开关有联锁装置，确保开门不接通霓虹灯变压器的电源。 (4)霓虹灯变压器二次侧的电线采用玻璃制品绝缘支持物固定，支持点距离不大于下列数值： 水平线段：0.5m。 垂直线段：0.75m。 检查数量：全数检查。 检验方法：拉线尺量和目测
3	建筑物景观灯安装	建筑物景观照明灯具构架应固定可靠，地脚螺栓拧紧，备帽齐全；灯具的螺栓紧固、无遗漏。灯具外露的电线或电缆应有柔性金属导管保护。 检查数量：全数检查。 检验方法：目测或用适配工具做拧动试验
4	航空障碍标志灯安装	航空障碍标志灯安装应符合下列规定： (1)同一建筑物或建筑群灯具间的水平、垂直距离不大于 15m。 (2)灯具的自动通、断电源控制装置动作准确。 检查数量：全数检查。 检验方法：查阅试验记录或试验时旁站及查阅施工记录
5	庭院灯安装	庭院灯安装应符合下列规定： (1)灯具的自动通、断电源控制装置动作准确，每套灯具熔断器盒内熔丝齐全，规格与灯具适配。 (2)架空线路电杆上的路灯固定可靠，紧固件齐全、拧紧，灯位正确；每套灯具配有熔断器保护。 检查数量：抽查 10%，少于 5 套的全数检查。 检验方法：查阅试验记录或试验时旁站

四、开关、插座安装

1. 开关安装质量控制

(1)开关安装位置应便于操作,开关边缘距门框边缘距离 0.15～0.2m,开关距地面高度 1.3m;拉线开关距地面高度 2～3m,层高小于 3m 时,拉线开关距顶板不小于 100mm,拉线出口垂直向下。

(2)相同型号并列安装及同一室内开关安装高度一致,且控制有序不错位。并列安装的拉线开关的相邻间距不小于 20mm。

(3)暗装的开关面板应紧贴墙面,四周无缝隙,安装牢固,表面光滑整洁、无碎裂、划伤,装饰帽齐全。

2. 插座安装质量控制

(1)当不采用安全型插座时,托儿所、幼儿园及小学等儿童活动场所插座安装高度不小于 1.8m。

(2)暗装的插座面板紧贴墙面,四周无缝隙,安装牢固,表面光滑整洁、无碎裂、划伤,装饰帽齐全。

(3)车间及实验室的插座安装高度距地面距离不小于 0.3m;特殊场所暗装的插座不小于 0.5m;同一室内插座安装高度一致。

(4)地插座面板与地面齐平或紧贴地面,盖板固定牢固,密封良好。

3. 吊扇安装质量控制

(1)吊扇挂钩安装牢固,吊扇挂钩的直径不小于吊扇挂销直径,且不小于 8mm;有防振橡胶垫;挂销的防松零件齐全、可靠。

(2)吊扇扇叶距地高度不小于 2.5m。

(3)吊扇组装不改变扇叶角度,扇叶固定螺栓防松零件齐全。

(4)吊杆间、吊杆与电机间螺纹连接,啮合长度不小于 20mm,且防松零件齐全、紧固。

(5)吊扇接线正确,当运转时扇叶无明显颤动和异常声响。

关键细节 47　开关、插座、风扇安装主控项目的质检要求

开关、插座、风扇安装主控项目的质检要求见表 3-58。

表 3-58　　　　　　　　开关、插座、风扇安装主控项目的质检要求

序号	分项	质检要点
1	插座安装	当交流、直流或不同电压等级的插座安装在同一场所时,应有明显的区别,且必须选择不同结构、不同规格和不能互换的插座;配套的插头应按交流、直流或不同电压等级区别使用
2	插座接线	插座接线应符合下列规定: (1)单相两孔插座。面对插座的右孔或上孔与相线连接,左孔或下孔与零线连接;单相三孔插座,面对插座的右孔与相线连接,左孔与零线连接。 (2)单相三孔、三相四孔及三相五孔插座的接地(PE)或接零(PEN)线接在上孔。插座的接地端子不与零线端子连接。同一场所的三相插座,接线的相序一致。 (3)接地(PE)或接零(PEN)线在插座间不串联连接

（续）

序号	分项	质检要点
3	特殊情况插座安装	特殊情况下插座安装应符合下列规定： (1)当接插有触电危险的家用电器的电源时，采用能断开电源的带开关插座，开关断开相线。 (2)潮湿场所采用密封型并带保护地线触头的保护型插座，安装高度不低于 1.5m。
4	照明开关安装	照明开关安装应符合下列规定： (1)同一建筑物、构筑物的开关采用同一系列的产品，开关的通断位置一致，操作灵活、接触可靠。 (2)相线经开关控制，民用住宅无软线引至床边的床头开关
5	吊扇安装	吊扇安装应符合下列规定： (1)吊扇挂钩安装牢固，吊扇挂钩的直径不小于吊扇挂销直径，且不小于 8mm；有防振橡胶垫；挂销的防松零件齐全、可靠。 (2)吊扇扇叶距地高度不小于 2.5m。 (3)吊扇组装不改变扇叶角度，扇叶固定螺栓防松零件齐全。 (4)吊杆间、吊杆与电机间螺纹连接，啮合长度不小于 20mm，且防松零件齐全紧固。 (5)吊扇接线正确，当运转时扇叶无明显颤动和异常声响
6	壁扇安装	壁扇安装应符合下列规定： (1)壁扇底座采用尼龙塞或膨胀螺栓固定；尼龙塞或膨胀螺栓的数量不少于 2 个，且直径不小于 8mm。固定牢固可靠。 (2)壁扇防护罩扣紧，固定可靠，当运转时扇叶和防护罩无明显颤动和异常声响

关键细节 48　开关、插座、风扇安装一般项目的质检要求

开关、插座、风扇安装一般项目的质检要求见表 3-59。

表 3-59　　　　　　　　　开关、插座、风扇安装一般项目的质检要求

序号	分项	质检要点
1	插座安装	插座安装应符合下列规定： (1)当不采用安全型插座时，托儿所、幼儿园及小学等儿童活动场所安装插座的高度不小于 1.8m。 (2)暗装的插座面板紧贴墙面，四周无缝隙，安装牢固，表面光滑整洁、无碎裂、划伤，装饰帽齐全。 (3)车间及实验室的插座安装高度距地面不小于 0.3m；特殊场所暗装的插座不小于 0.15m；同一室内插座安装高度一致。 (4)地插座面板与地面齐平或紧贴地面，盖板固定牢固，密封良好

（续）

序号	分项	质检要点
2	照明开关安装	照明开关安装应符合下列规定： （1）开关安装位置便于操作，开关边缘距门框边缘的距离0.15～0.2m，开关距地面高度1.3m；拉线开关距地面高度2～3m，层高小于3m时，拉线开关距顶板不小于100mm，拉线出口垂直向下。 （2）相同型号并列安装及同一室内开关安装高度一致，且控制有序不错位。并列安装的拉线开关的相邻间距不小于20mm。 （3）暗装的开关面板应紧贴墙面，四周无缝隙，安装牢固，表面光滑整洁，无碎裂、划伤，装饰帽齐全
3	吊扇安装	吊扇安装应符合下列规定： （1）涂层完整，表面无划痕、无污染，吊杆上下扣碗安装牢固到位。 （2）同一室内并列安装的吊扇开关高度一致，且控制有序不错位
4	壁扇安装	壁扇安装应符合下列规定： （1）壁扇下侧边缘距地面高度不小于1.8m。 （2）涂层完整，表面无划痕、无污染，防护罩无变形

五、避雷接地装置安装

1. 避雷网安装质量控制

（1）沿混凝土块敷设。

1）混凝土块为一正方梯形体，在土建做屋面层之前按照图纸及规定的间距把混凝土块做好（混凝土块为预制），待土建施工完毕，混凝土块已基本牢固，然后将避雷带用焊接或用卡子固定于混凝土块的支架上。

2）防雷装置在屋脊上水平敷设时，要求支座间距为1.0m，转弯处为0.5m。

（2）沿支架敷设。根据建筑物结构、形状的不同分为沿天沟敷设、沿女儿墙敷设。所有防雷装置的各种金属件必须镀锌。水平敷设时，支架间距为1.0m，转弯处为0.5m。

2. 避雷针安装质量控制

（1）在烟囱上安装。根据烟囱的不同高度，一般安装1～3根避雷针。要求在引下线离地面1.8m处加断接卡子，并用角钢加以保护，避雷针应热镀锌。

（2）在建筑物上安装。避雷针在屋顶上及侧墙上安装应参照有关标准进行施工。避雷针制作应包括底板、肋板、螺栓等的全部重量。避雷针由安装施工单位根据图纸自行制作。

（3）在金属容器上安装。避雷针在金属容器顶上及油罐壁上安装应按有关标准要求进行。

3. 独立避雷针安装质量控制

独立避雷针安装分钢筋混凝土环形杆独立避雷针和钢筋结构独立避雷针两种。

4. 引下线安装质量控制

引下线可采用扁钢和圆钢敷设，也可利用建筑物内的金属体。采用单独敷设时，必须采用镀锌制品,且其规格必须不小于下列规定:扁钢截面面积为 48mm²,厚度为 4mm;圆钢直径为 12mm。

5. 接地系统安装质量控制

(1)接地极制作、安装。接地极制作、安装分为钢管接地极、角钢接地极、圆钢接地极、扁钢接地极、铜板接地极等几种工艺。常用的为钢管接地极和角钢接地极。

(2)户外接地母线敷设。户外接地母线大部分采用埋地敷设。接地线的连接采用搭接焊,其搭接长度是:扁钢为厚度的 2 倍(且至少 3 个棱连焊接);圆钢为直径的 6 倍;圆钢与扁钢连接时,其长度为圆钢直径的 6 倍;扁钢与钢管或角钢焊接时,为了连接可靠,除应在其接触部位两侧进行焊接外,还应焊以由钢带弯成的弧形卡子,或直接用钢带弯成弧形(或直角形)与钢管或角钢焊接。回填土时,不应夹有石块、建筑材料或垃圾等。

(3)户内接地母线敷设。户内接地母线大多是明设,分支线与设备连接的部分大多数为埋设。施工时要符合相关的规范要求。

关键细节 49　接地极的安装要点

(1)接地极垂直敷设。根据图纸中的位置开沟,一般沟深为 0.8m,下口宽为 0.4m,上口宽为 0.5m。再将角钢或钢管接地极的一端削尖,将有尖的一头立放在已挖好的沟底上,垂直打入土沟内 2m 深,在沟底上部余留 50mm。将图纸规定的数量敷设完,再用扁钢将角钢接地极连接起来,即将接地极牢固地焊接在预留沟底上(50mm)的角钢接地极上(一般接地极长为 2.5m。垂直接地极的间距不宜小于其长度的 2 倍,通常为 5m),焊接处应涂沥青,最后回填土。

(2)接地极水平敷设。在土壤条件极差的山石地区采用接地极水平敷设。首先在山石地段开挖接地沟(采用爆破方法),一般沟长为 15m、宽为 0.8m、深为 1.5m,沟内全部回填黄黏土并分别夯实。从底部分层夯实至 0.5m 标高时,将接地扁钢按图纸的要求水平排列 3 根,间距为 160mm,长度为 1.5m;再用 40mm×4mm×700mm 的扁钢,以垂直方向与上述 3 根水平排列的扁钢用焊接连接起来,每隔 1.5m 的间距焊接一根。接地装置全部采用镀锌扁钢,所有焊接点处均刷沥青。接地电阻应小于 4Ω,在超过时,应补增接地装置的长度。

(3)高土壤电阻率地区的降低接地电阻的措施有:换土;对土壤进行处理,常用的材料有炉渣、木炭、电石渣、石灰、食盐等;利用长效降阻剂;深埋接地体至岩石以下 5m;污水引入;深井埋地 20m。

关键细节 50　避雷接地装置安装主控项目的质检要求

避雷接地装置安装主控项目的质检要求见表 3-60。

表 3-60　　　　　　　　　避雷接地装置安装主控项目的质检要求

序号	分项	质检要点
1	人工接地装置	人工接地装置或利用建筑物基础钢筋的接地装置必须在地面以上按设计要求位置设测试点

（续）

序号	分项	质检要点
2	接地电阻值	测试接地装置的接地电阻值必须符合设计要求
3	防雷接地	防雷接地的人工接地装置的接地干线埋设，经人行通道处埋地深度不应小于1m，且应采取均压措施或在其上方铺设卵石或沥青地面
4	接地模块预埋深度	接地模块顶面埋深不应小于0.6m，接地模块间距不应小于模块长度的3～5倍。接地模块埋设基坑，一般为模块外形尺寸的1.2～1.4倍，且在开挖深度内详细记录地层情况
5	接地模块垂直与水平就位	接地模块应垂直或水平就位，不应倾斜设置，保持与原土层接触良好
6	暗敷与明敷引下线	暗敷在建筑物抹灰层内的引下线应有卡钉分段固定；明敷的引下线应平直、无急弯，与支架焊接处刷油漆防腐，且应无遗漏
7	变压器室	变压器室、高低压开关室内的接地干线应有不少于2处与接地装置引出干线连接
8	焊接金属跨接线	当利用金属构件、金属管道做接地线时，应在构件或管道与接地干线间焊接金属跨接线

关键细节 51　避雷接地装置安装一般项目的质检要求

避雷接地装置安装一般项目的质检要求见表 3-61。

表 3-61　　　　　　　　避雷接地装置安装一般项目的质检要求

序号	分项	质检要点
1	焊接搭接	当设计无要求时，接地装置顶面埋设深度不应小于0.6m。圆钢、角钢及钢管接地极应垂直埋入地下，间距不应小于5m。接地装置的焊接应采用搭接焊，搭接长度应符合下列规定： (1)扁钢与扁钢搭接为扁钢宽度的2倍，不少于三面施焊。 (2)圆钢与圆钢搭接为圆钢直径的6倍，双面施焊。 (3)圆钢与扁钢搭接为圆钢直径的6倍，双面施焊。 (4)扁钢与钢管，扁钢与角钢焊接，紧贴角钢外侧两面，或紧贴3/4钢管表面，上下两侧施焊。 (5)除埋设在混凝土中的焊接接头外，应有防腐措施
2	热浸镀锌处理	当设计无要求时，接地装置的材料采用钢材，须热浸镀锌处理，其最小允许规格、尺寸应符合表3-62的规定
3	接地模块引线	接地模块应集中引线，用干线把接地模块并联焊接成一个环路，干线的材质与接地模块焊接点的材质应相同，钢制的采用热浸镀锌扁钢，引出线不少于2处
4	钢制接地线	钢制接地线的焊接连接应符合《建筑电气工程施工质量验收规范》(GB 50303—2002)第24.2.1条的规定，材料采用及最小允许规格、尺寸应符合《建筑电气工程施工质量验收规范》(GB 50303—2002)第24.2.2条的规定

(续)

序号	分项	质检要点
5	明敷接地引下线	明敷接地引下线及室内接地干线的支持件间距应均匀,水平直线部分 0.5～1.5m;垂直直线部分 1.5～3m;弯曲部分 0.3～0.5m
6	保护套管	接地线在穿越墙壁、楼板和地坪处应加套钢管或其他坚固的保护套管,钢套管应与接地线做电气连通
7	电缆头	变配电室内明敷接地干线安装应符合下列规定: (1)便于检查,敷设位置不妨碍设备的拆卸与检修。 (2)当沿建筑物墙壁水平敷设时,距地面高度 250～300mm;与建筑物墙壁间的间隙 10～15mm。 (3)当接地线跨越建筑物变形缝时,设补偿装置。 (4)接地线表面沿长度方向,每段为 15～100mm,分别涂以黄色和绿色相间的条纹。 (5)变压器室、高压配电室的接地干线上应设置不少于 2 个供临时接地用的接线柱或接地螺栓
8	当电缆穿过零序电流互感器时	当电缆穿过零序电流互感器时,电缆头的接地线应通过零序电流互感器后接地;由电缆头至穿过零序电流互感器的一段电缆金属护层和接地线应对地绝缘
9	配电室接地	配电间隔和静止补偿装置的栅栏门及变配电室金属门铰链处的接地连接,应采用编织铜线。变配电室的避雷器应用最短的接地线与接地干线连接
10	防电化腐蚀	设计要求接地的幕墙金属框架和建筑物的金属门窗,应就近与接地干线连接可靠,连接处不同金属间应有防导电化腐蚀措施

表 3-62　　　　　　　　　　　　最小允许规格、尺寸

种类、规格及单位		敷设位置及使用类型			
		地　上		地　下	
		室内	室外	交流电流回路	直流电流回路
圆钢直径/mm		6	8	10	12
扁钢	截面面积/mm²	60	100	100	100
	厚度/mm	3	4	4	6
角钢厚度/mm		2	2.5	4	6
钢管管壁厚度/mm		2.5	2.5	3.5	4.5

第四章　电梯工程施工质量检验

第一节　电梯工程概述

一、电梯工程的基本概念

1. 电梯安装工程

电梯安装工程是电梯生产单位出厂后的产品,在施工现场装配成整机至交付使用的过程。

2. 电梯安装工程质量验收

电梯安装工程质量验收是电梯安装的各项工程在履行质量检验的基础上,由监理单位、土建施工单位、安装单位等几方共同对安装工程的质量控制资料、隐蔽工程和施工检查记录等档案材料进行审查,对安装工程进行普查和整机运行考核,并对主控项目全验和一般项目抽验,以书面形式对电梯安装工程质量的检验结果作出确认。

3. 土建交接检验

土建交接检验是在电梯安装前,应由监理单位(或建设单位)、土建施工单位、安装单位共同对电梯井道和机房按《电梯工程施工质量验收规范》(GB 50310—2002)的要求进行检查,对电梯安装条件作出确认。

二、电梯工程的基本规定

1. 安装单位施工现场的质量控制

(1)具有完善的验收标准、安装工艺及施工操作规程。

(2)具有健全的安装过程控制制度。

2. 电梯安装工程质量控制

(1)参加安装工程施工和质量验收人员应具备相应的资格。

(2)承担有关安全性能检测的单位,必须具有相应资质。仪器设备应满足精度要求,并应在检定有效期内。

(3)分项工程质量验收均应在电梯安装单位自检合格的基础上进行。

(4)分项工程质量应分别按主控项目和一般项目检查验收。

(5)隐蔽工程应在电梯安装单位检查合格后,于隐蔽前通知有关单位检查验收,并形成验收文件。

第二节　电力驱动的曳引式或强制式电梯安装

一、设备进场检验

1. 随机文件

（1）土建布置图。土建布置图是电梯生产厂家根据建设单位所购的电梯规格和建筑物中与电梯相关的土建结构进行设计绘制的、确定电梯与土建衔接配合的技术文件。它主要包括井道布置、机房布置、井道留孔及机房留孔位置等，以及对安装、承重部位土建结构及强度要求等内容。土建布置图是电梯安装工程的重要依据，应由电梯生产单位和建设单位共同盖章确认。

（2）产品出厂合格证。电梯产品有一定特殊性，出厂时并不是一件完整的产品，只有在建筑物中完成安装以后才能视为"成品"。可以说，电梯的生产经历了以下两个过程：其一是在电梯生产厂内的部件生产；其二是施工单位在现场装配成整机并完成调试。

（3）门锁装置、限速器、安全钳及缓冲器的形式试验证书复印件。门锁装置、限速器、安全钳、缓冲器是电梯的四种安全部件，其作用是电梯出现故障时保证人身安全或防止设备损坏。

2. 设备零部件应与装箱单内容相符

电梯设备进场时应依据装箱单进行设备零部件的清点、核对，以便及时发现、纠正错发、漏发等情况。"内容相符"含义为：零部件与装箱单指明的名称、数量、位置相符。

3. 设备外观不应存在明显的损坏

电梯设备进场时应对包装箱及设备进行观感检查，目的有两个：其一，要求进入现场的设备应具有良好的观感质量；其二，便于及早发现问题，解决问题。所谓明显损坏是指因人为或意外而造成的明显的凹凸、断裂、永久变形、表面涂层脱落或锈蚀等缺陷。

4. 设备进场验收要点

（1）检查土建布置图是否与井道实物尺寸相符，各相关联的尺寸是否有误差。

（2）检查出厂产品合格证是否齐全，合格证上的型号、层站、速度、载重量等各参数是否相符，是否有产品检验合格章及检验人员盖章。

（3）应对四大安全部件即限速器、门锁装置、安全钳及缓冲器的形式试验证书复印件进行审查，审查其各安全参数是否符合标准及出具试验证书机构名称。

（4）在设备进场时应随机检查其是否有装箱清单及安装、维护使用说明书、动力电路和安全电路的电气原理图。

（5）设备开箱验收安装单位应会同建设单位或监理单位根据电梯安装清单及有关技术资料清点箱数，并核对箱内所有零部件及安装材料，凡发现缺件、破损及严重锈蚀，应及时与供货方联系，以免影响安装工期及质量。代用的材料与设备必须符合原设计要求，开箱记录表上应有建设方或监理方、供货方、施工方代表签字。

5. 开箱点件

电梯安装采用的设备及器材均应符合国家现行技术标准的规定，并应有合格证件，设备应有铭牌。设备和器材到达现场后,应事先做好检验工作,为顺利施工提供条件。首先要检查包装及密封是否良好,对有防潮要求的包装应及时检查,发现问题,采取措施。由于电梯是散件出厂并在现场进行组装的机电合一的大型设备,因此,在安装前必须进行认真的检查清点和验收。设备及器材规格应符合设计要求,附件、备件应齐全,外观应完好。

关键细节 1 设备进场主控项目的质检要求

设备进场主控项目的质检要求见表 4-1。

表 4-1 设备进场主控项目的质检要求

分项	质检要点
随机文件	随机文件必须包括下列资料: (1)土建布置图。 (2)产品出厂合格证。 (3)门锁装置、限速器、安全钳及缓冲器的形式试验证书复印件。 检查方法:核对上述技术文件是否完整、齐全,并且应与合同要求的产品相符

关键细节 2 设备进场一般项目的质检要求

设备进场一般项目的质检要求见表 4-2。

表 4-2 设备进场一般项目的质检要求

序号	分项	质检要点
1	其他随机文件	检查随机文件清单,应包括: (1)装箱单。 (2)安装、使用维护说明书。 (3)动力电路和安全电路的电气原理图。 检查方法:核对上述技术文件是否完整、齐全,并且应与合同要求的产品相符
2	设备零部件	设备零部件应与装箱单内容相符。 检查方法:依据装箱单对零部件进行清点、核对,应单货相符,不应缺件、少件
3	设备外观	设备外观不应存在明显的损坏。 检查方法:观察包装箱及设备外观,不应存在明显的损坏

二、土建交接检验

1. 机房的检验要求

(1)机房地板应能承受 6865Pa 的压力。

(2)机房地面应采用防滑材料。

(3)曳引机承重梁如果埋入承重墙内,则支承长度应超过墙厚中心 20mm,且不应小于 75mm。

(4)机房地面应平整,门窗应防风雨,机房入口楼梯或爬梯应设扶手,通向机房的道路应畅通,机房门应加锁,门的外侧应设有简短警示标志"电梯曳引机——危险,未经许可禁止入内"。

(5)机房内钢丝绳与楼板孔洞每边间隙应为 20～40mm,通向井道孔洞四周应筑一个高 50mm 以上、宽度适当的台阶。

(6)当机房地面包括多个不同高度并相差大于 0.5m 时,应设置楼梯或台阶和护栏。

(7)当机房地面有任何深度大于 0.5m、宽度小于 0.5m 的坑或槽坑时,均应盖住。

(8)当建筑物的功能有要求时,机房的墙壁、地板和房顶应能大量吸收电梯运行时产生的噪声。

(9)机房必须通风,从建筑物其他部分抽出的陈腐空气,不得排入机房内。

(10)机房应符合设计图纸要求,须有足够的面积、高度、承重能力。吊钩的位置应正确,且应符合设计的载荷承受要求,承重梁和吊钩上应标明最大允许载荷。

(11)以电梯井道顶端电梯安装时设立的样板架为基准,将样板架的纵向、横向中心轴线引入机房内,并有基准线来确定曳引机设备的相对位置,用于检查机房地坪上曳引机、限速器等设备定位线的正确程度。各机械设备离墙距离应大于 300mm。限速器离墙应大于 100mm。

(12)按照图纸要求来检查预留孔、吊钩的位置尺寸,曳引钢丝绳、限速钢丝绳在穿越楼板孔时,钢丝绳边与孔四边均应留有 20～40mm 的间隙,在机房内通井道的孔应在四周筑有台阶,台阶的高度应在 50mm 以上,以防止工具、杂物、零部件、油、水等落入井道内。

2. 井道及底坑的检验要求

(1)每一台电梯的井道均应由无孔的墙、底板和顶板完全封闭起来,只允许有下述开口:

1)层门开口。

2)通往井道的检修门、安全门及检修活板门的开口。

3)火灾情况下,排除气体和烟雾的排气孔。

4)通风孔。

5)井道与机房之间的永久出风口。

(2)井道的墙、底面和顶板应具有足够的机械强度,应用坚固、非易燃材料制造。而这些材料本身不应助长灰尘产生。

(3)当相邻两层门地坎间的距离超过 11m 时,其间应设置安全门。安全门的高度不得小于 1.8m,宽度不得小于 0.35m,检修门的高度不得小于 1.4m,宽度不得小于 0.6m,且它们均不得朝里开启。检修门、安全门、活板门均应是无孔的,并具有与层门一样的机械强度。

(4)门与活板门均应装有用钥匙操纵的锁,当门与活板门开启后不用钥匙亦能将其关闭和锁住时,检修门和安全门即使在锁住的情况下,也应能不用钥匙从井道内部将门打开。井道检修门近旁应设有一警示牌上写"电梯井道——危险,未经许可严禁入内"。

(5)规定的电梯井道水平尺寸是用铅垂测定的最小净空尺寸。其允许偏差值:

对高度不大于 30m 的井道为 0～+25mm;

对高度大于 30m,不大于 60m 的井道为 0～+35mm;

对高度大于 60m,小于 90m 的井道为 0～+50mm。

(6)采用膨胀螺栓安装电梯导轨支架应满足下列要求：

1)混凝土墙应坚固结实,其耐压强度应不低于 24MPa。

2)混凝土墙壁的厚度应在 120mm 以上。

3)所选用的膨胀螺栓必须符合国标要求。

(7)当同一井道装有多台电梯时,在井道底部各电梯间应设置安全防护隔离栏,隔离栏底部离地坑地面的间距不应大于 0.3m,上方至少应延伸到最底层站楼面 2.5m 以上的高度,隔离栏宽度离井道壁的间距不应大于 0.15m。

(8)在井道底部,不同的电梯运动部件之间应设置安全护栏,高度从轿厢或对重行程最低点延伸到底坑地面以上 2.5m 的高度。

(9)当轿顶边缘与相邻电梯的运动部件水平距离在小于 0.5m 时,应加装安全护栏,且护栏应贯穿整个井道,其有效宽度不应小于被防护的运动部件的宽度每边各加 0.1m。

(10)当相邻两扇层门地坎间距大于 11m 时,其中间必须设置安全检修门,此门严禁向内开启,且必须装有电气安全开关,只有在处于检修门关闭的情况下电梯才能启动。

(11)施工人员在进场安装电梯前,应对每层层门加装安全围护栏,其高度应大于 1.2m,且应有足够的强度。

(12)井道顶部应设置通风孔,其面积不应小于井道水平断面面积的 1%,通风孔可直接通向室外,或经机房通向室外,除为电梯服务的房间外,井道不得用于其他房间的通风。

(13)井道应为电梯专用,井道不得装有与电梯无关的设备、电缆等。

(14)井道内应设置永久性照明,在距井道最高或最低点 0.5m 处各设一盏灯,中间每隔 7m 设一盏灯,其照明度应用照度仪测出其照度,井道内照度不应小于 50lx。其控制开关应分别设置在机房与底坑内。

(15)电梯井道最好不设置在人们能到达的空间上面。如果轿厢或对重之下的确存在有人能到达的空间,底坑的底面应至少按 5000Pa 载荷设计,并且将对重缓冲器安装在一直延伸到坚固地面上的实心桩墩上或对重侧装有安全钳装置。

(16)底坑内应设有一个单相三眼检修插座。

(17)底坑底部与四周不得渗水与漏水,且底部应光滑平整。

(18)每一个层楼的土建应标有一个最终地平面的标高基准线,以便于安装层门地坎时识别。

🏠关键细节 3　土建交接检验主控项目的质检要求

土建交接检验主控项目的质检要求见表 4-3。

表 4-3　　　　　　　　　　　　土建交接检验主控项目的质检要求

序号	分项	质检要点
1	电梯土建布置图	机房(如果有)内部、井道土建(钢架)结构及布置必须符合电梯土建布置图的要求。 　　检查:测量机房(如果有)、井道结构尺寸应与电梯土建布置图一致;观察机房(如果有)、井道内部表面外观,应平整。应按照土建布置图的要求预留相关的孔和预埋件等

（续）

序号	分项	质检要点
2	主电源开关	主电源开关必须符合下列规定： (1)主电源开关应能够切断电梯正常使用情况下最大电流。 (2)对有机房电梯，该开关应能从机房入口处方便地接近。 (3)对无机房电梯，该开关应设置在井道外工作人员方便接近的地方，且应具有必要的安全防护。 检查方法：核对主电源开关铭牌上的和土建布置图中要求的最大电流值，主电源开关铭牌上额定电流值和位置应符合土建布置图中的要求；观察每台电梯，都应单独装设一只主电源开关
3	井道	井道必须符合下列规定： (1)当底坑底面下有人员能到达的空间存在，且对重(或平衡重)上未设有安全钳装置时，对重缓冲器必须安装在(或平衡重运行区域的下边必须)一直延伸到坚固地面上的实心桩墩上。 (2)电梯安装之前，所有层门预留孔必须设有高度不小于 1.2m 的安全保护围封，并应保证有足够的强度。 (3)当相邻两层门地坎间的距离大于 11m 时，其间必须设置井道安全门，井道安全门严禁向井道内开启，且必须装有安全门处于关闭时电梯才能运行的电气安全装置。当相邻轿厢间有相互救援用轿厢安全门时，可不做以上工作。 检查方法：(1)在土建交接检验时，不仅要检查与井道底坑相关部分的建筑物土建施工图、施工记录，而且要到建筑物现场检查底坑下方是否存在能够供人员进入的空间。如果此空间存在，则应核查土建施工图是否要求底坑的底面至少能承受 5000N/m² 载荷；如果此空间存在且对重(或平衡重)上未设有安全钳装置，则应设有上述的实心桩墩，按建筑物土建施工图要求检查实心桩墩及支撑实心桩墩的地面的强度是否能承受电梯土建布置图所提供的冲击力，还应观察或用线坠、钢卷尺测量实心桩墩位置是否在对重缓冲器(平衡重运行区域)的下边。 (2)在土建交接检验时，检查人员应逐层检验安全保护围封；观察或用钢卷尺测量围封的高度应从该层地面起延伸 1.2m 以上。 (3)首先应检查土建施工图和施工记录，并逐一观察、测量相邻的两层门地坎间之间的距离，如大于 11m 且需要设井道安全门时，应检查安全门的尺寸、强度、开启方向、钥匙开启的锁、设置的位置是否满足上述要求。开、关安全门，观察上述要求的电气安全装置的位置是否正确、是否可靠地动作，这里的动作只是指电气安全装置自身的闭合与断开(注：若电气安全装置由电梯制造商家提供，此项可在安装完毕后检查，检查前须先将电梯停止)

关键细节 4 土建交接检验一般项目的质检要求

土建交接检验一般项目的质检要求见表 4-4。

表 4-4　　　　　　　　　　　　　　土建交接检验一般项目的质检要求

序号	分项	质检要点
1	机房	机房(如果有)还应符合下列规定： (1)机房内应设有固定的电气照明,地板表面上的照度不应小于200lx。机房内应设置一个或多个电源插座。在机房内靠近入口的适当高度处应设有一个开关或类似装置控制机房照明电源。 (2)机房内应通风,从建筑物其他部分抽出的陈腐空气,不得排入机房内。 (3)应根据产品供应商的要求,提供设备进场所需要的通道和搬运空间。 (4)电梯工作人员应能方便地进入机房或滑轮间,而不需要临时借助于其他辅助设施。 (5)机房应采用经久耐用且不易产生灰尘的材料建造,机房内的地板应采用防滑材料(注:此项可在电梯安装后验收)。 (6)在一个机房内,当有两个以上不同平面的工作平台,且相邻平台高度差大于0.5m时,应设置楼梯或台阶,并应设置高度不小于0.9m的安全防护栏杆。当机房地面有深度大于0.5m的凹坑或槽坑时,均应盖住。供人员活动空间和工作台面以上的净高度不应小于1.8m。 (7)供人员进出的检修活板门应有不小于0.8m×0.8m的净通道,开门到位后应能自行保持在开启位置。检修活板门关闭后应能支撑两个人的重量(每个人按在门的任意0.2m×0.2m面积上作用1000N的力计算),不得产生永久性变形。 (8)门或检修活板门应装有带钥匙的锁,它应从机房内不用钥匙就能打开。只供运送器材的活板门,可只在机房内部锁住。 (9)电源零线和接地线应分开。机房内接地装置的接地电阻值不应大于4Ω。 (10)机房应有良好的防渗、防漏水保护。 检查:(1)观察机房内是否设置了固定的电气照明设备,用照度计测量地板表面上的照度,不应小于200lx;控制照明开关的位置应符合土建布置图要求,操作开关应动作正常;观察机房内是否设置一个或多个电源插座。 (2)观察机房内的通风,应满足土建布置图要求;在机房内观察从建筑物其他部分抽出的陈腐空气,不应排入机房内。 (3)根据供、需双方合同约定,现场测量。 (4)现场进入机房和滑轮间,观察通道是否设置了永久的电气照明,控制开关是否设置在出口;观察是否能通过私人房间进入机房和滑轮间。 (5)用尺测量净通道不应小于0.8m×0.8m;开、关检修活板门,开门到位后应自行保持在开启位置;用砝码做支撑两个人的重量的模拟试验,不应有永久性变形。 (6)在门或检修活板门的门外,应能用钥匙将其打开;在门内应能不用钥匙将其打开;只供运送器材的活板门,可只在机房内部锁住。用钢卷尺测量门尺寸应符合土建布置图要求。 (7)观察进入机房的零线和接地线是否分开;用兆欧表或地环仪测量接地装置的接地电阻值。 (8)检查机房的施工记录,应有防渗、防漏水保护

（续）

序号	分项	质检要点
2	井道	井道还应符合下列规定： （1）井道尺寸是垂直于电梯设计运行方向的井道截面沿电梯设计运行方向投影所测定的井道最小净空尺寸，该尺寸应和土建布置图所要求的一致，允许偏差应符合下列规定。 　1）当电梯行程高度不大于 30m 时为 0～+25mm。 　2）当电梯行程高度大于 30m 且不大于 60m 时为 0～+35mm。 　3）当电梯行程高度大于 60m 且不大于 90m 时为 0～+50mm。 　4）当电梯行程高度大于 90m 时，允许偏差应符合土建布置图要求。 （2）全封闭或部分封闭的井道的隔离保护、井道壁、底坑底面和顶板应具有安装电梯部件所需要的足够强度，应采用非燃烧材料建造，且应不易产生灰尘。 （3）当底坑深度大于 2.5m 且建筑物布置允许时，应设置一个符合安全门要求的底坑进口；当没有进入底坑的其他通道时，应设置一个从层门进入底坑的永久性装置，且此装置不得凸入电梯运行空间。 （4）井道应为电梯专用，井道内不得装设与电梯无关的设备、电缆等。井道可装设采暖设备，但不得采用蒸汽和水作为热源，且采暖设备的控制与调节装置应装在井道外面。 （5）井道内应设置永久性电气照明，井道内照度应不得小于 50lx，井道最高点和最低点 0.5m 以内应各装一盏灯，再设中间灯，并分别在机房和底坑设置一控制开关。 （6）装有多台电梯的井道内各电梯的底坑之间应设置最低点离底坑地面不大于 0.3m，且至少延伸到最低层站楼面以上 2.5m 高度的隔障，在隔障宽度方向上隔障与井道壁之间的间隙不应大于 150mm。当轿顶边缘和相邻电梯运动部件（轿厢、对重或平衡重）之间的水平距离小于 0.5m 时，隔障应延长贯穿整个井道的高度。隔障的宽度不得小于被保护的运动部件（或其部分）的宽度每边再各加 0.1m。 （7）底坑内应有良好的防渗、防漏水保护，底坑内不得有积水。 （8）每层楼面应有水平面基准标识。 　检查方法：（1）可在井道内用线坠吊线或采用激光测试仪测量井道尺寸；还应注意检查井道尺寸空间内不应有凸出物（如结构梁等）。 （2）检查土建施工图，其上要求承受力的值和位置应与电梯土建布置图相同；检查施工记录，井道应采用非燃烧且不易产生灰尘的材料建造。 （3）观察底坑，应设有从最底层层门进入底坑的永久性装置，此装置不得凸入电梯运行空间。 　如果设置进入底坑通道门，观察、测量和实际开、关门。对于电气安全装置，应检查其安装位置是否正确、动作是否可靠，这里的动作只是指电气安全装置自身的闭合与断开。观察通往该门的通道，应设置永久、固定的电气照明装置，并且此通道不需经过私人房间。 （4）观察井道内，应设置永久性照明，操作控制照明开关应可靠通断。 　另外，可在层门安装完成后，将所有的层门关闭，在底坑地面以上 1m 处用照度计测量照度值；轿厢位于井道顶部、中部及底部光线最弱的部位，在轿顶面以上 1m 处用照度计测量照度值（注：在轿顶上的测量可在整机安装验收时进行）。如果是半封闭井道或玻璃井道，应在井道外环境光线最暗时测量。 （5）观察和按土建布置图的要求，用尺测量。 （6）检查井道底坑的施工记录，看是否有防渗、防漏水保护。 （7）逐层观察

三、驱动主机检验

1. 曳引机安装质量控制

(1)曳引轮的位置偏差,在前、后(向着对重)方向不应超过±2mm,在左、右方向不应超过±1mm。

(2)曳引轮位置与轿厢中心,及轿厢中心线左、右、前、后误差应符合表 4-5 所示的要求。

表 4-5　　　　　　　　　　　曳引轮位置偏差

轿厢运行速度范围	2m/s 以上	1~1.75m/s	1m/s 以下
前后方向误差/mm	±2	±3	±4
左右方向误差/mm	±1	±2	±2

(3)曳引轮垂直方向偏摆度最大偏差不应大于 0.5mm。

(4)在曳引轮轴方向和蜗杆方向的不水平度均不应超过 1/1000。蜗杆与电动机联结后的不同心度,刚性联结为 0.02mm,弹性联结为 0.1mm,径向跳动不超过制动轮直径的1/3000。如发现不符合本要求,必须严格检查测试,并调整电动机垫片以达到要求。

(5)制动器闸瓦和制动轮间隙均匀。当闸瓦松开后间隙应均匀,且不大于 0.7mm,动作灵敏可靠。制动器上各转动轴两端的垫圈及销钉必须装好,并将销钉尾部劈开;弹簧调整后,轴端双母必须背紧。

(6)曳引机横向水平度可在测定曳引轮垂直误差及曳引轮横向水平度的同时进行找平,纵向水平度可测铸铁座露出的基准面或蜗轮箱上、下端盖分割处,使其误差不超过底座长和宽的 1/1000,然后紧固螺栓。

(7)曳引轮在水平面内的扭转不应超过±0.5mm。

(8)导向轮、复绕轮垂直度偏差不得大于 0.5mm,且曳引轮与导向轮或复绕轮的平行度偏差不得大于 1mm。

(9)复引电机及其风机应工作正常;轴承应使用规定的润滑油。

(10)制动器动作灵活可靠,销轴润滑良好;制动器闸瓦与制动轮工作表面须清洁。

(11)制动器制动时,两闸瓦紧密、均匀地贴靠在制动轮工作面上;松闸时两侧闸瓦应同时离开,其间隙不大于 0.7mm。

(12)制动器手动开闸扳手应挂在容易接近的墙上;松闸时两侧闸瓦应同时离开,其间隙不大于 0.7mm。

(13)在曳引机或反绳轮上应有与电梯升降方向相对应的标志。

2. 制动器安装质量控制

(1)对制动轮与闸瓦间隙检查时,应将闸瓦松开,用塞尺测量,每片闸瓦两侧各测4点。

(2)制动器力矩的调整,主要是调整主弹簧的压缩量,将制动臂内侧的主弹簧压紧螺母松开,外侧螺母拧紧,可压缩弹簧长度,增大弹力,使制动力矩变大,反之则制动力矩减小。调好后应拧紧内侧的压紧螺母。调整时使两边主弹簧长度相等,制动力矩大小适当。

（3）制动器的闸瓦与制动轮间隙的调整，用手动松闸装置，松开制动的闸瓦，反复调整闸瓦上下 2 只螺栓，用塞尺检查上下两侧共 4 处的间隙，直至符合要求为止。间隙初调时尽可能小一些，要调整得当，间隙可调到 0.2～0.4mm，最后须拧紧各部位的压紧螺母。

（4）制动器调整的最后结果应使电梯在额定负载、空载和超载 150%，特别是在满载下降情况下，都能有足够的制动作用。

（5）如制造厂未调整过或间隙过大，则要重新确定松闸轮的位置。

⌂ 关键细节 5　驱动主机主控项目的质检要求

驱动主机主控项目的质检要求见表 4-6。

表 4-6　　　　　　　　　　　　驱动主机主控项目的质检要求

分项	质检要点
紧急操作装置	紧急操作装置动作必须正常。可拆卸的装置必须置于驱动主机附近易接近处，紧急救援操作说明必须贴于紧急操作时易见处。 　检查方法：观察电梯紧急操作装置。按紧急救援操作说明的方法和要求，现场实际操作，应能移动具有额定载重量的轿厢从底部层站到上一层站。用钢卷尺或钢板尺测量电气安全装置与操作它的装置的安装位置，应符合安装说明书要求。 　如果采用紧急电动运行，观察和操作紧急电动运行开关及持续撤压的按钮，其标明的轿厢运行方向应与轿厢的实际运行方向相符，观察操纵位置，应易于直接观察电梯驱动主机运行

⌂ 关键细节 6　驱动主机一般项目的质检要求

驱动主机一般项目的质检要求见表 4-7。

表 4-7　　　　　　　　　　　　驱动主机一般项目的质检要求

序号	分项	质检要点
1	驱动主机承重梁	当驱动主机承重梁需埋入承重墙时，埋入端长度应超过墙厚中心至少 20mm，且支承长度不应小于 75mm。 　检查方法：观察和用尺、线锤测量驱动主机承重梁，应支承在建筑物承重墙上；在驱动主机承重梁埋入承重墙时，封堵前用尺检查埋入端长度是否超过墙厚中心至少 20mm，且支承长度不小于 75mm
2	制动器	制动器动作应灵活，制动间隙调整应符合产品设计要求。 　检查方法：断开驱动主机电源，用手完全打开制动器，观察打开过程中制动器应无卡阻现象，在制动器打开的最大行程处，将外力取消，制动器应回到调定位置。以检修速度上下运行电梯，在电梯行程的底部、中部、顶部分别停靠电梯，电梯在运行过程中制动器应无摩擦现象，制动应灵活。用塞尺测量制动间隙，其值应符合安装说明书要求

（续）

序号	分项	质检要点
3	驱动主机	驱动主机、驱动主机底座与承重梁的安装应符合产品设计要求。 检查：断开驱动主机电源，观察或测量驱动主机、驱动主机底座与承重梁，其安装应符合安装说明书要求
4	驱动主机减速箱	驱动主机减速箱（如果有）内油量应在油标所限定的范围内。 检查：停运电梯，透过油窗，直接观察驱动主机减速箱内的油量，应在油窗标示的最小、最大刻度线之间；或采用油尺检测油量，用手从减速箱上拉出油尺，观察油尺上的油印，应在油尺上标示的最小、最大刻度线之间
5	机房内钢丝绳与楼板孔洞边间隙	机房内钢丝绳与楼板孔洞边间隙，应为 20～40mm，通向井道的孔洞四周应设置高度不小于 50mm 的台缘。 检查：停止电梯运行，在电梯机房或滑轮间（如果有）内，用钢板尺测量钢丝绳与楼板孔洞边间隙，应为 20～40mm，通向井道的孔洞四周的台缘高度不应小于 50mm

四、导轨检验

1. 电梯引导系统简介

（1）电梯的引导系统包括轿厢引导系统和对重引导系统。这两种系统均由导轨、导轨架和导靴三种机件组成。

（2）导轨。每台电梯均具有用于轿厢和对重装置的两组至少 4 列导轨。导轨是确保电梯的轿厢和对重装置在预定位置做上下垂直运行的重要机件。

（3）导轨架。按电梯安装平面布置图的要求，固定在电梯井道内的墙壁上，是固定导轨的机件。每根导轨上至少应设置 2 个导轨架，各导轨架之间的间隔距离不应大于 2.5m。导轨架在井道墙壁上的固定方式有埋入式、焊接式、预埋螺栓或涨管螺栓固定式、对穿螺栓固定式等四种。在稳固导轨架过程中，如果采用焊接式，需用电焊机把导轨架焊在井道墙壁中的预埋钢板上。若采用埋入式时，导轨架的埋入部分需制成鱼尾式，开叉长度应大于 100mm。近年来，采用锚固螺栓稳固导轨架的方法较多。

（4）导靴。导靴安装在轿架和对重架上，是使轿厢和对重架沿着导轨上下运行的装置。电梯中常用的导靴有滑动导靴和滚轮导靴两种。

2. 导轨架安装与调整

（1）导轨架安装。导轨固定在导轨架上，并分别稳固在井道的墙壁上，导轨架之间的距离一般为 1.5～2m，但上端最后一个导轨架与机房楼板的距离不得大于 500mm。导轨架的位置必须让开导轨接头，让开的距离必须在 200mm 以上。每根导轨应有 2 个以上导轨架。

采用埋入式稳固导轨架比较简单：把导轨架埋入预留孔内，再用水平尺校正，后用 M10 水泥砂浆灌注。用这种方式稳固导轨架时，导轨架开脚埋进的深度不得小于 120mm。在稳固导轨架时，一般可按上述方式先稳固每列导轨的上、下两个导轨架，然后再逐个稳固中间各导轨架。除采用埋入式稳固导轨架外,还常采用焊接式和预埋螺栓或涨管螺栓固定式稳固导轨架。一般砖混结构的电梯井道采用埋入式稳固导轨架既简单又方便,但对于钢筋混凝土结构的电梯井道,则用焊接式、预埋螺栓固定式、对穿螺栓固定式稳固导轨架更合适。

(2)导轨架经稳固和调整校正。

关键细节 7　导轨架稳固的技术要求

(1)任何类别和长度的导轨架,其不水平度不应大于 5mm。

(2)由于井壁偏差或导轨架高度误差,允许在校正时用宽度等于导轨架的钢板调整井壁与导轨架之间的间隙。当调整钢板的厚度超过 10mm 时,应与导轨架焊成一体。

3. 导轨吊装和校正

吊装导轨时,一般通过预先装置在机房楼板下的滑轮和尼龙绳,由下往上逐根吊装对接,并随时用压导板和螺栓把导轨固定在导轨架上。用精校卡尺检查和测量两列导轨间的距离、垂直和偏扭。

关键细节 8　导轨安装主控项目的质检要求

导轨安装主控项目的质检要求见表 4-8。

表 4-8　　　　　　　　　　导轨安装主控项目的质检要求

分项	质检要点
导轨安装	导轨安装位置必须符合土建布置图要求。 　检查方法:在井道底坑检查时,用钢卷尺测量轿厢导轨与对重导轨相对位置尺寸、轿厢导轨与层门位置尺寸、轿厢导轨间距、对重导轨间距等尺寸,应符合土建布置图要求。 　在井道顶层检查时,检查人员站在脚手架或安装平台上,用钢卷尺测量井道顶部最后一根导轨的上端与电梯井道顶之间的距离,应满足土建布置图要求;如果土建布置图给出导轨长度,则可放线测量导轨长度,其值应符合土建布置图要求

关键细节 9　导轨安装一般项目的质检要求

导轨安装一般项目的质检要求见表 4-9。

表 4-9　　　　　　　　　　导轨安装一般项目的质检要求

序号	分项	质检要点
1	导轨距离偏差	两列导轨顶面间的距离偏差应为:轿厢导轨 0～+2mm;对重导轨 0～+3mm。 　检查方法:用钢卷尺、钢板尺或校轨尺等,分别在导轨支架与导轨联结处及两根导轨联结处测量,或按照安装说明书的要求检查

（续）

序号	分项	质检要点
2	导轨支架	导轨支架在井道壁上的安装应固定可靠。预埋件应符合土建布置图要求。锚栓(如膨胀螺栓等)固定应在井道壁的混凝土构件上,其连接强度与承受振动的能力应满足电梯产品设计要求,混凝土构件的压缩强度符合土建布置图要求。 检查方法:用尺测量上、下两个导轨支架间距,应符合土建布置图要求,用力矩扳手检查导轨支架与井道壁的连接固定,应符合安装说明书(安装工艺、操作规程)的要求
3	导轨工作面与安装基准线偏差	每列导轨工作面(包括侧面与顶面)与安装基准线每5m的偏差均不应大于下列数值。 轿厢导轨和设有安全钳的对重(平衡重)导轨为 0.6mm。 不设安全钳的对重(平衡重)导轨为 1.0mm。 检查方法:利用安装基准线,用塞尺测量每列导轨工作面(包括侧面与顶面)与安装基准线偏差,每5m的偏差均应满足以上规定
4	轿厢导轨	轿厢导轨和设有安全钳的对重(平衡重)导轨工作面接头处不应有连续缝隙,导轨接头处台阶不应大于0.05mm。如超过应修平,修平长度应大于150mm。 检查方法:安装完成时,用塞尺检查轿厢导轨和设有安全钳的对重(平衡重)导轨工作面接头处,其不应有连续缝隙;用刀口尺和塞尺测量接头处台阶高度,其不应大于0.05mm,用钢板尺(钢卷尺)测量接头处台阶修平长度,应大于150mm
5	不设安全钳的对重导轨接头处缝隙	不设安全钳的对重(平衡重)导轨接头处缝隙不应大于1.0mm,导轨工作面接头处台阶不应小于0.15mm。 检查方法:安装完成时,用塞尺检查不设安全钳的对重(平衡重)导轨接头处缝隙,不应大于1.0mm;用刀口尺和塞尺测量接头处台阶高度,不应大于0.15mm,用钢板尺(钢卷尺)测量接头处台阶修平长度,不应小于150mm

五、门系统检验

1. 轿门、厅门与开关门系统

(1)轿门:也称轿厢门,是为了确保安全,在轿厢靠近厅门的侧面设置供司机、乘用人员和货物出入的门。

(2)厅门:也称层门。厅门和轿门一样,都是为了确保安全而在各层楼设置的停靠站,通向井道的入口处,设置供司机、乘用人员和货物等出入的门,是电梯产品的安全设施之一。最常见的有手动开关门和自动开关门两种厅门。

(3)开关门系统:电梯轿、厅门的开关,有手动开关及自动开关两种开关门方式。

(4)门锁装置:一般位于厅门内侧,在门关闭后,将门锁紧,同时接通门电联锁电路。门电联锁电路接通后电梯方能启动运行。除特殊需要外,是严防从厅门外侧打开厅门的机电联锁装置。因此,门锁装置是电梯的一种安全设施。

2. 安装厅门及门锁

(1)安装厅门踏板。安装厅门踏板时,应根据精校后的轿厢导轨位置,来计算和确定厅门踏板的精确位置。

(2)安装左右立柱和上坎架。稳装厅门踏板的水泥砂浆凝固后开始装门框的左、右立柱和上坎架(滑门导轨)。

(3)安装厅门岗和门扇连接机构。踏板、左右立柱或门套、上坎架等构成的厅门框安装完,并经调整校正后,可以吊挂厅门扇并装配门扇间的连接机构。门扇经调整校正后,有关偏差应符合规定要求。

(4)安装门锁。为了安全起见,门扇挂完后应尽早安装门锁。门锁是电梯的重要安全设施。电梯安装完后试运行时,应先使电梯在慢速运行状态下,对门锁装置进行一次认真的检查调整,把各种连接螺丝紧固好。当任一层楼的厅门关闭后,在厅门外均不能用手扒开门。

关键细节 10　门系统主控项目的质检要求

门系统主控项目的质检要求见表 4-10。

表 4-10　　　　　　　　　　　　门系统主控项目的质检要求

序号	分项	质检要点
1	层门地坎至轿厢地坎之间的水平距离偏差	层门地坎至轿厢地坎之间的水平距离偏差为 0～+3mm,且最大距离严禁超过 35mm。 检查方法:以检修速度运行电梯,将轿厢分别在每个楼层停靠并平层,轿门、层门完全打开后,在开门宽度两端位置处用门钢板尺测量层门地坎至轿厢地坎之间的水平距离,与安装说明书要求的值比较
2	层门强迫关门装置	层门强迫关门装置必须动作正常。 检查方法:对每层层门的强迫关门装置,检查人员将层门打开到 1/3 行程、1/2 行程、全行程处将外力取消,层门均应自行关闭。在门开关过程中,观察重锤式的重锤在导向装置内(上)是否撞击层门其他部件(如门头组件及重锤行程限位件);观察弹簧式的弹簧运动时是否有卡住现象、是否碰撞层门上金属部件;观察和利用扳手、螺钉旋具等工具检验强迫关门装置连接部位是否牢靠
3	水平滑动门	动力操纵的水平滑动门在关门开始的 1/3 行程之后,阻止关门的力严禁超过 150N。 检查方法:电梯处于检修状态,且停靠在某一层站,操作开门开关使完全打开,操作关门开关,使门关门,在关门行程 1/2 附近、开门高度中部附近的位置,用压力弹簧计顶住门扇直至门重新打开,弹簧计的最大读数,即为阻止关门力
4	层门锁钩	层门锁钩必须动作灵活,在证实锁紧的电气安全装置动作之前,锁紧元件的最小啮合长度为 7mm。 检查方法:检验人员站在轿顶或轿内使电梯检修运行,逐层停在容易观察、测量门锁的位置。用手打开门锁钩开关将层门扒开后,往开的方向转动锁钩,观察锁钩回位是否灵活,将扒开的手松开,观察、测量证实锁紧的电气安全装置动作前,锁紧元件是否已达到最小啮合长度 7mm;让门刀带动门锁开、关门,观察锁钩动作是否灵活

关键细节 11　门系统安装一般项目的质检要求

门系统安装一般项目的质检要求见表 4-11。

表 4-11　门系统安装一般项目的质检要求

序号	分项	质检要点
1	门刀与层门地坎间隙	门刀与层门地坎、门锁滚轮与轿厢地坎间隙不应小于 5mm。 检查方法：电梯以检修速度运行，站在轿顶，使轿厢停在门刀与层门地坎处在同一平面的位置，打开层门，另一个检查人员在候梯厅用直角尺测量门刀与层门地坎间的水平距离，从第二层至顶层逐层检查测量；站在轿顶的检查人员，使轿厢停在轿厢地坎与门锁滚轮在同一平面上的位置，打开轿门，轿内检查人员用直角尺逐层测量门锁滚轮与轿厢地坎间的水平距离
2	层门地坎水平度	层门地坎水平度不得大于 2/1000，地坎应高出装修地面 2～5mm。 检查方法：电梯处于检修状态，将电梯分别在每一层站停层，使门安全打开，用水平尺测量层门地坎水平度。 在每层站候梯厅，用直角尺在开门宽度的两端分别测量地坎高出装修地面的高度
3	层门指示灯盒	层门指示灯盒、召唤盒和消防开关盒应安装正确，其面板与墙面贴实，横竖端正。 检查方法：观察或用手轻晃
4	门扇与门扇间隙	门扇与门扇、门扇与门套、门扇与门楣、门扇与门口处轿壁、门扇下端与地坎的间隙，乘客电梯不应大于 6mm，载货电梯不应大于 8mm。 检查方法：电梯检修关门状态下，在候梯厅和轿厢内分别用钢板尺或直角尺测量门扇与门扇、门扇与门套、门扇与门楣、门扇与门口处轿壁、门扇下端与地坎的间隙 电梯检修开门状态（完全打开）下，在候梯厅和轿厢内分别用钢板尺或直角尺测量门扇与门扇、门扇与门套、门扇与门口处轿壁的间隙

六、轿厢检验

1. 轿厢和对重装置

（1）轿厢是用来运送乘客或货物的电梯组件，由轿厢架和轿厢体两大部分组成。

1）轿厢架由上梁、立梁、下梁组成。

2）一般电梯的轿厢由轿底、轿壁、轿顶、轿门等机件组成。

（2）对重装置位于井道内，通过曳引绳经曳引轮与轿厢连接。在电梯运行过程中，对重装置通过对重导靴在对重导轨上滑行，起平衡作用。对重装置由对重架和对重铁块两部分组成。

2. 轿厢安装质量控制

（1）底梁安装。用倒链将底梁吊放在架设好的木方或工字钢上。如果电梯的图纸有具体尺寸规定,则须按图纸要求调整,同时要调整底梁的水平度,使其横、纵间不水平度均不大于1/1000。

(2)轿厢底盘安装。

1)用倒链将轿厢的底盘吊起并平稳地放到下梁上,将轿厢底盘与立柱、底梁用螺丝连接,但不要把螺丝拧紧。将斜拉杆装好,调整拉杆螺母,使底盘安装水平误差不大于2/1000,然后将斜拉杆用双螺母拧紧。把底盘、下梁及拉杆用螺母连接牢固。

2)如果轿底为活动结构,则先按上述要求将轿厢底盘托架安装好,并将减震器安装在轿厢底盘托架上。

3)用倒链将底盘吊起,缓缓就位。使减震器的螺丝逐个插入与轿底盘相应的螺丝孔中,然后调整轿厢底盘的水平度,使其不水平度不大于2/1000。若达不到要求,则在减震器的部位加垫片进行调整。

4)安装调整安全钳拉杆,拉起安全钳拉杆,使安全钳楔块轻轻接触导轨时,限位螺栓应略有间隙,以保证电梯正常运行时,安全钳楔块与导轨不会相互摩擦或错误动作。同时,应进行模拟动作试验,保证左右安全钳拉杆动作同步,其动作应灵活无阻。达到要求后,将拉杆顶部用双母紧固。

5)轿厢底盘调整水平后,轿厢底盘与底盘座之间,底盘座与下梁之间的各连接处都要接触严密,若有缝隙则要用垫片垫实,不可使斜拉杆过分受力。

(3)轿壁安装。

1)轿厢壁板表面在出厂时贴有保护膜,在装配前应用裁纸刀清除其折弯部分的保护膜。

2)拼装轿壁可根据井道内轿厢四周的净空尺寸情况,预先在层门口将单块轿壁组装成几大块。首先安放轿壁与井道间隙最小的一侧,并用螺栓与轿厢底盘初步固定,再依次安装其他各侧轿壁。待轿壁全部装完后,紧固轿壁板间及轿底间的固定螺栓,同时将各轿壁板间的嵌条与轿顶接触的上平面整平。

3)轿壁底座和轿厢底盘的连接及轿壁与轿壁底座之间的连接要紧密。各连接螺丝要加弹簧垫圈。若因轿厢底盘局部不平而使轿壁底座下有缝隙时,要在缝隙处通过调整垫片垫实。

4)安装轿壁,可逐扇安装,亦可根据情况将几扇先拼在一起再安装。轿壁安装后再安装轿顶。但要注意轿顶和轿壁穿好连接螺丝后不要紧固,而在调整轿壁垂直度偏差不大于1/1000的情况下逐个将螺丝紧固。安装完后要求接缝紧密,间隙一致,嵌条整齐,轿厢内壁应平整一致,各部位螺丝垫圈必须齐全,紧固牢靠。

(4)轿顶装置安装。

1)轿顶接线盒、线槽、电线管、安全保护开关等要按厂家安装图安装。若无安装图则根据便于安装和维修的原则进行布置。

2)安装、调整开门机构和传动机构使门在启闭过程中有合理的速度变化,能在起止端不发生冲击,并符合厂家的有关设计要求。若厂家无明确规定则按其传动灵活、功能可靠、开关门效率高的原则进行调整。一般开关门的平均速度为0.3m/s,关门时限为3.0~5.0m/s,开门时限为2.5~4.0s。

3)轿顶护身栏固定在轿厢架的上梁上,由角钢组成,各连接螺栓要加弹簧垫圈紧固,以防松动。

4)平层感应器和开门感应器要根据感应铁的位置定位调整,要求横平竖直,各侧面应在同一垂直平面上,其垂直度偏差不大于1mm。

(5)限位开关撞弓安装。

1)安装前对撞弓进行检查,若有扭曲、弯曲现象要调整。

2)撞弓安装要牢固,要用加弹簧垫圈的螺栓固定。要求撞弓垂直,偏差不应大于1/1000,最大偏差不大于3mm。

(6)超载满载开关安装、调整。

1)对超载、满载开关进行检查,其动作应灵活,功能可靠,安装要牢固。

2)调整满载开关,应在轿厢额定载重量时可靠动作。调整超载开关,应在轿厢的额定载重量110%时可靠动作。

3. 对重框架吊装

(1)将对重框架运到操作平台上,用钢丝绳扣将对重绳头板和倒链钩连在一起,如图4-1所示。

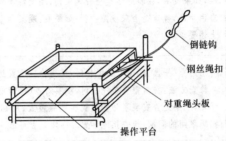

图 4-1　对重绳头板与倒链钩的连接

(2)操作倒链,缓缓将对重框架吊起到预定高度。对于一侧装有弹簧式或固定式导靴的对重框架,移动对重框架,使其导靴与该侧导轨吻合并保持接触,然后轻轻放松倒链,使对重框架平稳牢固地安放在事先支好的木方上,未装导靴的对重框架固定在木方上时,应使框架两侧面与导轨端面的距离相等。

关键细节 12　轿厢安装主控项目的质检要求

轿厢安装主控项目的质检要求见表4-12。

表 4-12　　　　　　　　　　　轿厢安装主控项目的质检要求

分项	质检要点
轿底面	当距轿底面在 1.1m 以下使用玻璃轿壁时,必须在距轿底面 0.9~1.1m 的高度安装扶手,且扶手必须独立地固定,不得与玻璃有关。 检查方法:用钢卷尺测量轿厢底面与玻璃下端的距离,确认是否必须安装扶手。如果必须安装扶手,观察其固定方式是否与玻璃无关,用钢卷尺测量扶手中心至轿厢底面的距离,用手检查扶手的固定是否牢固

关键细节 13　轿厢与对重一般项目的质检要求

轿厢与对重一般项目的质检要求见表 4-13。

表 4-13　　　　　　　　　　轿厢与对重一般项目的质检要求

序号	分项	质检要点
1	轿厢反绳轮	当轿厢有反绳轮时,反绳轮应设置防护装置和挡绳装置。 检查方法:对于反绳轮在轿顶的情况,在电梯检修状态下,检查人员站到轿顶,观察是否安装了防护装置和挡绳装置,钢板尺或塞尺测量挡绳装置与挡绳之间的间隙,检查挡绳装置的固定是否可靠;对于反绳轮在轿底的情况,在电梯检修状态下,检查人员站到底坑,进行上述检查
2	装设防护栏	当轿顶外侧边缘至井道壁水平方向的自由距离大于 0.3m 时,轿顶应装设防护栏及警示性标识。 检查方法:在电梯检修状态下,检查人员站到轿顶,观察轿顶是否装有防护栏,如果没有,在轿厢运行全程范围内,测量轿顶外侧边缘至井道壁水平方向的自由距离,确定是否应设防护栏;如果有,观察和用钢卷尺测量防护栏是否满足上述要求
3	对重架反绳轮	当对重(平衡重)架有反绳轮时,反绳轮应设置防护装置和挡绳装置。 检查方法:在对重安装完成时,观察对重(平衡重)架是否有反绳轮;如果有反绳轮,观察是否安装了防护装置和挡绳装置;用钢板尺或塞尺测量挡绳装置与挡绳之间的间隙;检查挡绳装置的固定是否可靠
4	对重块	对重(平衡重)块应可靠固定。 检查方法:在电梯检修状态下,检查人员站在轿顶上,操纵电梯使轿厢提升高度到中部附近运行,运行到检查人员容易观察、检查对重(平衡重)块固定装置的位置停止,检查人员按安装说明书要求,检查对重(平衡重)块固定方法是否正确、是否可靠

七、安全部件

1. 安装限速装置

限速装置和安全钳是电梯的重要安全设施。限速装置由限速器、张紧装置和钢丝绳等三部分组成。限速器一般位于机房内,而根据安装平面布置图的要求,多将限速器安装在机房楼板上,但也可以将限速器直接安装在承重梁上。

2. 安全钳安装质量控制

(1)将安全钳楔块装入轿厢架或对重架上的安全钳座内。

(2)将楔块和楔块拉杆、楔块拉杆和上梁拉杆拨架连接。调整各楔块拉杆上端螺母,调整楔块工作面与导轨侧面的间隙。

(3)调整上梁的安全钳联动机构的非自动复位开关,使之在安全钳动作瞬间,即能断开电气控制回路。

关键细节 14 安全钳的安装要点

(1)安全钳楔块面与导轨侧面间的间隙应为 2~3mm;双楔块式的两侧间隙应相近;单楔块式的安全钳座与导轨侧面间的间隙应为 0.5mm。

(2)瞬时式安全钳装置的提拉力,即绳头拉手的提拉力为 147~294.4N;恒值自动力安全钳装置动作应灵活可靠。

(3)轿厢安全钳在动态试验过程中,动作可靠,使轿厢支承在导轨上。在试验之后,未出现影响电梯正常使用的损坏。

(4)由限速器操纵的对重安全钳,等同轿厢安全钳进行试验,无限速器操纵的对重安全钳,应进行动态试验。

(5)安全钳试验方法:试验应在轿厢下行期间进行:

1)瞬时式安全钳或具有缓冲作用的瞬时式安全钳,试验应在轿厢载有均匀分布的额定载荷并在额定速度时进行。

2)渐进式安全钳,试验应在轿厢载有均匀分布 125% 的额定载荷,在平层速度或检修速度下进行。

3. 安装缓冲器和对重装置

缓冲器和对重装置的安装工作都在井道底坑内进行。缓冲器安装在底坑槽钢或底坑地面上。对重装置安装在底坑里的对重导轨内,距底坑地面 700~1000mm 处组装。

关键细节 15 安全部件主控项目的质检要求

安全部件主控项目的质检要求见表 4-14。

表 4-14　　　　　　　　　　安全部件主控项目的质检要求

序号	分项	质检要点
1	限速器	限速器动作速度整定封记必须完好,且无拆动痕迹。 检查方法:根据限速器形式试验证书及安装说明书,找到限速器上的每个整定封记(可能多处)部位,观察封记是否完好
2	安全钳	当安全钳可调节时,整定封记应完好,且无拆动痕迹。 检查方法:根据安全钳形式试验证书及安装、维护使用说明书,找到安全钳上的每个整定封记(可能多处)部位,观察封记是否完好。如采用定位销定位,用手检查定位销是否牢靠,不能有脱落的可能

关键细节 16 安全部件一般项目的质检要求

安全部件一般项目的质检要求见表 4-15。

表 4-15　　　　　　　　　　安全部件一般项目的质检要求

序号	分项	质检要点
1	限速器张紧装置	限速器张紧装置与其限位开关相对位置安装应正确。 检查方法:检查人员进入底坑,按下底坑急停按钮,根据安装说明书要求的位置、尺寸,用尺测量。注意在离开底坑前,将底坑急停按钮恢复

（续）

序号	分项	质检要点
2	安全钳与导轨的间隙	安全钳与导轨的间隙应符合产品设计要求。 检查方法：检查人员进入底坑，在检修状态，将轿厢停在容易观察、测量安全钳的位置，用钢板尺或塞尺测量安全钳与导轨工作面(侧面、顶面)的间隙
3	轿厢	轿厢在两端站平层位置时，轿厢、对重的缓冲器撞板与缓冲器顶面间的距离应符合土建布置图要求。轿厢、对重的缓冲器撞板中心与缓冲器中心的偏差不应大于 20mm。 检查方法：检查人员进入底坑蹲下后，另一人员将轿厢开至底层且平层，检查人员用钢卷尺或钢板尺测量轿厢缓冲器撞板与缓冲器顶面的距离，用钢卷尺或钢板尺和线锤测量轿厢缓冲器撞板中心与缓冲器中心的偏差；然后将轿厢开至顶层且平层，用钢卷尺或钢板尺测量对重缓冲器撞板与缓冲器顶面的距离，用钢卷尺或钢板尺和线锤测量对重缓冲器撞板中心与缓冲器中心的偏差
4	液压缓冲器柱塞铅垂度	液压缓冲器柱塞铅垂度不应大于 0.5%，充液量应正确。 检查方法：如果电梯选用液压缓冲器，则检查人员进入底坑，按下底坑急停按钮；用线锤、钢卷尺或钢板尺测量柱塞铅垂度；观察油位指示器，油液应在最大和最小刻度之间；观察缓冲器是否漏油，如有漏油现象，应查明原因，及时补救。注意在离开底坑前，应将底坑急停按钮恢复

第三节　液压电梯安装

一、液压系统检验

1. 油缸底座安装质量控制

（1）油缸底座用配套的膨胀螺栓固定在基础上，中心位置与图纸尺寸相符，油缸底座的中心与油缸中心线的偏差应不大于 1mm，如图 4-2(a)所示。

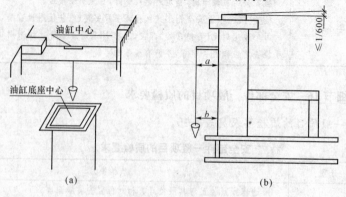

图 4-2　底座安装

(a)油缸底座定位；(b)油缸底座偏差规定

（2）油缸底座顶部的水平偏差不应大于 1/600。油缸底座立柱的垂直偏差（正、侧面两个方向测量）不应大于 0.5mm，如图 4-2(b)所示。

（3）油缸底座垂直度可用垫片配合调整。

2. 油缸的安装质量控制

（1）应对着将要安装的油缸中心位置的顶部固定吊链。

（2）用吊链慢慢地将油缸吊起，当油缸底部超过油缸底座 200mm 时停止起吊，使油缸慢慢下落，并轻轻转动缸体，对准安装孔，然后穿上固定螺栓。

（3）用 U 形卡子把油缸固定在相应的油缸支架上，但不要把 U 形卡子螺丝拧紧（以便调整）。

（4）调整油缸中心，使之与样板基准线前后左右偏差小于 2mm，如图 4-3(a)所示。

（5）油缸垂直度测量。用通长的线坠、钢板尺测量油缸的垂直度。正面、侧面进行测量；测量点在离油缸端点或接口 15～20mm 处，全长偏差要在 0.4‰以内。按上述所规定的要求调整好后，上紧螺丝，然后再进行校验，直到合格为止，如图 4-3(b)所示。油缸找好固定点后，应把支架可调部分焊接，以防位移。

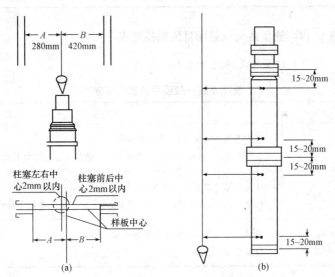

图 4-3　油缸中心偏差调整
（a）调整油缸中心；（b）油缸垂直度测量

（6）油缸对接。

1）上油缸顶部装有一块压板，下油缸顶部装有一吊环，该板及吊环是油缸搬运过程中的保护装置和吊装点，安装时应拆除。

2）两油缸对接部位应连接平滑，丝扣旋转到位，无台阶，否则必须在厂方技术人员的指导下处理，不得擅自打磨。

3）油缸抱箍与油缸接合处，应使油缸自由垂直，不得使缸体产生拉力变形。

4）油缸安装完毕，柱塞与缸体接合处必须进行防护，严禁杂质进入。

3. 油缸顶部滑轮组件安装质量控制

（1）用吊链将滑轮吊起，将其固定在油缸顶部，然后再将梁两侧导靴嵌入轨道，落到滑轮架上并安装螺栓。

（2）梁找平后紧固螺栓。

（3）油缸中心、滑轮中心必须符合图纸及设计要求，误差不应超过 0.5mm。

关键细节 17　液压系统主控项目的质检要求

液压系统主控项目的质检要求见表 4-16。

表 4-16　　　　　　　　　　　　液压系统主控项目的质检要求

分项	质检要点
液压泵站	液压泵站及液压顶升机构的安装必须按土建布置图进行。顶升机构必须安装牢固，缸体垂直度严禁大于 0.04%。 检查方法：用线坠和钢板尺进行测量计算

关键细节 18　液压系统一般项目的质检要求

液压系统一般项目的质检要求见表 4-17。

表 4-17　　　　　　　　　　　　液压系统一般项目的质检要求

序号	分项	质检要点
1	液压管路	液压管路应可靠连接，且无渗漏现象。 检查方法：查阅施工记录或用扳手检查连接部位的拧紧程度
2	液压泵站油位	液压泵站油位显示应清晰、准确。 检查方法：观察油箱的油位显示器，油量应在最大和最小标记之间
3	显示系统工作压力	显示系统工作压力的压力表应清晰、准确。 检查方法：观察

二、悬挂装置、随行电缆检验

1. 轿厢悬挂

（1）质量要求。当轿厢悬挂在两根钢丝绳或链条上，其中一根钢丝绳或链条发生异常相对伸长时，为此装设的电气安全开关必须动作可靠。对具有两个或多个液压顶升机构的液压电梯，每一组悬挂钢丝绳均应符合上述要求。额定载重量较大的间接式液压电梯可能采用两个液压顶升机构或多个液压顶升机构来提升轿厢，对于任一组采用两根钢丝绳或链条的悬挂装置，均应设置监控其中一根钢丝绳或链条发生异常时相对伸长的电气安全开关。

（2）施工措施。电梯以检修速度运行，人为的使此开关动作，电梯应停止运行；用钢卷尺或钢板尺测量操作开关的打板与开关的位置。

2. 随行电缆

（1）随行电缆严禁有打结和波浪扭曲现象。

（2）随行电缆安装时，若出现打结和波浪扭曲，容易使电缆内芯线折断，损坏绝缘层；电梯运行时，还会引起随行电缆摆动，增大振动，甚至导致其刮碰井道壁或井道内其他部件，引发电梯故障。

（3）随行电缆端部应固定可靠。

（4）随行电缆在运行中应避免与井道内其他部件干涉。当轿厢完全压在缓冲器上时，随行电缆不得与底坑地面接触。

关键细节 19 悬挂装置、随行电缆主控项目的质检要求

悬挂装置、随行电缆主控项目的质检要求见表 4-18。

表 4-18 悬挂装置、随行电缆主控项目的质检要求

序号	分项	质检要点
1	绳头组合	如果有绳头组合，绳头组合必须安全可靠，且每个绳头组合必须安装防螺钉松动和脱落的装置。 检查方法：观察并用力矩扳手检查
2	钢丝绳	如果有钢丝绳，严禁有死弯。 检查方法：电梯在检修状态下，使轿厢进行全行程运行，检查人员站在轿顶和机房便于易观察钢丝绳的位置观察钢丝绳
3	轿厢悬挂在两根钢丝绳或链条	当轿厢悬挂在两根钢丝绳或链条上，其中一根钢丝绳或链条发生异常相对伸长时，为此装设的电气安全开关必须动作可靠。对具有两个或多个液压顶升机构的液压电梯，每一组悬挂钢丝绳均应符合上述要求。 检查方法：电梯以检修速度运行，人为使电气安全开关动作，电梯应停止运行；用钢卷尺或钢板尺测量操作开关的打板与开关的位置。
4	随行电缆	随行电缆严禁有打结和波浪扭曲现象。 检查方法：检查人员站在轿顶，电梯以检修速度从随行电缆在井道壁上的悬挂固定部位向下运行至底层，观察随行电缆；检查人员进入底坑，电梯以检修速度从底层上行，观察随行电缆

关键细节 20 悬挂装置、随行电缆一般项目的质检要求

悬挂装置、随行电缆一般项目的质检要求见表 4-19。

表 4-19 悬挂装置、随行电缆一般项目的质检要求

序号	分项	质检要点
1	钢丝绳	如果有钢丝绳或链条，每根张力与平均值偏差应不大于 5%。 检查方法：使用强力计测量

（续）

序号	分项	质检要点
2	随行电缆	随行电缆的安装还应符合下列规定： （1）随行电缆端部应固定可靠。 （2）随行电缆在运行中应避免与井道内其他部件相干涉。当轿厢安全压在缓冲器上时，随行电缆不得与底坑地面接触。 检查方法：电梯在检修状态，检查人员站在轿顶，将轿厢停在容易观察、检查随行电缆井道壁固定端的位置，检查随行电缆端部固定是否符合安装说明书的要求；检查人员进入底坑，将轿厢停在容易观察、检查随行电缆轿厢固定端的位置，检查随行电缆端部固定是否符合安装说明书的要求。 电梯在底层平层后，检查人员测量随行电缆最低点与底坑地面之间的距离，该距离应大于轿厢缓冲器撞板与缓冲器顶面之间的距离与轿厢缓冲器的行程两者之和的一半

第四节　自动扶梯、自动人行道安装

一、设备进场验收

1. 设备进场验收资料

（1）技术资料。

1）梯级或踏板的形式试验报告复印件，或胶带的断裂强度证明文件复印件。这些技术文件应与所安装的产品相符，也就是对自动扶梯，应提供所用梯级的形式试验报告复印件；对采用踏板的自动人行道，则应提供所用踏板的形式试验报告复印件；对采用胶带的自动人行道，则应提供所用胶带的断裂强度证明文件复印件。

2）对公共交通型自动扶梯、自动人行道应有扶手带的断裂强度证书复印件。

（2）随机文件。

1）土建布置图。土建布置图是自动扶梯、自动人行道生产厂家根据建设单位所购的产品规格和建筑物中与产品相关的土建结构进行设计绘制的、用来确定产品与土建衔接配合的技术文件。它主要包括井道布置尺寸、支撑位置及对安装、承重部位土建强度要求等内容。土建布置图是自动扶梯、自动人行道安装工程的重要依据，应由生产单位和建设单位共同盖章确认。

2）产品出厂合格证。产品出厂合格证，应是电梯生产厂对建设单位购买的尚未安装的电梯提供生产质量合格的证明。有些电梯生产厂可能不生产全部的电梯部件，部分部件是从外协厂购买的，但这里所说的出厂合格证，不应是那些外协厂家提供的合格证的罗列，而应是电梯生产厂对其出厂的所有部件生产质量合格的承诺。

3）其他文件。随机文件还应包括以下资料：装箱单；安装、使用、维护说明书；动力电路和安全电路的电气原理图。

2. 设备验收要点

（1）制造厂对自动扶梯、自动人行道的梯级或踏板应做静态和动态的两种试验，且应提供形式试验报告的复印件。

(2)对自动扶梯或人行道的扶手带应做断裂强度试验和扶手带表面受力试验,且应提供扶手带的断裂强度试验证明书复印件。

(3)应对随机文件中提供的土建布置图与施工现场进行核对及测量,看其是否符合设计图纸要求。测量内容包括:机房内的平面尺寸、标高、提升高度、跨度、预埋件的设置及上、下支承梁与扶梯中心线是否保持垂直,自动扶梯或自动人行道安装与土建的尺寸是否相符等。

(4)对制造厂提供的产品应检查是否有产品合格证书。

(5)图纸内容。装箱清单及安装、维护使用说明书;动力电路和安全电路的电气原理图及接线布置图。

(6)开箱验收要求。安装前施工单位应派人员会同建设单位、制造单位代表一起进行开箱验收,依据制造厂所提供的装箱清单逐一核对所有零部件及安装材料、备品备件等是否齐全,如在清点过程中发现实物与装箱清单不符或某些部件有损坏,则应由三方代表当场签字,提请制造厂在限期内补齐缺损的部件。

(7)设备外观要求。在开箱清点过程中还应对设备的外观进行仔细检查,看其是否有损坏或严重锈蚀等。如有损坏或严重锈蚀,应提请制造单位进行修复或调换。

关键细节 21　设备进场验收主控项目的质检要求

设备进场验收主控项目的质检要求见表 4-20。

表 4-20　　　　　　　　　　设备进场验收主控项目的质检要求

分项	质检要点
技术资料	(1)技术资料。 1)梯级或踏板的形式试验报告复印件,或胶带的断裂强度证明文件复印件。 2)对公共交通型自动扶梯、自动人行道应有扶手带的断裂强度证书复印件。 (2)随机文件。 1)土建布置图。 2)产品出厂合格证。 检查:核对上述技术文件是否完整、齐全,并且应与合同要求的产品相符

关键细节 22　设备进场验收一般项目的质检要求

设备进场验收一般项目的质检要求见表 4-21。

表 4-21　　　　　　　　　　设备进场验收一般项目的质检要求

序号	分项	质检要点
1	随机文件	随机文件应提供以下资料: (1)装箱单。 (2)安装、使用维护说明书。 (3)动力电路和安全电路的电气原理图。 检查方法:核对技术文件是否完整、齐全,并应与合同要求的产品相符

（续）

序号	分项	质检要点
2	设备零部件	设备零部件应与装箱单内容相符。 检查方法:核对清点
3	设备外观	设备外观不应存在明显的损坏。 检查方法:观察

二、土建交接检验

（1）在自动扶梯和自动人行道的出入口,应有充分畅通的区域,以容纳乘客,该畅通区的宽度至少等于扶手带中心线之间的距离,其纵深度尺寸从扶手带转向端的端部起算,至少为 2.5m。如果该区宽度增至扶手带中心距的两倍以上,则其纵深尺寸允许减少至 2m。必须注意的是,应将该畅通区看作整个交通系统的组成部分。因此,有时需增大纵深尺寸。

（2）自动扶梯的梯级或自动人行道的踏板或胶带上空,垂直净高不应小于 2.3m。

（3）如果建筑物的障碍物可能引发人员伤害,则应采取相应的预防措施,特别是在板与板交叉处,以及各交叉设置的自动扶梯或自动人行道之间,应在外盖板上方设置一个无锐利边缘的垂直防碰挡板,其高度不应小于 0.3m。

（4）当自动扶梯或自动人行道边缘周围有空隙距离时,应设置安全防护栏或隔离屏障,以防儿童坠落。该防护栏严禁低于 1.2m。且栏杆中间应有防止儿童钻出的隔离杆。

（5）施工企业应在施工前派施工人员对现场进行勘察。勘察人员应对设计施工图及土建实际施工的机房底坑的质量进行复测,测量其提升高度及跨度是否符合制造厂所提供的技术标准范围,如不符合应向建设单位提出,进行修正,待修正符合规范要求后,方可派施工人员进场,进行安装。

（6）勘察人员在施工现场勘察的同时,应对设备运进现场的道路一并进行勘察。针对设备进场的条件,运输所通过的通道,以及设备进行拼装、吊运的场地空间进行勘察是否符合要求,如不符合要求则应向建设单位及时提出,以便建设单位能清理场地,满足施工的需要,确保设备能安全就位。

（7）自动扶梯或自动人行道的桁架定中心及标高,是自动扶梯或自动人行道部件组装的一项十分重要的基础工作,故土建施工单位应在建筑物柱上测量出明显的 X、Y 轴线的基准线,及最终地平面的 ±0.000 标高基准线。这样便于施工单位的安装,一旦出了质量问题也便于分清责任。

关键细节 23　土建交接检验主控项目的质检要求

土建交接检验主控项目的质检要求见表 4-22。

表 4-22　　　　　　　　土建交接检验主控项目的质检要求

序号	分项	质检要点
1	自动扶梯	自动扶梯的梯级或自动人行道的踏板或胶带上空,垂直净高度严禁小于 2.3m。 检查方法:用钢尺测量并注意考虑装修部分的厚度

（续）

序号	分项	质检要点
2	安全的栏杆	在安装之前，井道周围必须设有保证安全的栏杆或屏障，其高度严禁小于 1.2m。 检查方法：在土建交接检验时，检验人员应逐层检查井道周围的安全栏杆或屏障；用钢卷尺测量其高度是否从该层地面不大于 0.15m 延伸至 1.2m 以上；不应意外移动安全栏杆或屏障；观察是否采用了黄色或装有提醒人们注意的警示性标语

关键细节 24　土建交接检验一般项目的质检要求

土建交接检验一般项目的质检要求见表 4-23。

表 4-23　　　　　　　土建交接检验一般项目的质检要求

序号	分项	质检要点
1	土建布置图	土建工程应按照土建布置图进行施工，且其主要尺寸允许误差应为：提升高度 $-15 \sim +15 \mathrm{mm}$；跨度 $0 \sim +15 \mathrm{mm}$。 检查方法：利用钢卷尺和重锤线组合测量
2	根据产品供应商的要求	根据产品供应商的要求，应提供设备进场所需的通道和搬运空间。 检查方法：观察
3	水平基准线标识	在安装之前，土建施工单位应提供明显的水平基准线标识。 检查方法：逐层观察
4	电源零线	电源零线和接地线应始终分开。接地装置的接地电阻值不应大于 4Ω。 检查方法：观察并查阅摇测记录或摇测时旁站

三、整机安装验收

1. 自动扶梯

（1）自动扶梯是带有循环运行梯级，用于向上或向下倾斜输送乘客的固定电力驱动设备。自动扶梯是由一台特殊结构形式的链式输送机和两台特殊结构形式的胶带输送机组合而成，带有循环运动梯路，用以在建筑物的不同层高间向上或向下倾斜输送乘客的一种连续输送机械。

（2）自动扶梯由梯路和两旁的扶手组成。其主要部件有梯级、牵引链条及链轮、导轨系统、主传动系统、驱动主轴、梯路张紧装置、扶手系统、梳板、扶梯骨架和电气系统等。梯级在乘客入口处做水平运动，以后逐渐形成阶梯；在接近出口处阶梯逐渐消失，梯级再度做水平运动。这些运动都是由梯级主轮、辅轮分别沿不同的梯级导轨行走来实现的。

（3）自动扶梯广泛用于车站、码头、商场、机场和地下铁道等人流集中的地方。

2. 自动人行道

（1）自动人行道是带有循环运行的走道，用于水平或倾斜角不大于 12°输送乘客的固定电力驱动设备。结构与自动扶梯相似,主要由活动路面和扶手两部分组成。通常,其活动路面在倾斜情况下也不形成阶梯状。按结构形式可分为踏步式自动人行道、带式自动人行道和双线式自动人行道。

(2)自动人行道适用于机场、车站、码头、商场、展览馆和体育馆等人流集中的地方。

3. 整机安装质量控制

(1)自动扶梯或自动人行道一旦失去控制电压的情况下,应立即停止运行。

(2)当自动扶梯或自动人行道的电气装置的接地系统发生断路或故障的情况下,应立即停止运行。

(3)当电流发生过载时,自动扶梯或自动人行道内的电气装置应有过载保护,使其动作或使其立即停止运行。

(4)当自动扶梯和自动人行道的运行速度超过额定速度的 1.2 倍时,超速保护装置应能切断控制回路电源,使其立即停止运行。

(5)当自动扶梯和自动人行道在正常运行时突然逆向运行,应立即停止运行。

(6)当自动扶梯和自动人行道带有附加制动器时,自动扶梯或自动人行道在运行过程中,附加制动器的保护装置发生动作的情况下,应立即停止运行。

(7)当驱动链断裂或伸长时,该保护装置应起作用,使自动扶梯或自动人行道立即停止运行。

(8)驱动装置与转向装置一旦产生螺栓松动而移位,使两者之间距离缩短时,其保护装置应起作用,并使自动扶梯或自动人行道立即停止运行。

(9)当梯级或踏板及胶带进入梳齿板处有被异物夹住时或胶带支撑结构损坏时,该保护装置应有效,并使自动扶梯或自动人行道立即停止运行。

(10)当有异物带入扶手带入口处时,该保护装置应有效,并使自动扶梯或自动人行道立即停止运行。

(11)在装有多台连续的自动扶梯或自动人行道时,且中间又无出口,当其中一台发生故障而不能运行时,应有一个保护装置,使其他的自动扶梯或自动人行道立即停止运行。

(12)当梯级或踏板下沉时,该保护装置应有效,并使自动扶梯或自动人行道立即停止运行。

关键细节 25　整机安装验收主控项目的质检要求

整机安装验收主控项目的质检要求见表 4-24。

表 4-24　　　　　　　　　　整机安装验收主控项目的质检要求

序号	分项	质检要点
1	自动扶梯、自动人行道	在下列情况下,自动扶梯、自动人行道必须自动停止运行,且上述"3.(4)"至"(11)"情况下的开关断开的动作必须通过安全触点或安全电路来完成。 (1)无控制电压。 (2)电路接地故障。 (3)过载。 (4)控制装置在超速和运行方向非操纵逆转下动作

（续一）

序号	分项	质检要点
1	自动扶梯、自动人行道	（5）附加制动器(如果有)动作。 （6）直接驱动梯级、踏板或胶带的部件(如链条或齿条)断裂或过分伸长。 （7）驱动装置与转向装置之间的距离(无意性)缩短。 （8）梯级、踏板或胶带进入梳齿板处有异物夹住,且产生损坏梯级、踏板或胶带支撑结构。 （9）无中间出口的连续安装的多台自动扶梯、自动人行道中的一台停止运行。 （10）扶手带入口保护装置动作。 （11）梯级或踏板下陷。 检查方法:(1)空载运行自动扶梯或自动人行道,断开运行中自动扶梯或自动人行道的控制电源,自动扶梯或自动人行道应自动停止运行。 （2）空载运行自动扶梯或自动人行道,人为使电路接地故障的电气安全装置动作,自动扶梯或自动人行道应停止运行,且只有通过专职人员才能恢复运行。 （3）空载运行自动扶梯或自动人行道,人为使过载保护装置的开关动作,自动扶梯或自动人行道应自动停止;如果过载检测取决于电动机绕组温升,断开检测装置的接线,自动扶梯或自动人行道应自动停止运行。 （4）空载运行自动扶梯或自动人行道,分别人为使其超速和运行方向非操纵逆转保护装置的开关动作(如果有超速保护装置),自动扶梯或自动人行道应自动停止运行。 （5）首先判定是否应装设附加制动器。如果有附加制动器应进行如下试验:载有制动载荷的自动扶梯或自动人行道启动向下运行后,人为使工作制动器失去作用,且使防止速度超过1.4倍额定速度的保护装置或非操作逆转保护装置(或附加制动器的开关)动作,附加制动器应起作用,自动扶梯和自动人行道应停止运行。 （6）空载运行自动扶梯或自动人行道,人为使直接驱动梯级、踏板或胶带的部件(如链条或齿条)断裂或过分伸长的保护装置的开关动作,自动扶梯或自动人行道应停止运行。 （7）空载运行自动扶梯或自动人行道,人为使驱动装置与转向装置之间的距离(无意性)缩短或过分伸长的保护装置上的安全开关动作,自动扶梯或自动人行道应停止运行。 （8）空载运行自动扶梯或自动人行道,人为使入口处的梳齿板附近,防止损坏梯级、踏板、胶带或梳齿板支撑结构的保护装置的安全开关动作,自动扶梯或自动人行道应停止运行。 （9）如果连续安装的多台自动扶梯或自动人行道中无中间出口,使它们空载运行,人为停止运行中的任一台(使其停止开关动作),其他的自动扶梯或自动人行道均应停止运行。 （10）空载运行自动扶梯或自动人行道,人为用一个与手指大小相近的物体(如可选一根木棒)缓慢伸入扶手带入口,扶手带入口保护装置应动作,自动扶梯或自动人行道应停止运行。 （11）空载运行自动扶梯或自动人行道,人为使梯级或踏板下陷的保护装置的开关动作,自动扶梯或自动人行道应停止运行

（续二）

序号	分项	质检要点
2	绝缘电阻	应测量不同回路导线对地的绝缘电阻。测量时，电子元件应断开。导体之间和导体对地之间的绝缘电阻应大于 1000Ω，且其值必须大于： (1)动力电路和电气安全装置电路 0.5MΩ。 (2)其他电路(控制、照明、信号等)0.25MΩ。 检查方法：通常使用兆欧表测量，或按产品设计要求的方法和仪器进行测量
3	电气设备接地	电气设备接地必须符合下列规定： (1)所有电气设备及导管、线槽的外露可导电部分均必须可靠接地(PE)。 (2)接地支线应分别直接接至接地干线接线柱上，不得互相连接后再接地。 检查方法：观察检查

关键细节 26　整机安装验收一般项目的质检要求

整机安装验收一般项目的质检要求见表 4-25。

表 4-25　　　　　　　　整机安装验收一般项目的质检要求

序号	分项	质检要点
1	整机安装检查	整机安装检查应符合下列规定： (1)梯级、踏板、胶带的楞齿及梳齿板应完整、光滑。 (2)在自动扶梯、自动人行道入口处应设置使用须知的标牌。 (3)内盖板、外盖板、围裙板、扶手支架、扶手导轨、护壁板接缝应平整。接缝处的凸台不应大于 0.5mm。 (4)梳齿板梳齿与踏板面齿槽的啮合深度不应小于 6mm。 (5)梳齿板梳齿与踏板面齿槽的间隙不应大于 4mm。 (6)围裙板与梯级、踏板或胶带任何一侧的水平间隙不应大于 4mm，两边的间隙之和不应大于 7mm。当自动人行道的围裙板设置在踏板或胶带之上时，踏板表面与围裙板下端之间的垂直间隙不应大于 4mm。当踏板或胶带有横向摆动时，踏板或胶带的侧边与围裙板垂直投影之间不得产生间隙。 (7)梯级间或踏板间的间隙在工作区段内的任何位置，从踏面测得的两个相邻梯级或两个相邻踏板之间的间隙不应大于 6mm。在自动人行道过渡曲线区段，踏板的前缘和相邻踏板的后缘啮合，其间隙不应大于 8mm。 (8)护壁板之间的空隙不应大于 4mm。 检查方法：(1)检查人员站在上或下盖板上，用盘车手轮(或点动运行)使自动扶梯或自动人行道分别向两个方向运行一个以上循环，观察梯级、踏板、胶带的楞齿及梳齿板的梳齿是否完整、光滑。 (2)观察使用须知的标牌，应在自动扶梯或自动人行道的出入口处，其数量和具体安装位置，应符合安装说明书要求。 (3)观察内盖板、外盖板、围裙板、扶手支架、扶手导轨、护壁板接缝是否平整；用塞尺检查接缝间的凸台，不应大于 0.5mm。 (4)用钢板尺测量齿槽深度，进而求出啮合深度

（续）

序号	分项	质检要点
1	整机安装检查	（5）用斜尺或钢板尺测量梳齿板梳齿与踏板面齿槽的间隙,不应大于4mm。 （6）围裙板与梯级、踏板或胶带之间的水平间隙可用钢板尺检查。 （7）踏面两个相邻梯级或两个相邻踏板之间的间隙可用钢板尺进行检查。 （8）在每个护壁板接缝处空隙的上、中、下三点处用钢板尺测量,测得的每一处间隙值不应大于4mm
2	性能试验	性能试验应符合下列规定: （1）在额定频率和额定电压下,梯级、踏板或胶带沿运行方向空载时的速度与额定速度之间的允许偏差是±5%。 （2）扶手带的运行速度相对梯级、踏板或胶带的速度允许偏差为0~+2%。 检查方法:运行空载自动扶梯或自动人行道,直接用转速表测量梯级、踏板或胶带上、下运行速度,以及扶手带上、下行速度,进而计算出偏差
3	自动扶梯、自动人行道制动试验	自动扶梯、自动人行道制动试验应符合下列规定: （1）自动扶梯、自动人行道应进行空载制动试验,制停距离应符合表4-26的规定。 （2）自动扶梯应进行有制动载荷的下行。 制停距离试验（除非制停距离可以通过其他方法检验）,制动载荷应符合表4-26规定,制停距离应符合表4-27的规定;对自动人行道,制造商应提供按表4-27规定的制动载荷计算的制停距离,且制停距离应符合表4-26的规定。 检查方法:用秒表和米尺进行测量,进而计算出制停范围
4	电气装置	电气装置还应符合下列规定: （1）主电源开关不应切断电源插座、检修和维护所必需的照明电源。 （2）配线应符合以下规定。 1）机房和井道内应按产品要求配线。软线和无护套电缆应在导管、线槽或能确保起到等效防护作用的装置中使用。护套电缆和橡套软电缆可明敷于井道或机房内,但不得明敷于地面。 2）导管、线槽的敷设应整齐牢固。线槽内导线总面积不应大于线槽净面积的60%;导管内导线总面积不应大于导管内净面积的40%;软管固定间距不应大于1m,端头固定间距不应大于0.1m。 3）接地支线应采用黄绿相间的绝缘导线。 检查方法:目测或用钢卷尺测量
5	观感检查	观感检查应符合下列规定: （1）上行和下行自动扶梯、自动人行道,梯级、踏板或胶带与围裙板之间应无刮碰现象（梯级、踏板或胶带上的导向部分与围裙板接触除外）,扶手带外表面应无刮痕。 （2）对梯级（踏板或胶带）、梳齿板、扶手带、护壁板、围裙板、内外盖板、前沿板及活动盖板等部位的外表面应进行清理。 检查方法:观察检查

表 4-26　　　　　　　　　　　　　　　制停距离

额定速度/(m/s)	制停距离范围/m	
	自动扶梯	自动人行道
0.50	0.20～1.00	0.20～1.00
0.65	0.30～1.30	0.30～1.30
0.75	0.35～1.50	0.35～1.50
0.90	—	0.40～1.70

注:1. 若速度在上述数值之间,制停距离用插入法计算。制停距离应从电气制动装置动作开始测量。

　　2. 本表摘自《电梯工程质量验收规范》(GB 50310—2002)。

表 4-27　　　　　　　　　　　　　　　制动载荷

梯级、踏板或胶带的名义宽度/m	自动扶梯每个梯级上的载荷/kg	自动人行道每 0.4m 长度上的载荷/kg
$z \leqslant 0.6$	60	50
$0.6 < z \leqslant 0.8$	90	75
$0.8 < z \leqslant 1.1$	120	100

注:1. 自动扶梯受载的梯级数量由提升高度除以最大可见梯级踢板高度求得,在试验时允许将总制动载荷分布在所求得的 2/3 的梯级上;

　　2. 当自动人行道倾斜角度不大于 6°,踏板或胶带的名义宽度大于 1.1m 时,宽度每增加 0.3m,制动载荷应在每 0.4m 长度上增加 25kg;

　　3. 当自动人行道在长度范围内有多个不同倾斜角度(高度不同)时,制动载荷仅考虑到那些能组合成最不利载荷的水平区段和倾斜区段。

　　4. 本表摘自《电梯工程质量验收规范》(GB 50310—2002)。

参 考 文 献

[1] 陆荣华,史湛华. 电气安装工长手册[M]. 北京:中国建筑工业出版社,2007.

[2] 曹祥. 智能楼宇弱电电工[M]. 北京:中国电力出版社,2008.

[3] 蒋金生. 安装工程施工工艺标准[M]. 上海:同济大学出版社,2006.

[4] 程协瑞. 安装工程质量验收手册[M]. 北京:中国建筑工业出版社,2006.

发展出版传媒　　服务经济建设

传播科技进步　　满足社会需求

中国建材工业出版社

China Building Materials Press